L'histoire du jardin et du paysage
Entre fantasmes et sciences dans la pensée islamique

Alger au fil du temps

Histoire et Perspectives méditerranéennes
Collection dirigée par Jean-Paul Chagnollaud

Dans le cadre de cette collection, créée en 1985, les Éditions L'Harmattan se proposent de publier un ensemble de travaux concernant le monde méditerranéen des origines à nos jours.

Dernières parutions

Zoulal MANSOURI & Nabila BENNAGHMOUCH, *Les défis de la déperdition étudiante dans les universités marocaines,* 2024.

Ghazi BEN AHMED, *Échos de Tunisie : populisme, transition et espoirs de démocratie*, 2024.

Nafie ABDERRAHIM, *Le patrimoine communal et le développement économique et social au Maroc*, 2024.

Sultan CETINKAYA TAHTACI, *Les récits des ghaza chez les Ottomans du XV*e *siècle*, 2024.

Frédéric MEDARD, *Fabriquer du consentement en guerre d'Algérie La politique sociale en faveur du contingent, 1954-1962, Tome 1, Assurances sociales, emplois, soldes et permissions*, 2024.

Frédéric MEDARD, *Fabriquer du consentement en guerre d'Algérie La politique sociale en faveur du contingent, 1954-1962, Tome 2, Exemptions, sursis, réformes et mesures diverses*, 2024.

Nacer KHELOUZ, *L'Algérie et la France ou la fracture identitaire, Du drame colonial à la « reconquête » territoriale*, 2024.

Salim CHENA, Abdennour BENANTAR et Louisa DRIS-AÏT HAMADOUCHE (dir.), *Le hirak algérien. Retour sur un mouvement contestataire inédit*, 2024.

Mohamed BENZEMRANE, *L'Islam des troubadours. Les origines arabo-musulmanes de l'amour courtois, XI*e*-XII*e *siècles,* 2023.

Sofiane BOUHDIBA, *Le sida en Tunisie. Un mal méconnu*, 2023.

Rachid ALILLOUCH, *Les projets urbains au Maroc, Entre injonctions à la durabilité, circulation de modèles et greenwashing, Projets d'aménagement de la Vallée du Bouregreg à Rabat-Salé et de l'éco-cité de Zenata au Grand Casablanca*, 2023.

Sofia Tabari

L'histoire du jardin et du paysage

Entre fantasmes et sciences dans la pensée islamique

Alger au fil du temps

L'Harmattan

5-7, rue de l'École-Polytechnique, 75005 Paris

http://www.editions-harmattan.fr

ISBN : 978-2-336-45630-0

EAN : 9782336456300

INTRODUCTION

Depuis l'indépendance, l'Algérie a vécu une urbanisation rapide. Le béton a remplacé les plantations, jusqu'à faire oublier l'architecture du jardin et du paysage. Et pourtant, l'Algérie a connu durant toutes ses époques civilisationnelles l'harmonie paysagère et l'art du jardin. Nous pensons que pour des innovations et conceptions modernes du paysage et du jardin dans les quartiers et les villes d'aujourd'hui, nous nécessitons des approches paysagères et des références qui puissent donner un sens et une authenticité au lieu. Pour cela, il est important de mener des explorations profondes sur les créations paysagères historiques qui révèlent le processus de conception et la philosophie de leur époque, qui ont été à la base de la construction de l'équilibre ville-paysage-jardin. Cette ré-exploration est encore embryonnaire en Algérie. Les jardins en particulier et les paysages en général ont été mentionnés depuis l'Antiquité et principalement à l'époque de l'expansion de l'Islam. Aussi vers 1840, sur cette même terre, de nouveaux types de jardins sont nés : les jardins publics. Parallèlement à cette naissance du jardin de la ville et d'une nouvelle structuration du paysage qui a marqué l'époque coloniale, une attention particulière envers la beauté et le caractère pittoresque du patrimoine des jardins de la période ottomane s'est manifestée par des historiens, des peintres, des écrivains et des conservateurs européens.

Si nous procédons à l'évaluation des recherches suivant les périodes historiques nous constatons que le nombre d'études scientifiques et des fouilles archéologiques des jardins d'Algérie est très limité. Durant notre époque contemporaine, seul, Aicha Malek a pu mener des études archéologiques sur les vestiges romains d'Algérie et a élaboré une analyse approfondie des mosaïques, « en tant qu'espace pictural », pour rechercher le sentiment de la nature dans les *domus* de l'Afrique romaine du 2e au 5e siècle[1]. Une étude sur l'Algérie antique menée par Serge Lancel, retrace les maisons romaines d'Algérie avec leur cour-jardin ainsi que le théâtre de l'eau[2]. Toujours dans l'Afrique antique, André Laronde et Jean-Claude Golvin se sont intéressés à la restitution des plans des villes romaines et de leurs jardins agricoles[3]. Phillipe Leveau s'est penché sur le système hydraulique de Cherchell.

---

[1] Malek, 1999.
[2] Lancel, 2008.
[3] Laronde et Golvin, 2001.

Durant la période coloniale, de nombreuses fouilles archéologiques menées par Camps[1] et Gsell[2] révèlent un inventaire des plantations et des animaux éventuellement présents sur la terre d'Algérie, à l'antiquité et au néolithique.

A l'époque médiévale, au 10e siècle Ibn Hawqel[3], suivi au 11e siècle d'El Bakri[4] puis au 12e siècle, d'El Idrisi ont exposé, dans leurs ouvrages monumentaux respectifs, l'existence des jardins et plantations qui composaient le paysage des villes du Maghreb explorées. Plus tard, au 16e siècle, Jean Léon L'Africain, de son vrai nom, Hassan al-Wazzan (J.L L'Africain), explore le Maghreb, atteignant, alors, Alger vers 1510. Charmé par son paysage riche en jardins et arbres fruitiers, il le mentionne dans son œuvre dont l'ossature est semblable à celles des ouvrages des scientifiques l'ayant précédé durant la période médiévale. Voyageurs, captifs, membres consulaires ont également cité les jardins et le paysage suburbain au cours de la période moderne, citons : De Haedo[5] de passage à Alger vers 1578 ; quelques décennies plus tard, Jean-Baptiste Gramaye[6] ; en 1625 Giovanni Batista Salvago[7] ; et à la même période, Pierre Dan[8] et Venture de Paradis[9] ; quant à Peyssonnel et Desfontaines[10], sous l'ordre du roi, ils ont mené une exploration botanique entre 1724 et 1725 ; Mrs Broughton et Mrs Blanckley[11], fille et épouse respectives du Consul d'Angleterre de 1806 à 1812 ont laissé un précieux témoignage littéraire sur le paysage et le jardin d'Alger.

Dès la colonisation française un penchant particulier pour le patrimoine d'Alger a poussé certains conservateurs à l'inventorier, à l'instar de Berbrugger[12], Henri Klein[13] et Guiauchain[14] présidents successifs du comité du vieil Alger. Ils ont regroupé les articles et comptes rendus de visite de ce patrimoine dans un document intitulé *les*

[1] Camps, 1991.
[2] Gsell, 1920.
[3] Ibn Hawqel, 1938.
[4] Al Bakri, 1911-1913.
[5] De Haedo, 1612.
[6] Gramaye, 1622.
[7] Salvago, sd.
[8] Dan, 1649.
[9] Venture de Paradis, 1898.
[10] Peyssonnel et Desfontaines, 1838.
[11] Mrs Broughton, 1839.
[12] Berbrugger, 1834.
[13] Klein, 1910.
[14] Guiauchain, 1905.

feuillets d'El Djezair[1]. Très attirés par son paysage, les peintres européens côtoyaient fréquemment la villa Abdeltif, maison de campagne d'Alger et résidence pour jeunes artistes apprenants. Nombreux paysages ont été alors peints et dont certains sont conservés au Musée des beaux-arts d'Alger.

Après l'Indépendance, les recherches concernant le jardin de l'époque ottomane se limitent à deux travaux. En 1980, Nacerdine Saidouni[2] examine le rôle économique qu'a joué la campagne d'Alger. Sa présentation de la zone suburbaine qu'il qualifie de rural englobe partiellement le système hydraulique et établit l'inventaire des jardins particuliers et luxueux, nommés *djenans* ainsi que les campagnes *fohos*. Frederico Cresti[3] arbore l'aspect de ces *djenans* avec leur palais et étudie le système hydraulique de la ville. En 2001, nous avions présenté notre recherche sur les jardins de la citadelle d'Alger à l'époque ottomane, ses cafés, ses fontaines ainsi que son système hydraulique et ses plantations[4] à l'université Paris1 Sorbonne et l'école d'architecture de Versailles. En 2008, nous avons également publié un article sur l'histoire du jardin et du paysage d'Alger à l'époque ottomane et le rôle à mener envers l'art du jardin et le paysage d'Alger[5]. Une recherche intitulée les jardins d'Alger de l'antiquité à nos jours a été déposée au laboratoire Art-Dev CNRS en 2009, suivie d'une étude sur les jardins et les paysages coraniques en 2011.

L'étude du jardin est complexe vu son caractère éphémère, vite périssable[6]. Précisément, l'incontournable historienne de l'art des jardins, Monique Mosser, puise dans la philosophie pour définir le jardin comme : « lieu d'utilité et d'agrément », qui « cristallise une vision du monde et le condense en un microcosme par formes sensibles et vivantes »[7]. La charte de Florence[8] définit le jardin historique, en tant que composition architecturale et végétale, un monument vivant. De ce fait, percevoir le jardin exige une approche philosophique qui ouvre le

---

[1] Klein, 1910.
[2] Saidouni, 2001.
[3] Cresti, 1994.
[4] Tabari, 2001. Nous avons mené cette recherche dans le cadre de la préparation d'un mémoire de master de 3ème cycle, à l'université de Paris 1 et l'école d'architecture de Versailles, ce mémoire n'a pas été publié. La citadelle est un complexe palatin et lieu de pouvoir d'Alger à l'époque ottomane.
[5] Tabari, 2008 : 104-106.
[6] Teyssot & Mosser, 1991.
[7] Ibid, p. 7.
[8] Charte de Florence, 1981.

chemin à suivre pour l'appréhender. Toujours autour du rôle du concept de la perception dans l'évaluation du paysage, l'historienne de l'art M. Mosser, annonce que « tout paysage matérialise, de manière plus ou moins diffuse, comment une population a perçu et exploité son environnement à travers les âges »[1]. Classés en tant que patrimoine culturel, les paysages culturels expriment « la longue et intime relation des peuples avec leur environnement » selon la convention du patrimoine culturel élaborée par l'Unesco en 1992[2]. H. Brunon, spécialiste des jardins de la renaissance en Italie, insiste sur la question de la nature qui engage, selon lui : « un problème philosophique de fond »[3].

Dans la pensée islamique, la perception de la création *al-naẓār fī āl-ẖalq* est une demande divine pour permettre à l'homme l'acquisition de la foi et de la science. Amin Benmakhlouf, philosophe contemporain fait remarquer, qu'Averroès se basant sur les versets coraniques, avait écrit au 12e siècle : « Il incombe à celui qui veut vraiment connaître Dieu de connaître les substances des choses, afin d'appréhender la vraie création à travers l'ensemble des êtres, car celui qui ne connait pas la réalité de la chose, ne connait pas la réalité de la création. »[4]. « L'Artisan voilé », précisent Iẖwān al-Ṣafā au Xe siècle, « ne peut être connu que lorsque est connu l'objet fabriqué, apparent et dévoilé. » Pour leur réflexion sur le jardin premier, ces frères de la pureté font appel à l'histoire de la résidence première d'Adam, en tant que symbole du paradis, qu'ils définissent comme suit selon la traduction d'Yves Marquet :

« Le Mont Yaqut est paradis terrestre seulement en tant que symbole du paradis spirituel ; mais l'expiation exigeait qu'il ne pût y demeurer toujours et que la vie des hommes fût pénible. C'est pourquoi Adam et Eve, expulsés du Paradis, furent jetés par les anges "au pied de la montagne" (un mont Yaqut symbolique) et tombèrent dans un désert sans eau, ni arbre, ni abri (symbole du monde matériel), affamés et pleurant leur bonheur perdu »[5].

L'Eden *(El-Jenna)* d'Adam était donc, un lieu d'habitation et de protection des intempéries et des dangers, un lieu où le travail humain

[1] Teyssot & Mosser 1991 : 7.
[2] Unesco, 1992.
[3] Brunon, 2001 : 38.
[4] Averroès, 2000 : 75, dans Benmakhlouf et Yahiya, 2010.
[5] Marquet, 1975 : 215.

était exclu, un lieu d'épanouissement pour Adam et Eve. Sortir de ce jardin, signifiait pour l'homme ''travailler'', ''labourer'' pour créer et entretenir sa nouvelle demeure. Cette vérité exprime le passage auquel l'homme s'est confronté : du repos au travail, de la cueillette à la culture, du plaisir absolu aux péripéties du nouveau monde, son nouveau paysage... Cette exclusion n'est autre que la prise en charge de ses obligations envers la terre qui a été créée pour être entretenue et gérée, et ce, par le moyen de « la quête de la science ».

L'Eden premier, avec ses constituants, était un lieu d'expérience, d'observation, de contemplation, devenant le modèle parfait de résidence de l'homme. Dès son exclusion, l'homme essaye de recréer cet espace perdu pour vivre et se protéger, grâce à son imagination. Selon l'étude d'Yves Marquet, Iẖwān al-Ṣafā (10e siècle) analysent l'imagination et en déduisent qu'elle est « toujours soumise au départ à la perception sensorielle », et « ne peut se représenter quelque chose qui n'ait été, à l'origine transmis par les sens ». Ils précisent qu'en « ayant reçu, simultanément, le schéma de tout un ensemble de choses sensibles, elle peut alors se les représenter »[1].

En se basant sur les pensées philosophiques grecques, en les traduisant et en y appliquant une dialectique interculturelle telle que le qualifie Amine Benmakhlouf[2], les scientifiques de la période islamique ont développé le concept de fantasme[3] et d'imagination. Jean Baptiste Brenet[4], qui a étudié les œuvres du commentateur d'Aristote, Ibn Rushd, et son travail sur l'intellect et l'imagination, nous éclaire sur les réflexions des penseurs arabes à ce sujet :

« Bien sûr, le destin de l'homme est de se faire intellect, d'être intelligent, de penser au maximum de ce qu'il peut mais rien de cela ne se fera sans le fantasme et sans l'imagination [...]Jouer Aristote contre Platon c'est défendre au maximum l'idée qu'on ne pense pas sans image, que donc l'imagination est la puissance absolument déterminante qui nous donne les objets et qui nous donne à notre essence même de se déployer, il se trouve que cette imagination qu'on a totalement perdue, les Arabes eux l'ont étudiée d'une façon extrêmement raffinée, extrêmement subtile... ».

---

[1] Marquet, 1975 : 234.

[2] Benmakhlouf, 2018.

[3] Le terme fantasme n'est pas pris dans le sens offert par la psychanalyse, mais dans le sens d'imagination avec un désir ou une volonté.

[4] Brenet, 2017.

Des travaux plus récents, sur l'image et l'imaginaire ont vu le jour, entre autres ceux de Jean-Jacques Wunenburger qui lance l'hypothèse, selon laquelle, les célèbres *schemata* de la cognition rejoignent l'idée de l'existence d'une espèce de matrice ou réservoir de formes, « un code génétique des histoires » « qui pré-informent l'œuvre », au cœur de nombreux actes de création[1]. En analysant les pensées de Gilbert Durand, ce philosophe affirme :

« Le propre de l'imagination est de se libérer des significations usuelles, primaires, des représentations, pour entrer dans un jeu de variations. L'imagination a été associée, depuis l'antiquité, à la rhétorique de la métaphore, qui signifie déplacement, transport. L'image n'est pas un doublon du référent, mais une source de libres associations, d'analogies qui élargissent le champ du référent »[2].

De toutes ces définitions, se déduit une hypothèse claire : le jardin a été pour l'homme d'un côté, la cause de sa responsabilisation envers la terre ; et de l'autre, joint à son nouveau paysage, tous deux deviennent la cause servant son inspiration et son imagination. « Responsabilisation » signifie apprendre à entretenir, à créer son environnement et acquérir la science. Aussi, la vision du monde, dans les sociétés islamiques, est étroitement liée aux paroles divines et prophétiques. Ces dernières sont porteuses d'images et d'indications historiques, morales et spirituelles.

En effet, le jardin dans le Coran, *El-Jenna*, représente d'une part, un lieu du futur, un havre de paix et de plaisir, la maison éternelle, le Paradis promis que personne n'a vu, mais accessible dans le futur éternel aux élus de Dieu. Il est dépeint par un ensemble d'images qui offrent de l'espoir à l'homme, à chaque lecture et pensée. D'autre part, *El-Jenna* est le jardin terrestre qui a été témoin de l'histoire de l'homme et de sa spiritualité et du rapport culturel et social qu'il a entretenu avec son environnement. Le jardin devient alors témoin d'une civilisation et le fruit d'un labeur. Parmi ces réalités historiques, citons les jardins de la ville « Iram aux colonnes », les jardins de l'époque pharaonique, les jardins de Saba et bien d'autres. Ces jardins historiques portent le nom d'*El-Jenna*, de même que l'appellation du Paradis.

Comme nous l'avons annoncé précédemment, le Paradis, jardin du futur est un espace inconnu de l'homme, il n'est lisible qu'à partir des

---

[1] Wunenburger, 2005 : 193.
[2] Wunenburger, 2014 : 30.

paroles divines et celles du prophète Mohammed (Qsssl) ; ainsi chacun peut l'imaginer en usant des images terrestres. Des concepts, déjà perçus, se faufilent dans ces images littéraires du futur, afin que l'homme puisse construire son image. Les sens sont réveillés par l'introduction d'éléments ou d'images culturels et historiques. On pourrait aussi supposer qu'*El-Jenna*, jardin terrestre ou jardin céleste est l'espace représentatif des dons divins.

Partant de ce constat clair sur le rôle important de l'image et des sens dans le développement de l'imagination, tel que défini par les philosophes de la période islamique, à l'instar d'Iẖwān al-Ṣafā, nous répondrons tout au long de cette thèse à la problématique suivante : dans quel sens les images de jardins et de paysages perçues et transmises au fil du temps ont-elles nourri l'imagination de l'homme, cette imagination qui a permis le développement de la science et de l'art du paysage et du jardin ? Pour ce faire, nous allons tout d'abord, analyser les images les plus significatives du jardin et du paysage depuis l'avènement de l'Islam, particulièrement ceux du texte coranique. Ensuite, nous allons suivre leur cheminement dans le temps et dans l'espace pour arriver enfin, à l'histoire culturelle du jardin et du paysage d'Alger entre le 16e et le 19e siècle, riche période civilisationnelle, ottomane et station spatiotemporelle d'un long processus qui conjoint l'imagination et la science[1].

Si le verbe décrit l'image et l'image est véhiculée par le verbe, comment a été l'influence des images dans la représentation et la recréation du jardin au cours des siècles ? Du Livre sacré, le Coran jusqu'aux descriptifs des auteurs de l'époque coloniale, passant par les œuvres de l'époque médiévale et de la période ottomane, autrement dit, à travers les œuvres de plusieurs disciplines, comme l'histoire, la géographie, la littérature et l'art, nous évoquerons dans cette thèse l'émergence des images, et archétypes qui permettent de percevoir le jardin et le paysage d'Alger de l'époque ottomane comme « carrefour interculturel », vers où convergent l'histoire, la science, l'art, la philosophie et les croyances.

En effet, dès l'expansion de l'Islam, un mouvement scientifique et culturel s'est engagé, afin d'éduquer et de civiliser tout citoyen, homme d'élite et homme de masse. L'écriture du Coran, la compilation des

[1] Remarquons toutefois, que la problématique en termes d'échelles spatiales et temporelles s'étendra selon les besoins de la recherche, afin de mieux cerner certains concepts ou certaines visions du monde.

paroles prophétiques et le développement des sciences religieuses, suivis de toutes les sciences, ont été les premières actions du mouvement de l'éducation. L'attraction des hommes de sciences de toutes régions vers Baghdad, siège de Beit al Hikma, durant l'époque abbasside, avait pour but le développement de toutes les sciences et la traduction des livres anciens.

Par l*'adab*, saisi dans toutes ses significations, l'expansion du savoir s'est réalisée. André Miquel s'est penché sur ce concept : l'*adab* aux définitions multiples. L*'adab* serait donc, « s'instruire tout en s'amusant, en touchant à tout, en parlant de tout sans insister sur rien, sans approfondir, de considérer, en un mot, que le goût est affaire de connaissances, plus que de science, d'ampleur plus que de profondeur »[1]. L*'adab* est l'éducation de soi, selon le dictionnaire « *Lissan al-Arab* », l'art de vivre et de bien se comporter[2], c'est également toute production des sciences, des connaissances et des littératures[3] ; en résumé, c'est se civiliser et se cultiver. Les initiateurs de l*'adab* ont alors, choisi la nature et l'art littéraire pour sensibiliser et attirer l'homme vers la science, à l'instar d'Al-Jahiz.

Par ailleurs, la peinture, en tant que représentation artistique du paysage islamique, a puisé dans les significations spirituelles de l'époque. Cette peinture, issue des histoires mystiques médiévales, a repris les éléments forts qui caractérisent le paysage historique coranique : la montagne, la caverne, les plantes et l'eau, pour les disposer selon une géométrie exprimant les sensations et une propension vers la spiritualité de l'homme. Le monde islamique a ainsi développé deux courants de représentations du paysage, l'un réaliste et producteur, l'autre mêlant le « rêve et la réalité » comme l'a qualifié Oleg Grabar [4].

A côté de ces littéraires, des lexicologues, des historiens et des scientifiques se sont attelés à développer de riches images littéraires et cartographiques de paysages. En effet, Al Khawarizmi porte un intérêt au paysage dans sa globalité, la terre et son paysage céleste pour lequel il développe des tables astronomiques *Kitab al-zidj* ainsi que des ouvrages sur l'astrolabe et l'astrologie. Parmi les premières œuvres se référant à l'atlas, on *compte Kitab ṣuwar al-aqalim*, (le livre des images des climats) d'Abu Zayd Ahmad ben Sahl Al-Balkhi (850-934) qui

---

[1] Miquel 1967 : 36.
[2] Ibn Mandhour, 1968.
[3] *Al-maany*, 2010.
[4] Grabar, 2009 : 215.

représente en peinture la terre d'Islam avec ses mers, ses montagnes et ses fleuves. Le développement des cartes sera suivi par une nouvelle approche, introduite par Al-Istakhri (850-957), celle de la description ou du commentaire qui accompagne la carte. Celle-ci devient, alors, illustration, « D'un atlas, Istakhri fait un livre, et d'une cartographie, une géographie véritable », commente André Miquel, mais ce n'est pas le seul changement important, la séparation du paysage céleste du paysage terrestre, a ouvert un champ spécifique, l'observation de la manière dont l'homme s'est approprié la terre. C'est ainsi que des initiateurs du paysage ont décidé d'explorer le terrain par les visites *in-situ*, l'élaboration de cartes et la description littéraire.

Les scientifiques de l'époque islamique médiévale ont alors beaucoup œuvré à l'élaboration des méthodes de perception des villes visitées. Cette perception, destinée initialement à la construction de l'image de la terre *Surat al-ardh*, a été nommée *manzar* ou *machhad* (paysage) par l'historien et géographe arabe[1].

Aussi, créer des jardins exige la maîtrise d'*al-filāha* (agriculture) qui, en évidence, englobe plusieurs branches ou sciences : la botanique, la pédologie, l'hydraulique, la science des aromates… comme en témoigne Abou Zakaria Yahia Ibn Mohamed Abou Ahmed Ibn Al-Awam, au 11e siècle dans sa compilation remarquable *Kitâb al-filāha.* Ainsi, la conjugaison du travail philosophique, théologique, littéraire, poétique et scientifique sur l'image et la perception a aidé les savants de l'époque médiévale à enrichir la science et l'art du jardin.

Étant géographiquement liée à la Méditerranée et historiquement attachée au monde Islamique, Alger a bénéficié de tout le développement de l'hydraulique et de l'agriculture et ce, depuis l'antiquité. Sa situation stratégique lui a permis aussi de profiter des apports technologiques des différentes civilisations de l'époque médiévale « comme la riche expérience de terrain et de progrès considérables dans la maitrise et l'exploitation des eaux souterraines »[2], « la maîtrise des procédés culturaux »[3] et l'introduction de nouvelles espèces, comme l'amandier, le pêcher, l'abricotier, le caroubier, l'oranger amer… Cependant, Alger ne représente qu'une portion d'un paysage qui évolue continuellement dans le temps, depuis la chute d'Adam. Il faut, par conséquent, énoncer que le paysage méditerranéen

[1] Ibn Hawqel, 1938 : 6.
[2] El-Faiz, 2005 : 101.
[3] Albertini, 2009 : 256.

a été analysé par Benzi et Berliocchi qui déduisent que ce dernier est culturel du fait que les territoires Méditerranéens aient perdus leurs plantes, à cause du changement climatique, puis ont été replantés par l'homme[1].

La période ottomane a, également, connu une introduction de nouvelles plantes plus particulièrement les fleurs, comme en témoigne De Haedo[2]. L'eau est un élément d'utilité et d'esthétique du jardin, qu'il soit dans la ville, dans la campagne ou qu'il ponctue le paysage algérois en tant que moment de halte. Des sources d'eau abondantes, des norias, des bassins, des fontaines, des rigoles, un système hydraulique bien conçu agrémentaient le paysage. La campagne d'Alger était ornée de parcs, de bois, de potagers, de vergers ; plusieurs types de jardins sont ainsi cités. Le jardin était réservé aux femmes qui mènent une vie plutôt restreinte entre les murs domestiques, comme le précise De Haedo[3]. René de Chastelet Des Boys écrivait, dès 1868 :

« La campagne autour d'Alger n'était pas seulement un lieu de production vitale pour la ville. Elle était aussi un lieu de plaisir, une résidence d'été d'une partie de la population, qui passait des espaces citadins clos aux larges panoramas des collines en pente face à la mer ».[4]

Les actes juridiques des registres ottomans révèlent par ailleurs, l'important lien social que créent le jardin et la gestion des eaux. Cette image du paysage algérois va être conservée grâce à tous les observateurs de ce paysage, qu'ils soient administrateurs, membres consulaires, littéraires, voyageurs, captifs, scientifiques ou artistes, à l'instar de De Haedo, Mrs Broughton, Adolph Otth, etc.

Notre objectif général est de répondre tout au long de cette thèse, selon une méthode pluridisciplinaire à la question suivante : dans quel sens les images de jardins et de paysages, perçues et transmises au fil du temps, ont-elles nourri l'imagination de l'homme au point d'avoir permis le développement de la science du paysage et de l'art du jardin ?

---

[1] Benzi et Berliocchi, 1999 : 10.
[2] Haedo, 1612 : 223-224.
[3] De Haedo, 1612 : 224.
[4] Chastelet Des Boys, 1868 : 14-32.

PARTIE I

LE JARDIN ET LE PAYSAGE DANS LA PENSÉE ISLAMIQUE

Fig.02. Otth, A. (1839). Alger vu de Bouzaréah.
[Lithographie du livre Esquisses africaines]

I. Sens Du Paysage Et Du Jardin Dans La Pensée Islamique À Travers Les Images

Très tôt, autour de 650, à l'époque du calife Othman, lè Coran, livre sacré de la religion islamique, porteur également d'un nombre considérable d'images de paysages et de jardins, fut réuni. Sachant que dès l'arrivée de l'Islam, un Etat s'est constitué avec une nouvelle culture islamique et une révolution, non seulement des sciences religieuses, mais de toutes les autres sciences ainsi que de la littérature, la prose et la rhétorique. Par ses sens apparent et profond, le Coran s'adresse à la foule, à l'élite, aux théologiens et aux gens de la rhétorique, selon la pensée d'Averroès.[1]

Pour l'interprétation des versets coraniques, les théologiens et les philosophes se basent sur les *hadiths* (paroles prophétiques). Les compilations des *hadiths* ou paroles prophétiques ont été, alors, entamées avec rigueur par de grands imams et juristes, comme Malek Ibn Anès (708-796), s'assurant de l'authenticité et de la chaine de transmission du hadith. Les compilations les plus reconnues sont celles d'Al-Bukhari (810-870) et de Muslim (821-875) intitulées s*ahih,* qui signifie authentique « pour leur acte révolutionnaire, de ne garder que les hadiths dont l'authenticité est indubitablement authentique »[2]. Également d'autres compilateurs sont reconnus comme Al-Tirmidi, Abu Daoud et Al-Nassa'i.

Les mosquées, où se développaient les sciences religieuses, ont depuis l'avènement de l'Islam, été dotées d'une riche bibliothèque, car il faut le mentionner, le premier mot, du premier verset coranique descendu sur terre fut *Iqraa,* terme qui signifie lit, ordre de lire et donc, d'apprendre. La lecture ou la demande du savoir devient alors un culte. Suite au développement des sciences religieuses, les autres sciences ont été abordées.

Des maisons de sciences ont vu le jour pour attirer tous les scientifiques et chercheurs du monde. Beit Al- Hikma, établie à Bagdad, en 832, sous le califat d'Al-Ma'mun, a été l'une des premières maisons de sciences, qui a contribué à l'évolution des sciences et ce, à travers l'acquisition et la traduction des livres grecs, indiens et nabatéens. « Cette institution était centrée autour d'une bibliothèque »[3], relève

---

[1] Brenet, 2020.
[2] Brown, 2007 : 255-259.
[3] Géal, 2006 : 11-46.

Géal. Il affirme que d'autres institutions avaient fait leur apparition dans les siècles suivants ; l'Egypte se dotera de Dar al-'Ilm du calife Al-Hakam, quant à l'Andalousie, c'est le calife Al-Rahman qui lui attribuera une maison de science ; ces maisons sont toujours accompagnées de bibliothèques[1]. Les annexes de ces bibliothèques vont être associées aux hôpitaux, aux ribats, aux mausolées, et aux madrasas.

Oleg Grabar, dont l'intérêt était l'étude des images en terre d'Islam, remarque dès le 7e siècle que « le monde musulman développe la culture du livre et de l'écriture »[2], en constatant que le développement des techniques, comme les nouvelles techniques d'application des couleurs, ainsi que l'apparition du papier et le commerce florissant participèrent largement à diffuser de nouvelles connaissances au sein des couches sociales, à travers le livre, dont le savoir se transmettait auparavant exclusivement par voie orale[3]. L'importance de l'image chez le musulman va jusqu'à la production de représentations graphiques sur les pages calligraphiées du Coran, telles que des représentations géométriques, de végétaux, voire architecturales, dont l'inspiration est attribuée au monde chrétien, fait remarquer Oleg Grabar.

Enfin, l'acquisition des livres anciens, leur traduction et la facilité de leur diffusion par le biais du commerce ou les bibliothèques, ainsi que l'engouement né chez le citoyen d'apprendre et de s'éduquer, dans le souci de se conformer à une demande divine, a beaucoup contribué à la propagation du savoir, en terre d'Islam. Une avalanche d'images de jardins et de paysages, relatées par le Coran et la parole prophétique, suivie d'une réception d'images véhiculées par le verbe et les illustrations des livres des civilisations antiques : grecque, nabatéenne ou indienne, vont être perçues par les scientifiques, théologiens, philosophes et littéraires. Ces derniers vont, par leur conception individuelle et leur savoir participer à faire renaître la science et l'art du jardin et du paysage. La conception étant l'intellection *al-taṣawur* qu'Averroès substitue à l'imagination '*al-takhayyul*[4], « le fantasme », comme l'explicite le philosophe contemporain, Amine Benmakhlouf.

[1] Ibidem.
[2] Grabar, 2009 : 14
[3] Ibid, 16
[4] Benmakhlouf & Yahya, 2010.

En effet, l'observation de la création *al-naẓar fī al-ḫalq* a été demandée, incitée par le créateur *al-ḫālīq, al Bāri'*, *al-Muṣawir*[1] selon les croyances islamiques. Ces trois noms cités de Dieu signifient créateur et précisent différentes étapes de la création des êtres, celles de donner les puissances, les âmes puis les images (*al-ṣuwar*), sans modèle préalable

Yves Marquet, en traduisant la pensée d'Iḫwān al-Ṣafā sur l'imagination, souligne qu'elle est « toujours soumise au départ à la perception sensorielle », et « ne peut se représenter quelque chose qui n'ait été, à l'origine transmise par les sens »[2]. Jean Baptiste Brenet reprend la pensée d'Ibn Rushd et met l'accent sur le rôle de la sensation et l'importance de la volonté pour toute pensée humaine :

« La sensation a donc, pour objet des choses individuelles, tandis que la science porte sur des universels ; et dans la mesure où ceux-ci sont « en quelque sorte dans l'âme même, l'homme peut « intelliger » quand il le veut, alors qu'il est pour sentir, soumis à la présence extrinsèque et contingente des réalités mondaines[3] ».

Donc, pour rendre intelligibles ces images, l'élaboration des dictionnaires s'est imposée, et s'est rapidement développée, parallèlement aux traductions des livres littéraires et scientifiques antiques acquis par les maisons de sciences et les bibliothèques implantées en terre d'Islam. Les élaborateurs des dictionnaires ont activement travaillé les concepts, en présentant des définitions claires aux mots arabes, et ceux empruntés aux autres cultures. Par ailleurs, des scientifiques et des littéraires vont explorer les images de jardins et de paysages, reçues du Coran et des cultures anciennes pour arriver à de nouvelles représentations ou créations du paysage à la fois littéraires et scientifiques.

Pour exprimer ces images avec justesse, la maîtrise du mot et de son sens était primordiale à la compréhension et la production écrite. Dès le 2e siècle de l'Hégire, des littéraires, des poètes et autres spécialistes se sont attelés à collecter les mots exprimés verbalement par les Arabes en élaborant des dictionnaires, sachant qu'avant l'Islam, la culture et la poésie se transmettaient oralement. C'est à travers une lecture croisée

[1] On trouve ces tois noms dans les versets suivants, du Coran : *Al-qur'ān al-karīm* ṣūrat al-ʾāʿrāf, aya 185 ; ṣūrat al-ḏārīyyāt, ayāt 20-21 ; ṣūrat al-ġāšiyya, ayāt 17-21).
[2] Marquet, 1975 : 233-234.
[3] Brenet, 2013 : 117.

basée sur une recherche lexicographique, et sur les études florissantes des précurseurs de la perception des paysages livresques de la période islamique médiévale, et des définitions récentes du jardin et du paysage, que nous allons plancher sur les termes que sont le jardin et le paysage en Islam, pour ensuite élargir leurs sens, suivant les concepts ''nature'' et ''art'', étroitement liés à la culture islamique.

1. SENS DU PAYSAGE

> « Et sur la terre, il y a des parcelles voisines les unes des autres, des jardins (plantés) de vignes, et des céréales et des palmiers, en touffes ou espacés, arrosés de la même eau ; cependant, Nous rendons supérieurs les uns aux autres quant au goût. Voilà bien des preuves pour des gens qui raisonnent. »[1]

Ce verset coranique, présente le paysage et l'importance à raisonner lors de son observation. *Al-naẓar* : l'observation, *al-tafkir* : le raisonnement et *al-taamoul* (la contemplation)[2] sont des demandes qui vont pousser l'homme aux découvertes et au développement des sciences. Le Coran va être un livre qui appellera à sa lecture d'une part, et d'autre part, à la lecture du monde tout entier : des astres jusqu'aux plus petites créatures. Iẖwān al-Ṣafā philosophes du 10e siècle, de l'époque islamique médiévale, insistent sur l'observation de la création et précisent à travers leurs épitres que c'est la connaissance du monde qui fera connaître à l'homme son créateur, selon l'analyse d'Yves Marquet :

« Tout être dans le monde a un côté extérieur et un côté intérieur [...]. L'artisan du monde échappe aux sens ; on l'ignore et on ne sait pas qui il est : c'est ce qui constitue le voile entre Lui et nous. Mais la trace de la fabrication, de l'art, est apparente et évidente dans son œuvre. L'Artisan, voilé ne peut être connu que lorsqu'est connu l'objet fabriqué, apparent et dévoilé. Mais cet objet fabriqué, lui-même ne peut être vraiment connu qu'une fois connue, par l'observation, la réalité profonde de la matière et de ses états[3] ».

L'auteur de *La philosophie d'Iẖwān al-Ṣafā* insiste sur la nécessité du cheminement du concret à l'abstrait pour se rapprocher des sciences :

« C'est ce qui explique, dans les sciences, la nécessité d'une progression du concret à l'abstrait. Il faut donc réfléchir sans cesse aux merveilles des fabrications de Dieu, à Ses créatures diverses, considérer leur comportement,

[1] *Al-qur'ān al-karīm* : sourate Arra'd, verset 4. Dans Ibn Kathir, Tafsir Ibn Kathir, traduction Harakat, A., 2013

[2] Ces expressions sont mentionnées dans : *Al-qur'ān al-karīm,* Sourate Al-â`raf, Verset 185 ; Sourate El-dariat, Verset 20-21, Sourate Al-ghachia, Versets 17-21

[3] Marquet, 1975 : 248.

pour arriver finalement à l'Artisan en constatant qu'Il est sage et que l'œuvre est Sa création[1] ».

Averroès, philosophe de l'époque islamique médiévale, pense que parmi le culte rendu à Dieu, il y a la connaissance de ses œuvres, souligne Amine Benmakhlouf et MohyiddinYahiya (2010). Al-Qazwini déclare qu'*al-naẓar,* l'observation, a pour but la réflexion par le sens et la raison, pour arriver à la vérité, et de ce fait sentir le plaisir de la vie et acquérir le bonheur dans le futur éternel ; plus l'observateur approfondit son regard, et plus Dieu nourrira sa science, le rayonnera de sa lumière et lui offrira satisfaction. Il appuie son raisonnement en citant une parole prophétique : « Réfléchissez *à la création* », avant de conclure que la réflexion ne peut être atteinte que par celui qui maîtrise les sciences et les mathématiques, après s'être bien éduqué[2].

Selon le dictionnaire de l'époque médiévale *Lissan Al-Arab*[3] du littéraire Abdu Allah Ben El-Moukaram Ben Abi Al-Hassan, Ben Ahmad Al-Anssari Al-Khazradji ou Ibn Mandhour (1232-1311), le mot arabe *al-manẓar,* qui signifie paysage, porte des sens variés comme le sens de l'œil, les terres les plus élevées car elles permettent la vue d'un grand panorama, ou toute chose ou être sur lequel est porté un regard et plaît à son observateur. Remarquons que cette dernière signification reprend la définition du premier dictionnaire islamique *tahdhib el lugha*[4]. *Al-manẓara* mot de la même famille qu'*al-manẓar* signifie un lieu au sommet d'une montagne. Au verbe *naẓara,* on attribue les synonymes de raisonner et observer.

Le dictionnaire *al-mohith* de l'imam et littéraire Madjd al-Eddin al-Fairouz al-Abadi (1329-1415), propose au verbe *naẓara*, qui correspond en langue française aux verbes « voir, observer, regarder », le sens de réfléchir avec considération et mesure. On constate également une expression très significative en relation avec le paysage : *naẓarati al-ardh,* traduite littéralement : « la terre a observé » et qui signifie plutôt : « la terre a exposé à l'œil ses plantes ». Les dictionnaires contemporains reprennent les définitions anciennes pour l'expression *al-manẓar* : la vue, l'œil, le regard par le sens et par la raison, un lieu situé en hauteur pour surveiller et contrôler. Au verbe *naẓara*, on attribue le sens de voir, observer, contempler, raisonner, réfléchir. Le

---

[1] Ibidem.
[2] Al-Qazwini, 1971 :4.
[3] Ibn Mandhour, 2007.
[4] Al-Azhari, 2004.

nom *al-naẓar* a pour signification le sens de l'œil, l'organe spécifique de l'œil, la vue, la vision ou bien la perception. *Al manẓara* est tout ce qui est observé et plaît ou déplait à son observateur, c'est également, un espace dans la maison qui permet de recevoir les invités ou un espace élevé qui permet d'observer le jardin.

ʿIlm al-manāẓir c'est la science de l'optique qui a été développée d'une manière exceptionnelle par le savant et philosophe Ibn El-Hayṯēm (965-1040). A l'aide de ses recherches expérimentales, Ibn Al-Hayṯēm a défini les différentes perceptions et leur processus physique et naturel. L'image et les corps étaient au centre de ses recherches. L'image des corps *ṣūraṯ al-āğsām* est composée de plusieurs concepts partiels *al-maʿānī al-ğūzʾiyya,* à l'instar de la structure, la couleur, la position, la laideur, la beauté[1], commente ce savant. La vue *al-baṣar* reconnaît chacun des concepts partiels à partir de la reconnaissance de l'image des corps *idrāk ṣūraṯ al-āğsām.* La lumière, un des plus importants concepts partiels, va être développée par des lois mathématiques et physiques, afin de comprendre l'objet observé, ses ombres et ses images. Par ailleurs, en usant de la psychologie, *Ibn Al-*Hayṯēm va également remarquer la rapidité de la reconnaissance de l'objet, par la couleur. Il témoigne que dans les jardins, l'œil reconnait très vite les roses grâce à leur couleur et *el-rayhan* par sa couleur verte[2].

C'est en recherchant l'élaboration de l'image de la terre que la science du paysage est née. Parmi les scientifiques de l'époque islamique, qui ont introduit cette science, Ibn Hawqel, célèbre par sa maîtrise de la géographie, développe une nouvelle perception et représentation de la terre, ou du paysage terrestre et des jardins du monde, en développant une nouvelle discipline, ou plutôt la science du paysage. En effet, il désigne *mašhad*[3] toute description d'un lieu et nomme son œuvre "Le livre de l'image de la terre" (*Kitab surat al-ardh*)[4]. Ces deux appellations sont très significatives du fait qu'image, tel qu'on va le préciser plus bas, désigne la perception mentale de l'objet. Quant à *mašhad,* il a pour signification lieu, précisément un lieu étroitement lié à la présence et l'observation de l'homme. Dans les dictionnaires contemporains, le terme *mašhad* prend la signification de paysage ou de spectacle.

---

[1] Ibn al-Hayṯēm, 476 Hg, al-fasl rabiʿ

[2] Ibidem.

[3] *mašhad,* synonyme de *manẓār,* signifie paysage.

[4] Ibn Hawqel, 1938 : Préface.

Toutes ces définitions se rapprochent du concept d'*opsis* d'Aristote, et c'est dans sa poétique que le terme *opsis* va être le plus défini. Une lecture de ce concept par Eve-Marie Rollinat-Levasseur, à travers la *Poétique d'Aristote* va expliciter plusieurs notions que nous jugeons similaires aux notions de paysage, dans la pensée islamique de l'époque médiévale :

« Le mot opsis » est traduit par les éditeurs français contemporains par « spectacle », parfois par « mise en scène ». Il est construit sur une racine qui intervient dans la conjugaison supplétive du verbe oran, « voir », avec le suffixe 'sis' qui sert à la formation de substantifs abstraits et qui exprime, comme le dit P. Chantraine, « la notion abstraite du procès conçu comme réalisation objective ». Ainsi, « opsis est la vue, toujours effective, l'aspect objectivement dessiné »[1] .

L'auteure expose donc, le terme opsis qui, remarquablement, comme le mot paysage, comprend plusieurs sens, « alors qu'omma, dérivé de la même racine, est « le lieu où se réalise la vue, d'où les yeux considérés comme le siège d'une image ». Au reste, P. Chantraine souligne l'ambiguïté sémantique du mot opsis qui signifie selon les cas : « la vue », « le fait ou la faculté de voir » ou « ce que l'on voit »[2].

Cette perception de plaisir ressenti à la vue d'un paysage est également incluse dans la définition d'opsis, qu'Eve-Marie Rollinat-Levasseur relate : « L'opsis désigne la représentation théâtrale (c'est-à-dire les effets de mise en scène et le spectacle que voit le public) et exerce un pouvoir certain de séduction sur les spectateurs en leur procurant notamment plaisir, effroi et pitié »[3].

Durant la période contemporaine, le paysage a été l'objet de nombreux débats soulevés par des scientifiques de spécialités diverses. Pour certains, la définition du paysage sera liée à sa représentation artistique. Thierry Paquot affirme que le mot paysage «va longtemps désigner le résultat, sur un panneau de bois ou une toile (procédé alors tout récent), du travail du peintre »[4]. Charles Avocat situe l'apparition du mot paysage au 16e siècle et le joint au développement de la relation

---

[1] Rollinat, 2020 : 4.
[2] Ibidem.
[3] Ibid :10.
[4] Paquot, 2016 : 13-22

de l'homme avec le monde qui l'entoure. Tout en maintenant ce lien avec la peinture, il cite :

« Le mot paysage coïncide bien évidemment avec l'élaboration de nouveaux rapports spatiaux et affectifs entre l'homme et le monde qui l'entoure, que traduisent aussi l'apparition de la perspective dans le domaine pictural ou le développement autonome du paysage dans les écoles de peinture, hollandaise notamment »[1].

Les deux auteurs de l'histoire des plantes en Méditerranée proposent une tout autre perception du paysage qu'ils considèrent vivant et évolutif. Fabio Benzi observe le paysage méditerranéen « comme une œuvre d'art collective, comme certaines cathédrales dont la construction se prolongea, à travers les siècles, changeant progressivement de forme, selon l'évolution des contraintes, des goûts et des styles[2] ».

Alors que Luigi Berliocchi remarque que le paysage « est universellement perçu comme une entité fixe et immuable dans l'espace, comme dans le temps »[3] et pour donner, alors, un sens à son évolution, il retrace son histoire, à travers le chemin des plantes.

Le grand spécialiste du paysage, John Dixon Hunt, déduit que le paysage est le monde, auquel il joint la notion de beauté. Il dira qu'il préfère être un spécialiste du paysage : « *I would hate to be described as a garden historian. I'm someone who has learnt from the study of gardens how to think about the larger world, which we usually call a landscape »*[4]. L'incontournable historienne de l'art Monique Mosser explique quant à elle, que « tout paysage matérialise « [...] comment une population a perçu et exploité son environnement à travers les âges »[5]. Ce qui rejoint le principe d*'Al-naẓar fi el-khalk :* l'observation de la création.

En convoquant l'étymologie et les sens donnés au mot paysage, Charles Avocat déduit qu' « il y a autant un acte de paysage, qui privilégierait la perception globale, qu'un objet paysage, susceptible d'être maîtrisé de façon analytique, rationnelle et pour tout dire

[1] Avocat, 1982 : 333-342

[2] Benzi et Berliocchi 1999 : 10

[3] Ibid, p.38.

[4] Weilacher, 2018. Trad « Je n'aimerais pas être décrit comme un historien de jardins. Je suis quelqu'un qui a appris de l'étude des jardins, comment réfléchir sur le monde, qu'on appelle usuellement le paysage.

[5] Mosser et Teyssot, 1991 : 7.

scientifique »[1]. Augustin Berque va jusqu'à humaniser la nature par l'éducation du regard. À ce sujet, il affirme :

« Le monde, justement, exige que la nature soit interprétée, aménagée, cultivée pour accéder au sens. Et cela va à tous les niveaux de la relation écouménale. Il n'est que de comparer telle vallée vosgienne, encore tenue par l'agriculture à telle autre, envahie par la forêt, pour sentir que même en perception directe, l'environnement a besoin d'être humanisé, ne serait-ce que par l'éducation du regard que l'on porte sur lui pour devenir paysage »[2].

Grâce à la convention du patrimoine mondial, élaborée par l'Unesco, on peut reconnaître et protéger les paysages culturels, définis comme « une illustration de l'évolution de la société et des occupations humaines au cours des âges, sous l'influence des contraintes et/ou des atouts présentés par leur environnement naturel, et sous l'effet des forces sociales, économiques et culturelles successives, internes et externes[3] ».

Suivant les orientations de l'Unesco de 2008, on distingue trois catégories de paysages culturels : la première catégorie est le paysage défini et créé par l'homme, qui comprend les paysages de jardins et les parcs d'agrément associés ou non à des constructions qui peuvent être destinées à des fins religieuses. La deuxième catégorie est un paysage évolutif résultant d'une exigence à l'origine sociale, économique, administrative et/ou religieuse et atteint sa forme actuelle par association et se veut une réponse à son environnement naturel. La troisième catégorie est le paysage culturel associatif, intitulé ainsi à cause de l'association des phénomènes religieux, artistiques ou culturels à l'élément naturel[4].

La perception de l'homme de son environnement est, en définitive, l'élément clé et commun à toutes ces définitions. Et c'est bien le terme *al-naẓar* (observation) qui a été le plus utilisé par les littéraires et scientifiques arabes de l'époque médiévale, pour présenter la

[1] Avocat, 1982 : 333-342.

[2] Berque, 2010 : 112

[3] Selon le site web de l'Unesco, le terme paysage culturel recouvre une grande variété de manifestations de l'interaction entre l'homme et son environnement naturel. Les paysages culturels reflètent souvent des techniques spécifiques d'utilisation durable des terres, prenant en considération les caractéristiques et les limites de l'environnement naturel, dans lequel ils sont établis, ainsi qu'une relation spirituelle spécifique avec la nature. https : //www.unesco.org.

[4] http: //www.unesco.org.

description et la découverte d'un lieu. Bien que les lexicographes médiévaux eussent donné au terme *al-manẓar* (paysage) les significations suivantes : un lieu élevé destiné à l'observation, et l'objet observé avec la sensation de plaisir, ce terme fut rarement mentionné. Ibn al-Hayṯēm est le premier scientifique, à notre avis, à l'avoir choisi pour exprimer la science de l'optique. Cette science inclut tous les calculs mathématiques et physiques pour expliciter la vue. Tout est pris en compte : l'œil de l'observateur, le lieu ou bien l'objet à observer, les concepts externes et singulièrement la lumière, ainsi que l'image mentale, réalisée au moment de l'observation. Cette recherche, que nous traduisons par science du paysage, a été, à notre avis, une référence essentielle aux initiateurs de l'élaboration de l'image de la terre.

L'image de la terre ou paysage n'est réalisée que si l'observateur applique une méthode scientifique. Dans le cas contraire, l'image est non précise. En effet, Ibn Hawqel choisit le terme *mašhad* pour qualifier un lieu observé et décrit. Il affirme son plaisir à pouvoir présenter une image agréable aux lecteurs, tout en espérant que cela procure à ces derniers un sentiment de beauté. Il innove, en structurant la perception, et décomposant le lieu observé en image, forme, position du climat, limites et ce qui l'entoure comme lieux, villes, campagnes, les lois et l'altitude, les fleuves et les mers et tout ce qui est nécessaire à connaitre, comme les richesses, les tribus, les portes des villes, les distances des routes, les attractions et le commerce[1]. Enfin, nous définissons le paysage *al-manẓar,* en tant que lieu d'observation et l'objet ou le lieu observé, autrement dit l'image mentale réalisée après perception et description, avec méthode ou science qu'on nommerait science du paysage. Toutefois, cette notion complexe sera enrichie et éclairée tout au long de cette thèse.

[1] Ibn Hawqel, 1938 : 9.

Fig. 03. Tabari.S. (2018) *Jardin en dehors du palais Nasride, Grenade.* [Photo].

2. Sens du jardin

Le jardin est défini, selon le vocabulaire typologique et technique des jardins comme une organisation spatiale close, pouvant être indépendante ou associée à un édifice. Il comprend des végétaux d'utilité et d'agrément, cultivés en pleine terre ou hors sol après transformation du site naturel, selon Marie Hélène Benetière :

« Espace organisé, généralement clos, indépendant ou associé à un édifice, comportant des végétaux d'utilité ou d'agrément cultivés en pleine terre ou hors sol. Créé à partir d'une modification plus ou moins profonde du site naturel, le jardin, qui répond à des fonctions d'utilité ou d'agrément, se caractérise par son tracé, son relief, sa couverture végétale et son traitement de l'eau. L'architecture et la sculpture, fréquemment associées à sa décoration, y jouent parfois un rôle considérable »[1].

Selon la charte de Florence, le jardin est une composition architecturale vivante[2] où se conjuguent le labeur humain et la nature et dont le principal élément de composition est le végétal. En somme, le jardin est une œuvre éphémère et fragile de l'art des jardins. « Le *clos* en est le nom ancien », précise Frédérique Thomas qui explique :

« C'est le dessin d'un périmètre dans le plan de la surface terrestre, une démarcation entre un dedans et un dehors ne laissant que la dimension du ciel illimitée, où l'on se livre à une activité de culture, de méditation et de promenade. Un lieu bien circonscrit face à l'ouvert de la nature. Un espace privé jouxtant l'habitation, parfois si caché du monde et si intime qu'il en devient secret »[3].

Quant à l'*hortus conclus,* cet auteur décrit sa géométrie comme suit :

« L'*hortus conclusus* médiéval, à la géométrie fortement symbolisée (le plan du carré long, représentant la terre, est divisé par deux grandes allées formant la croix christique), est un modèle de la retenue et de l'équilibre qui commandent l'accès à la rédemption »[4].

---

[1] Benetière, 2000 : 28

[2] Icomos-ifla, *Jardins historiques.*

[3] Thomas, 2014 :49.

[4] Ibid, 52.

Monique Mosser, l'historienne de l'art des jardins, puise dans la philosophie pour définir le jardin, comme un « lieu d'utilité et d'agrément », qui « cristallise une vision du monde et le condense en un microcosme par formes sensibles et vivantes »[1]. Augustin Berque remarque que l'intégration particulière du jardin oriental à son environnement immédiat, effectue des emprunts aux paysages. A ce propos, il cite : « L'art des jardins en Asie orientale pratique volontiers l'"emprunt de paysage" ».

El-Jenna est un mot arabe qui signifie le paradis mais également le jardin. Al-djawhari, étymologiste de l'époque médiévale, le définit telle une maison de plaisir dans la maison éternelle, un lieu protégé par l'ensemble des arbres et des plantes formant des ombres grâce à leurs branches[2]. Pour le théologien et botaniste Ibn al-Qaim al-Djawzia, *el-Jenna* (le paradis) est un jardin, un enclos, une sorte de couverture qui protège et qui "cache"[3]. « *El-Jenna* », résidence première d'Adam et d'Eve, a été décrite par Iẖwān Al-Safa, comme un lieu d'expérience, d'observation et de contemplation ; son architecture fut un enclos d'épanouissement pour l'homme où le travail humain était exclu[4].

Sortir d'*el-Jenna*, lieu de plaisir, de sécurité et de repos, signifiait pour l'Homme travailler, entretenir sa nouvelle demeure : la terre, et respecter ses devoirs spirituels. Cet événement relaté dans le Livre sacré de la religion islamique, exprime le passage auquel l'homme s'est confronté, dans son nouveau paysage : du repos au travail ; de la cueillette à la culture ; du plaisir absolu à la recherche du bonheur. En résumé, la maison ou le chez-soi futur, désiré par l'homme, est le lieu sécurisé, le refuge éternel, la résidence de plaisir, le paradis, un jardin de bonheur. Dès son exclusion de son jardin premier, l'homme essaye de recréer cet enclos végétal, pour retrouver son bien-être et se protéger, et ce grâce à son imagination.

Anatoly Liberman, dans son étude étymologique des mots *Home* et *House*[5], remarque que « Still other scholars consider the relationship between the word for "home" and Engl. *hem* "edge." »[6]. Aussi il rappelle que « Old English had the noun *hamm* "a piece of pasture land;

---

[1] Teyssot & Mosser, 1991 : 7.

[2] Al-djawhari, 1956.

[3] Ibn al-Qaim al-Djawzia, 2008 : 191.

[4] Marquet, 1975 : 234.

[5] Anatoly Liberman, 2015.

[6] Traduction du texte anglais : « Encore, d'autres chercheurs, observent la relation entre le mot « *home* » et Ourlet ou bord ».

enclosure ; house. »[1] . En outre, il rapporte que Lehamann, ayant étudié les origines de ces mots, conclut que « the word *house* meant "to hide" »[2], maison signifiait donc *"se cacher"* qui rappelons-le, est l'un des sens d'*el-Jenna* : le jardin[3].

Le Coran attribue au jardin nommé *el-Jenna* deux situations spatio-temporelles : le futur éternel et le temporel terrestre. On peut y repérer ainsi des images de jardins terrestres des civilisations passées, contées dans le Coran, à l'instar des jardins d'Ad dans *Sourate Al-Shou`ara* (Verset. 146-149), les jardins de Thamūd dans *Sourate Al-Shou`ara,* (Verset. 146-149), les jardins de Joseph dans *Sourate Youssouf* (Verset 47), les jardins du Pharaon de Moise dans *Sourate Al Shou`ara* (Verset 57-58), les jardins de Saba dans *Sourate Saba* (Verset 15-16), les jardins de *Sahib el-Jenna* (le propriétaire du jardin) dans *Sourate Al-Qahf* (Verset 32-42) et les jardins d'*Ashab el-jenna* (les propriétaires du jardin) dans *Sourate Al-Qalam* (Verset 17-33). Ces images portent des signes de richesses et de prospérité. D'autres dévoilent, par contre, la disparition du jardin et de sa fertilité et focalisent l'objectif sur la supplantation des arbres fruitiers par des arbres sans fruits ou à fruits amers. Une image qui reflète la mort d'une civilisation, la perte de la richesse, en résumé elle porte un signe de déclin et de faillite.

Des caractéristiques, voire des indices sur les lieux recommandés pour l'emplacement du jardin sont lisibles dans le livre de la religion islamique. Le jardin terrestre est bien délimité par des clôtures d'arbres, ponctué par des sources et traversé par des cours d'eau, le tout disposé sur une structure paysagère naturelle. L'arbre fruitier et la plante d'utilité sont extrêmement primordiaux dans ce jardin, et constituent son couvert végétal principal. D'ailleurs, les recherches historiques menées par Stéphane Gsell révèlent, selon Callias, qu'à l'époque phénicienne, la campagne de Palerme était appelée « le jardin », car elle était entièrement plantée d'arbres[4].

Lors de l'époque médiévale, des appellations, définissant en apparence une typologie de jardins, à l'instar d'*al-bûstân, al-hadiqa, al-buhayra, al-reqqa,* et d'autres en référence aux jardins éternels cités dans le Livre sacré comme *al-jenna, al-firdaws*, *al-wassila*, *al-rawdha,*

[1]Traduction du texte anglais : « Dans le vieil anglais le mot « *hamm* » a pour signification, *un village,* un morceau de pâturage, une enceinte, une maison ».
[2] Liberman, 1987 : 253-256
[3] Voir Tabari, 2021. El-Jenna, Home et l'imagination de l'homme dans la pensée islamique. Alger….
[4] Gsell, 1920 I : 30

exposent la riche spatialité du jardin. Ces espaces jardinés diffèrent par leurs composantes et leurs architectures. Les lexicologues de l'époque médiévale ont tracé chacun de ses espaces en soulignant leurs subtiles différences.

Al-Jenna, tel que précisé dans les deux dictionnaires *Lissan al-Arab* et *Al-sihah,* est *al-bûstân*[1]. On pourrait également nommer des palmiers : *al-Jenna,* car les Arabes les nommaient ainsi. *Al-Jenna* c'est également *al-hadiqa* à arbres et palmiers[2]. Ibn Mandhour, précise plus loin qu'un jardin est nommé *al-Jenna,* que si on y plante des palmiers et des vignes. Dans le cas contraire, on nommera ce jardin *al-hadiqa* et non *el-Jenna.* Il cite qu'*al-Jenna* est également la maison de plaisir dans la maison éternelle, un lieu de protection par l'assemblage des arbres qui forment des ombres, grâce à leurs branches[3]. Ibn-Mandhour utilise une expression particulière dont le qualificatif dérive du mot *el-Jenna* : *ardh madjnouna* qui est une terre abandonnée, en friche. Selon le dictionnaire *Tahdhib Al-Lougha,* les hauts palmiers et les plantes charnues et enroulées sont appelés *madjnoun.*

Al-bustân est un mot arabisé qui signifie *al-hadiqa*[4], il est d'origine persane. Mohammed El-Faiz précise que « le terme bustân, de bû : odeur, et stân : lieu, désigne en persan un jardin d'agrément planté de fleurs », et qu'à l'époque almohade, le verger est appelé *bûstan* **;** ce qu'il a de particulier, ce sont les plantes d'agrément[5]. Il porte également le nom d'*al-ha'ith*, il est planté d'arbres dispersés pour permettre la culture de plantations entre elles. Cette spécificité nous rappelle la technique de plantation et l'intérêt de la disposition des plantes sous les arbres, telle qu'énoncée par Ibn al-Awam dans sa compilation « L'agriculture nabatéenne »[6]. Ibn Mandhour définit al-bustân comme *al-hadiqa*[7]. *Al-butsân* est appelé *al-Jenna,* car grâce à son enceinte d'arbres, il cache son intérieur[8].

Al-hadiqa, nom dont le verbe est *hadaqa*[9], est toute terre qui est entourée par un enclos ou par une surélévation de terre ; c'est aussi toute

[1] Ibn Mandhour, 2007 ; Al-Djawhari, 1956.
[2] Ibn Mandhour, 2007.
[3]Ibid.
[4] Al-Fairouz Al-Abadi, 2005.
[5] El-Faiz, 2000 : 15.
[6] Ibn al-Awam, 1864 : 181.
[7] Ibn Mandhour, 2007.
[8] Ibn al-Qayyim, 2008: 191.
[9] Son synonyme est *istadara* qui signifie entourer.

terre à arbres fruitiers et palmiers. C'est précisé aussi que c'est *al-bustân* devant avoir un enclos, et ce sont les arbres qui jouent le rôle d'enclos. L'herbe qui l'entoure est appelée *hadiq al-rawdh*, que nous proposons de traduire en couronne d'herbe. On nomme également enclos : al-zudjadj, al-hadaiq, al-bassatin. *El-hadiqa* peut également signifier un trou dans un cours d'eau, qui a pour rôle d'arrêter l'eau, dans ce cas, *al-hadiqa* est plus profond qu'*al-ghadir,* explique Ibn Mandhour[1].

Al-rawdha est citée dans le Coran, ainsi que par le prophète Mohamed (Qsssl). Son pluriel est *riyâdh.* L'interprétation traduite d'*al-rawdha* mentionnée dans le verset coranique 15 de sourate al-roum[2], est le « *parterre fleuri* » dans lequel les croyants vont trouver joie et béatitude, dans leur vie éternelle, selon l'interprétation de l'exégète d'Ibn Kathir, qui précise que c'est le lieu le plus élevé du Paradis[3]. Le dictionnaire *Al-mohith* définit *al-rawdha* comme un réservoir d'eau ou une terre à sable et herbe. Ibn Mandhour explique qu'*al-rawdha,* c'est le beau bûstân, tout en éclairant que c'est la terre à verdure, un lieu où se rassemble l'eau et augmente sa verdure, et précise qu'on ne peut appeler un espace boisé *rawdha*, c'est plutôt un espace où se trouve de l'herbe et de l'eau ; on ne peut d'ailleurs appeler un jardin *rawdha* que si l'eau s'y trouve ou est proche[4].

Cette dernière précision va à l'encontre de la définition de *rawdha* comme parc, tel que présenté par Mohammed El-Faiz en se basant sur trois typologies de *riyâdh* qui sont nées de l'imaginaire de trois auteurs Revault. J, Golvin.L et Amahan. A, et que nous pensons loin des précisions épistémologiques des lexicographes de la langue arabe de l'époque médiévale. L'auteur *Des jardins de Marrakkech* décrit ces trois types :

« Le premier type, celui du ''jardin dans la demeure'', se présente comme un grand patio planté, de forme rectangulaire et entouré d'habitations sur ces quatre façades. Dans le deuxième type, celui de ''la demeure dans le jardin'', la construction apparaît comme scindée en deux parties en U, implantées autour d'une cour qu'on aurait étirée démesurément pour y disposer un jardin, le troisième est celui ''de la demeure et du jardin''. Dans ce cas, le jardin

[1] Ibn Mandhour, 2007.

[2] Al-qur'an al-karim : Sourate al-Roum, verset 15.

[3] Ibn kathir, 2013 : Sourate al-roum.

[4] Ibn Mandhour, 2007.

constitue une enclave plus ou moins étendue. Sa forme est souvent irrégulière pour s'adapter à la géométrie des parcelles voisines ».[1]

Un autre terme que nous rencontrons est *al-buhayra*, expression peu utilisée à l'époque médiévale, elle le sera plus tard. *Al-buhayra,* en réalité, c'est le rapetissement du mot Bahr. Les Arabes appellent toute ville ou espace rural *bahra* ou *belda. Bahra* signifie également, une grande *rawdha* ou un fossé d'eau. C'est aussi la ville du prophète (Qsssl) appelée *Médine* ou toute ville ayant une rivière ou de l'eau. C'est aussi une parcelle de terre en forme de cuvette[2]. Ibn Mandhour avait défini *bahra*, comme étant une grande *rawdha.* Il présente une expression particulière *abharat al-ardh* qui signifie que la terre possède plusieurs étangs[3]. Ce qui revient à dire que *bahra* est proche de *rawdha,* à cause de sa richesse en eau qui se trouve sur son sol. Durant la période moderne, les actes juridiques ottomans mentionnent *al-buhayra* en tant que jardin riche en bassins et autres réserves d'eau. Al-reqqa est également souvent cité dans les actes, elle représente la parcelle cultivée au bord des cours d'eau.

L'appellation *al-firdaws* a reçu plusieurs comparaisons aux jardins terrestres. Ibn Mandhour qualifie ce jardin *d'al-hadiqa* dans le paradis et rapporte qu'El-Sirafi l'assimile à *al-rawdha.* Quant aux habitants du Shām, ils nomment les figuiers et *el-bassatin* (pluriel d'*el-bûstan*) *el-faradiss* (pluriel de *firdaws*). *Al-firdaws* serait *al-bûstan* avec vignes et arbres enlacés de vignes, pour le théologien Al-Tabari. Selon Hervé Bazin, le mot *firdaws* prend ses origines du mot grec *paradèisos* qui est apparenté au mot perse pairidaeza, qui signifie « lieu clos »[4]. Cet auteur de *Paradeisos ou l'art des jardins*, affirme que ce sont les deux civilisations perses : Mèdes et Achéménides qui ont imaginé ce jardin, devenu par la suite, mythique. Il définit ces enclos, comme :

« de grandes enclosures ou réserves végétales et animales entourées de murs [...]. On y trouve de hauts arbres et des pelouses, le tout bien irrigué et géré, et des kiosques ou des tentes servant de repos. Les animaux destinés à la chasse vivent en liberté. Tout un dispositif pour la chasse y est aménagé, soit des postes de tir bien cachés sur des arbres, sur des pavillons ou sur des tours.

---

[1] El-Faiz, 2000 : 25.

[2] Al-Fairouz Al-Abadi, 2005.

[3] Ibn Mandhour, 2007.

[4] Bazin, 1988 : 12.

On y plante des parterres bien réguliers probablement pour répondre à des croyances ».[1]

Al-Tabari explique selon la parole prophétique :

« Au Paradis, il y a cent degrés que Dieu a préparés, à ceux qui combattent dans Sa voie. Entre deux degrés, il existe un espace équivalent à la distance qui sépare le ciel de la terre. Lorsque vous demandez à Dieu de vous rétribuer le Paradis, que ce soit le *Firdaws,* car il est le meilleur et le plus élevé degré du Paradis au-dessus duquel se trouve le Trône du Miséricordieux, d'où prennent source les fleuves du Paradis ».[2]

Ibn Al-Qayyim remarque qu'*al-Firdaws* est le nom du Paradis tout entier, comme il peut être attribué à sa partie la plus haute et la plus appréciée « ... au-dessus duquel se trouve le Trône du Miséricordieux où prennent source les fleuves du Paradis »[3] « du dessous des collines de musc »[4] (sa partie la plus haute étant destinée aux meilleurs élus du Paradis). Il souligne que Moujahid, rapporteur des paroles prophétiques, avait énoncé qu'*al-firdaws* est une expression arabisée, d'origine latine, elle signifie l'ensemble des *bassatin*[5] (pluriel d'*al-bustân*).

En définitive, le jardin est un enclos végétal qui a pour rôle de protéger l'homme et le cacher, pour son plaisir et son bien-être. Ces espaces architecturaux jardinés par la nature ou par l'homme, qu'ils soient terrestres ou ceux du futur, que nous avons présentés plus haut, semblent être une variété de typologies de jardins, mais à bien observer le texte coranique, *al-rawdha* et *al-hadiqa* seraient des constituants d'*el-Jenna,* le jardin perçu dans sa globalité. Ils forment la composition riche et variée du jardin du Paradis *el-jenna,* on pourrait assimiler *al-rawdha* et *al-hadiqa* à des structures paysagères, plus précisément et respectivement à un découvert et un couvert. Les expressions *rawadhat el-Jenna*[6] et *Hadaiq el-Jenna,* relatées dans le Coran ne peuvent que légitimer notre perception de la composition du Paradis *al-Jenna.*

---

[1] Ibidem.

[2] Parole du prophète citée dans Ibn kathir. (2013). Tafsir Ibn Kathir. Sūrat al-tawba, aya 72.

[3] Ibn al-qayyim, Hady : 160.

[4] Ibn Kathir, 2013 : Sourate Al-ghachia.

[5] Ibn Al-Qayyim, 2008 : 201.

[6] *Al-qur'ān al-karīm* : Sourate al-shou`ara, verset 22.

Selon la même logique *al-Firdaws* semblerait être le Paradis tout entier. Il est cité dans le Coran : *janna't al-firdaws*[1], qu'on traduit en « jardins du *Firdaws* », *al-Firdaws* comporterait alors, plusieurs jardins *al-Jannat*.

On pourrait imaginer une composition architecturale du jardin ou *d'el-Jenna terrestre*, avec *el-hadiqa* comme un enclos d'arbres et espace boisé, qui pourrait très bien être un verger en couronne. *El hadiqa* serait alors, une couronne, une des parties couvertes du jardin. *Al-rawdha*, qui est un parterre fleuri ou une prairie composerait la partie découverte du jardin, où l'eau va être l'élément principal avec une belle scénographie, une animation aquatique au milieu de fleurs. *Al-bûstan* serait la partie qui comprendrait un potager, un herbier, ou des fleurs sous un verger ou sous *el-hadiqa*. Grâce à leurs caractéristiques variées, ces composantes vont se conjuguer et se compléter, pour offrir les qualités esthétiques et utilitaires à *el-Jenna*, sans oublier la plantation de la vigne en treilles et des palmiers, (éventuellement dans *el-hadiqa*), ces arbres essentiels à *el-Jenna,* pour reprendre ce qu'Ibn-Mandhour a confirmé sur l'importance de ces deux arbres et leur présence primordiale, dans *el-Jenna*.

Enfin, cette analyse de la dénomination des jardins a été élaborée pour éclairer l'image du Paradis, d'une part, bien évidemment avec des archétypes terrestres, car l'image céleste est inconnue de l'Homme, et d'autre part, pour définir les expressions les plus usées du jardin terrestre. Nous avons abordé ainsi le sens du jardin, à travers son architecture, avant d'approcher dans le prochain chapitre cette architecture sensorielle, à travers les notions de la nature, de la science et de l'art.

[1] Al-qur'an al-karim, Sourate al-Kahf, verset 107, Sourate al-mou'minoun.

3. L'IMAGE ET LE FANTASME DU JARDIN ISLAMIQUE AU CARREFOUR DE LA NATURE ET DE L'ART

Penser au jardin c'est penser à la nature et penser à l'art. Des études contemporaines ont redéfini le jardin en le positionnant entre la nature et l'art, à l'instar d'Alain Roger qui reprend le concept d'artialisation annoncé par Montaigne, selon Bernard Sève[1], et conduit tout un traité sur l'artialisation de la nature[2]. À l'époque médiévale islamique, les philosophes et scientifiques avaient élaboré des lectures sur la nature et sur l'art. Il s'agit dans ce chapitre de revisiter la définition du jardin en interrogeant les pensées sur la nature, la science et l'art.

3.1. NATURE DU JARDIN ET BEAUTÉ DIVINE

Pour l'historienne de l'art, Monique Mosser, le jardin, œuvre de l'art des jardins, appelé « troisième nature » depuis la Renaissance, « *pousse dans l'humus* » de la « première nature » originelle, grâce à la « deuxième nature », le travail de l'homme[3]. Par cet énoncé, l'historienne de l'art précise la notion de la Nature telle qu'elle a été définie durant la période de la renaissance dans le monde latin, et comment elle a été liée au jardin et à son existence. John Dixon Hunt, historien du paysage et du jardin, va jusqu'à proposer dans ces différentes présentations la « quatrième nature » qui représente les livres de jardin[4]. En se référant aux dogmes de la religion islamique et en se basant sur la philosophie aristotélicienne, Iḫwān al-Ṣafā, affirme que « la Nature est une faculté qui agit sur les corps » avec la permission de Dieu[5]. Yves Marquet, analysant la philosophie d'Iḫwān al-Ṣafā, précise que les philosophes du monde islamique l'appellent « L'âme naturelle », qu'Iḫwān al-Ṣafā la nomment « Nature active » et, enfin, la loi islamique la désigne « Anges » '*El malaika*'. Les Anges sont des créatures célestes, des croyants chargés de la protection et du contrôle de la création, suivant les ordres divins[6].

Du point de vue des anciens, on comptait quatre natures : le chaud, le froid, l'humide et le sec[7]. Iḫwān al-Ṣafā rejoignent la réflexion

---

[1] Sève, 2016.
[2] Roger, 2017.
[3] Benetière, 2000 : préface.
[4] Hunt, 2014 : [vidéo].
[5] Marquet, 1975 : 160.
[6] Ibidem.
[7] https://www.al-maany.com.

philosophique d'Aristote en reprenant les définitions anciennes, selon lesquelles les quatre natures caractérisent les quatre éléments : l'eau, la terre, l'air et le feu. Ces quatre éléments sont définis en tant que « matrices universelles » *ummahat* qui signifient « matière naturelle », la matière que l'artisan Nature va travailler[1]. Grâce à « l'antagonisme qui les caractérise, paradoxalement », en essayant de s'imposer, ces quatre natures s'allient deux à deux dans chaque élément. « La Nature compose et structure, rassemble et sépare les particules des éléments, ce qui est à la base de la génération et de la corruption »[2].

Ibn Sina nomme les quatre natures *oustouqoussat*, il précise que :

« la chaleur sert à diluer et sert aux mouvements ; le froid aide à la rétention et à l'immobilité ; l'humidité travaille la finesse et la formalisation, quant à la solidité, elle répond à la protection. Aussi, les végétaux ont besoin de plusieurs forces utilisées, comme *al-quwa al-ghadia*, (la force de croissance) qui fait circuler la nourriture dans le corps végétal. Une autre force appelée *al-quwa al-muwalada* (la force procréatrice), grâce à la nourriture, elle produit un semblable au produit initial au moyen de *quwat al taswir* (la force imaginative) »[3].

À tout moment, nuit et jour et en tout lieu de la création, quelles que soient les conditions du temps, la Nature « sculpte et modèle » d'originales formes et couleurs en utilisant les archétypes[4] proposés par l'Âme[5]. « Pour toutes ces créations, la Nature n'est pas seule à œuvrer,

---

[1] Marquet, 1975 : 155

[2] Ibid : 156

[3] Cet extrait est une traduction du texte arabe. Ibn Sina, sd : 92. Ce qui est entre parenthèse est une traduction des expressions arabes.

[4] Chez Iḫwān al-Ṣafā les archétypes : « sont la forme de tous les êtres de l'univers à créer avec leurs attributs et leurs actes. Ils sont immuables car ce qu'apporte l'influe divin ne subit « ni transformation ni changement ». [...]. Ces formes de choses sont dans l'Intellect « comme le schéma des objets de connaissance dans l'âme des savants ou dans leur pensée. Mais elles s'y trouvent « non accumulées et non se pressant comme le font les formes de l'objet dans l'âme de l'artisan avant qu'il les en extraie pour les mettre dans la matière...La « place fixe » et le « lieu de dépôt » des futurs êtres sont indiqués dans « un noble livre » (l'intellect) et l'âme. L'intellect, en effet, c'est « Son livre écrit de Sa main », le livre dont parle le Coran [...] l'intellect est aussi appelé le parchemin déployé *al-raqq al-manshur* et les archétypes sont les noms consignés dans les lignes écrites sur le parchemin déployé...Les archétypes sont appelés habituellement « formes » suwar ou ashkal... » cité dans Marquet, 1975 :64-67.

[5] Marquet, 1975 : 161, 163.

l'Âme parachève toutes les opérations et attribue « beauté et éclat »[1]. Sur les formes, les couleurs, les êtres...etc. Yves Marquet explicite la pensée d'Iẖwān al-Ṣafā comme suit :

« la Nature les produit un à un, en fonction de ce que l'Ame universelle lui envoie et répand sur elle, grâce aux facultés célestes qui circulent en elle et à ce qui descend avec les anges chargées de la « naissance (nash'a) terrestre et de la constitution des corps ; ce sont ces anges qui déposent ces formes dans les substances des éléments (umahât), qui les produisent à l'aide des natures de ces éléments (istaqisât) qui complètent animaux, végétaux et minéraux, produits à partir de ces éléments [...] »[2].

Cette philosophie d'Iẖwān al-Ṣafā paraît clairement s'appuyer sur la structure religieuse islamique qui stipule que les anges participent à la création, sous les ordres divins. C'est ainsi que la Nature, aidée par l'Âme, est le sculpteur des végétaux, éléments principaux du jardin. À la suite de tout ce processus extraordinaire de la création des éléments du jardin, l'Âme termine à elle seule et consacre, pour sa part, la dernière étape, la beauté et l'éclat. Bien que, selon la religion islamique, toute la création du végétal soit divine, car les actes de la Nature sont exécutés sous l'ordre divin, on pourrait remarquer que la beauté du jardin est exclusivement divine.

Yves Marquet, en traduisant la pensée d'Iẖwān al-Ṣafā, souligne que l'homme artisan procède à une « activité créatrice » en imitant la Nature, et l'Âme, qui le « soutient dans son art », lorsqu'il extrait des formes de son imagination[3]. Ici-bas, l'homme a pour rôle ce que « joue Dieu dans sa création »[4]. C'est dans le jardin, précisément, que la conjugaison des deux créations, d'essence divine et humaine, est la plus lisible, soit une collaboration entre la nature et l'homme, à travers surtout le végétal. L'homme plante, arrose, entretien. Et la Nature aidée par l'Âme leur donne forme et couleur, ce sont « les formes dépouillées de matière » (les archétypes) » précisent Iẖwān al-Ṣafā[5]. Quant à l'eau, elle descend du ciel ou jaillit d'une source, l'homme y participe en l'emmagasinant dans des bassins, la puisant du puits, la conduisant dans des aqueducs, tout en lui donnant des formes jaillissantes ou vives, pour

[1] Ibidem.
[2] Marquet, 1975 : 163.
[3] Ibid : 300.
[4] Ibid : 300.
[5] Ibid : 87.

embellir le jardin, grâce à la science et l'art. Le jardin, élément vivant est sous le contrôle de la Nature et de l'Homme.

3.2. La Science Et L'art Pour La Beauté Du Jardin

Au 12e siècle, en Andalousie, Ibn Al-Awam consacre un chapitre sur l'établissement des jardins, dans sa compilation des techniques de plantations, intitulé Livre de l'agriculture, *Kitab Al-filāha,* réalisé grâce à son expérience personnelle sensible et rationnelle, ainsi que celles de ses prédécesseurs. La conception du jardin est guidée, graduellement, du choix du site jusqu'au choix de la disposition des fleurs, grâce aux techniques et aux savoirs de l'agriculture *al-filāha*[1]. Ibn al-Awam va jusqu'à émettre le rôle que joue le jardin dans l'assainissement de l'air et de la vue[2]. Cette considération du jardin dans les traités d'agriculture est remarquée, également, dans les livres anciens d'agriculture. Autrement dit, la science qui sous-tend l'art du jardin n'est qu*'al-filāha* (l'agriculture).

Al-Farābī énonce : « Parmi les plaisirs de l'homme, il y a l'amour du savoir »[3]. Iḫwān al-Ṣafā expliquent que la science est « la nourriture de l'âme » ; que grâce à elle, l'âme connaitra « le bonheur dans la vie future »[4]. Ils classent la science d'*al-filāha* dans la catégorie des sciences pratiques ou arts et métiers[5]. Aussi Ibn Al-Awam montre à celui qui embrasse l'agriculture, qu'il récoltera ses bienfaits dans la vie présente et « la félicité » dans l'au-delà. Il apporte, en appui, les paroles du prophète (Qsssl) : « Cherchez le soutien de votre vie dans les fruits de la terre. »[6]. De même, ses prédécesseurs Abu Al-Khair, Ibn Bassal et Al-Hadjadj pensent que le plus avantageux des moyens de subsistance est *al-filāha*. Grâce à sa performance, Ibn Al-Awam détaille la complexité de cette science car, en réalité, elle se compose de plusieurs disciplines : la pédologie, la botanique, les techniques de culture, la topographie et l'hydraulique et émet l'important rôle de la complicité de la Nature dans la réalisation du Jardin :

---

[1] Al filaha : science de l'agriculture.
[2] Ibn Al-Awam, 1864 : 135-138.
[3] Al-Farābī : 27.
[4] Marquet, 1975 : 292.
[5] Ibid : 295.
[6] Ibn Al-Awam, 1864 : 3.

« Al-filāha, décrit-il, c'est l'amélioration de la terre, la plantation des arbres, la greffe de tout ce qui peut gagner à ce procédé. Le semis des graines suivant l'usage reçu pour chaque terrain, l'application des soins qui peuvent étendre le profit, l'emploi des procédés, qui par l'effet de la volonté divine, peuvent écarter les accidents nuisibles, la connaissance des diverses qualités de terre, bonne, moyenne et celle qui est inférieure : voilà des principes fondamentaux qu'on ne peut ignorer [...] »[1]

« Les métiers manuels » expliquent Iẖwān al-Ṣafā : « s'exercent sur des substances corporelles, mais « après des opérations scientifiques » et l'homme exerce les métiers à l'aide de la raison et de sa pensée »[2]. Al-filāha, par conséquent, métier ou art travaillant les quatre éléments de la nature, aurait besoin des sciences qui permettent d'obtenir « *un bonheur parfait et général* »[3]. Plus précisément, le bonheur sera ressenti dans les deux vies, terrestre et éternelle[4]. Al-Farābī insiste sur « *al-fen* » qui a pour traduction dans les dictionnaires contemporains le mot français « art », car le bonheur n'est atteint que quand *les belles choses sont artistiques* (*al-aš'yā' al-ğemila fenia),* et les choses deviennent artistiques (*fenia*) que grâce au métier ou science (*ṣina`at al-falsafa*)[5] et de ce fait, il déduit que c'est la falsafa (sciences) qui engendre le bonheur[6].

La beauté est engendrée par la maîtrise de la science *`ilm,* et de la pratique *'amel.* En effet, *sinâ'at al-falsafa* se divise en deux : *al falsafa al-naẓaria* : la science théorique et *al falsafa al-`amaliya* et *al-madania* (la science pratique et civique)[7]. Civique, pour l'importance des vertus et de l'éthique qu'Al-Farābī et ses successeurs ont savamment développées et lié à l'éducation et à la science. Les vraies sciences pratiques sont celles qui permettent facilement d'agir, quant à la perfection, elle n'est atteinte que par le savoir et l'action[8].

Al Ghazali rejoint les idées d'Al-Farābī, il témoigne que « La science est une vertu en soi et en absolu [...] si tu observais la science tu la verrais agréable en soi. Demandée pour ses plaisirs c'est aussi la

---

[1] Ibid : 6
[2] Marquet, 1975 : 300
[3] Ibid : 297
[4] Al-Farābī, 1987 : 27
[5] Ibid : 111. Al-Falsafa (la philosophie) chez al farabi se compose des mathématiques et de la géométrie, de la logique, des croyances et des sciences de la nature.
[6] Ibidem.
[7] Al-Farābī, 1987 : 111.
[8] Ammar, 1993 : 387-377.

clé de la maison éternelle et de son bonheur [...] et la plus importante chose pour l'humain »[1]. L'homme ne parvient au bonheur éternel qu'avec la science et le travail, et il n'atteint la perfection qu'avec le savoir et la technicité du travail[2]. Al-Ghazali innove en utilisant, l'expression « les arts des sciences », tout en incitant à s'approcher des arts, de respecter le classement des sciences. Il ne faut entamer un art que si celui qui l'a précédé a été bien maîtrisé, car les sciences sont classées et s'enchainent[3]. En apprenant les sciences et leurs arts, l'apprenti va s'embellir de qualités vertueuses[4]. *Al-fen* est tout le savoir et résume les techniques qui enfantent et guident la créativité. Il a été l'un des soucis majeurs des scientifiques de l'époque islamique, car toute réalisation ou réflexion doit être belle.

Et c'est à Abu Al-Wafa Al-Buzjâni (939-998), mathématicien et astronome, accompagné par Al-Farābī que revient le mérite d'ouvrir un dialogue constructif entre les théoriciens scientifiques, et les praticiens, les techniciens et les artisans, car il s'est rendu compte du rôle que jouent ces rencontres dans le développement des sciences et de leur technique, afin d'aboutir à de belles réalisations. Grâce à ses recherches et ses conférences, les théoriciens et les praticiens complétaient mutuellement leur savoir-faire[5]. D'ailleurs, « de la science à la pratique *min al `ilm ilâ al-`amal* et de la conception à la réalisation *min al-quwwa ila fi`l* sont des expressions qui reviennent souvent dans la littérature technique arabe des 11e et 12e siècles »[6], explique Mohamed El-Faiz qui a consulté de nombreux manuscrits arabes.

Au 12e siècle, Ibn Rushd compare le métier *'al- ṣina`a* (que les traducteurs remplacent par art), au travail de la Nature, puis déduit que la Nature est plus noble qu'*al-ṣina`a* et que la noblesse humaine n'est possible que par la perfection *al-ǧawda* qui, en réalité, exige le savoir-faire et les techniques nécessaires pour l'imitation de la Nature, il écrit :

« L'art, est, en ce sens, plus limité que la Nature *al-ṭabī`a*, étant donné que l'art génère, d'entre les quantités de couleurs qu'il y a dans le logos interne (al-nuṭq al-bāṭin), seulement ce que le logos externe (*al-nuṭq al-ẖārij*) est capable de produire. Cependant, la nature produit tout ce qu'il y a dans le

---

[1] Al-Ghazali T.2, 1900 : 52.
[2] Ibid, : 12.
[3] Ibid, : 64.
[4] Ibid, : 65.
[5] El-Faiz, 2005 : 111.
[6] Ibid, : 317.

logos interne immatériel *al-nuṭq al-bāṭin al*-rawhānī, et c'est pour cela que la nature est plus noble que l'art (*ašraf min ṣinā`a)* et la noblesse (*al-šaraf*) de l'artiste dépendra du degré d'excellence *ğawda* avec lequel il imite la nature et ce, dans la limite du possible[1].»

Ibn Rushd reprend le principe de *mimesis* d'Aristote, qui signifie l'imitation de la Nature. Bien que le travail de la nature soit noble, celui de l'homme (*al-ṣinā`a*) peut atteindre cette noblesse à condition de s'acquérir d'*al-ğawda. Al-ğawda* est un mot arabe qui signifie normes et échelles de perfection. Son synonyme *al-Itqān,* a pour sens le travail avec perfection, rigueur, savoir et techniques, qualités et normes du métier. *« El itqān fi al-`amal » ou bien « al-ṣina`a bi itqān* : la perfection et la rigueur dans le travail, est une obligation, selon le prophète Mohamed (Qsssl).

Al-teqn est l'homme qui est rigoureux, qui aspire à la perfection. Ce mot est très proche par la phonétique du mot *techné ou teqné,* qui définit l'art dans la pensée grecque. Hervé Brunon propose au mot *techné* le sens de métier, de savoir-faire théorique et pratique, d'habilité, d'industrie et d'ingéniosité[2]. Ce qui revient à constater que ces deux mots arabe et grec tiennent une étymologie commune. Ainsi, nous pouvons déduire que le jardin est défini comme le résultat de la conjugaison de la Nature et du travail humain maîtrisant la science *d'al-filāha* avec tout son savoir-faire théorique et pratique, ses techniques et ses normes. Autrement-dit, l'art est le savoir-faire théorique et pratique ainsi que les normes *al-ṣinā`a bi itqān*[3]. Au final, *ṣinā`at al-filāha,* le métier d'agriculture, (on pourrait inclure aussi l'art des jardins), est la science et le métier qui englobent la théorie et la pratique (*al-`ilm wa al-'amel*), ainsi qu'*al-itqān* ou *al-ğawda,* qui est la rigueur, que l'homme motivé, grâce à sa volonté, applique pour atteindre la noblesse de la Nature.

3.3. La Perception de La Beauté

En extrayant des formes de sa pensée pour les mettre dans la matière, l'artisan imite la Nature et le divin, qui d'ailleurs le soutiennent dans son art. Son travail est un véritable culte (*`ibāda*). « Le culte de Dieu n'est pas uniquement prière et jeûne, mais aussi de mettre en valeur

[1] Ibn Rushd, 1980 dans Gonzales, 2000 : paragr.17.
[2] Brunon, 2001 : 587.
[3] Itchan ou Itqan mot arabe qui signifie la perfection et la rigueur dans le travail.

(*imāra*) les domaines religieux et temporel à la fois »[1]. Aussi, Ibn Rushd, en qualité d'explorateur du processus imaginaire et des organes permettant l'effectuation de tout ce processus, rejoint les philosophes Iḫwān al-Ṣafā sur le point de la nécessité de percevoir par les sens, et la raison, puis rejoint par la suite Ibn al-Hayṯēm qui met en relation les sens et toute la palette de qualités objectives des choses.

Cette palette dont parle le philosophe Ibn Rushd, son prédécesseur Ibn Al-Hayṯēm, philosophe et ophtalmologiste (965-1040), l'étudie et la développe avec détail. Il définit un ensemble de concepts ou de significations appelés « les concepts partiels » *(al-maʿānī al-ğūzʾiyya)*[2]. Ils sont nombreux, divisés en vingt-deux sections, à savoir : lumière, couleur, dimension, statut, position, forme, structure, séparation, relation, nombre, mouvement, immobilité, rugosité, contact, transparence, intensité, ombre, obscurité, beauté, laideur, similitude et différence[3].

Les autres significations existantes sont considérées comme des sous-ensembles de ces grandes sections. Par exemple : le concept forme englobe l'arrangement, la rectitude, la courbure, la convexité. Le concept nombre comprend l'abondance et le manque ; l'égalité entre dans les concepts similitudes et différences ; le rire, les sourcils froncés et les expressions du visage entrent dans le concept forme ; pleurer avec le mouvement des larmes entre sous les deux concepts forme et mouvement[4].

Avec des recherches expérimentales, Ibn Al- Hayṯēm a défini le processus physique et naturel de la vue. L'image et les corps sont au centre de ces recherches. L'image des corps (*ṣūraṯ al-āğsām) est* composée de concepts partiels : la lumière, la structure, la couleur, la position, la laideur, la beauté, etc. La vision *al-baṣar*, comme expérience cognitive primordiale, reconnait chacun des concepts partiels (*al-maʿānī al-ğuzʾiyya), à* partir de la reconnaissance de l'image des corps (*īdrāk ṣūraṯ al āğsām)*.

La vue ne reconnait pas chaque concept individuellement, car les concepts ne s'individualisent pas par la vue simple. En effet, l'ensemble des concepts présente une signification globale. Certains de ces concepts partiels apparaissent à la vue par intuition et spontanéité *(al-badiha),* et d'autres demandent une contemplation et un examen

---

1 Marquet,1975 : 300.
2 Ibn Al- Hayṯēm, 1986 : *Al-fassl rābiʿe.*
3 Ibid.
4 Ibid.

(tafaqud wa taamul), comme par exemple les sculptures fines, les couleurs qui se rapprochent, les lettres d'écriture. La vue par spontanéité est une reconnaissance non précise *(ġair muhaqaqa)* de l'image de l'objet, alors que la reconnaissance avec la contemplation *(al taamul)* c'est elle qui permet la constitution de l'image précise des corps *ṣūraṯ muhaqaqa.* Et c'est l'image précise qui nous donne tous les concepts partiels[1] explique l'auteur de *'Ilm al-manāẓir.*

Ibn Al-Hayṯēm précise que la contemplation *(al-taamul)* avec laquelle se reconnaissent les vérités des images *(haqā'iq al-ṣuwar)* se fait par la vue *al-baṣar* et par la distinction *(al-tamyiiz).* La force distinctive *(al-quwwa al-mumayyiza)* reconnaît tout ce qui vient des images. La contemplation avec laquelle se constitue l'image de l'objet ne peut se faire qu'avec le mouvement de la vue (*taharuk al-baṣar*)[2]. Le sens de la vue (*haset al-baṣar*) ne permet pas à lui seul de reconnaître les différences des couleurs ou autres concepts entre les images, mais ce sont la distinction (*al-tam'yyiz*) et la mesure (*al-qiyyass*) qui permettent de reconnaître les concepts. La force distinctive a pour fonction la recherche et la comparaison des images des objets enregistrées dans l'imaginative *(al-taḫayul),* qui se trouvent enregistrées dans l'âme également, avec l'image de l'objet observé.

La reconnaissance des objets à partir de la contemplation *(al-taamul)* se fait de deux manières par la contemplation seule ou précédée du savoir *(al-ma`rifa),* sachant que le savoir est la mesure comparative de l'image de l'objet observé avec l'image enregistrée dans l'imaginative *(al-taḫayoul).* Et vu la vitesse de reconnaissance de ces concepts, la distinction et la mesure sont exécutées naturellement, spontanément et par habitude. Et pour preuve, Ibn Al- Hayṯēm présente l'exemple de l'enfant, à qui on donne deux objets. Il en choisit le plus beau *(al-ahsen)* grâce à la force distinctive[3] et aux mesures sans qu'il se rende compte qu'il est en train d'utiliser un système ingénieux et naturel. La beauté (*al-husn*) et la laideur (*al-qubh*) sont ressenties par la mesure (*al-qiyyāss*), comme tout autre concept partiel, *(al-husn yudrakou bi al-qiyyāss)* certifie Ibn Al-Hayṯēm[4].

---

[1] Ibn al-Hayṯēm, 476Hg : *Al-fassl al- rābi`e.*

[2] Ibid.

[3] Ibid.

[4] Ibid.

3.4. BEAUTÉ MULTIPLE

« Ina Allah ğamīl, yuhibu al ğamel »[1] ce *hadith* authentique qui signifie « Dieu est beau, il aime la beauté » prouve l'importance de la beauté dans la vie de l'homme. *El-Djamil* est un mot arabe qui signifie le beau c'est aussi le nom du divin qui signifie lumière et bonheur[2]. *Al-ğamel* la beauté a pour synonymes *al-zina* et *al-husn.* La beauté est aussi définie, par les philosophes, en tant que qualité observée dans les objets, et qui renvoie du plaisir et de la satisfaction dans l'âme de l'observateur[3]. Enseignée à travers le Coran et à travers les *hadiths*, la beauté, en Islam, est une qualité qui doit accompagner : les actes *« husn al-`amal »* ; les qualités ou vertus *« husn al-adab »* ; les manières *« husn al-ẖūlūlk »* ; l'allure *« husn al-madhhar »* ; l'âme *« ğamel al-rūh »*, etc., en somme c'est une conjugaison de beautés. Le tout, adopté par le musulman et par sa volonté, le conduira à la perfection de soi pour atteindre la beauté éternelle du Paradis promis. Toutes ces beautés ont leur opposé, les laideurs, les mauvais actes *al-sayyiāt* qui mènent au tourment de l'enfer.

Valérie Gonzales a repris les réflexions de certains philosophes arabes, de l'époque islamique médiévale, sur la beauté et les résume ainsi :

> « En définitive, dans la pensée arabe classique, la beauté, on le voit, revêt des significations extrêmement variées, du beau sublimé dans la personne humaine et pris dans le carcan de l'éthique chez Ibn Hazm, à la beauté modulée et classifiée phénoménologiquement par Ibn Haytham, en passant par les deux visions opposées de la luminescente et intellectuelle beauté de source divine par Ibn Sînâ et du bel ordre structurel du monde matériel que décrit Ibn Ruchd »[4].

Dans le texte coranique, le jardin éternel est qualifié de beau, une beauté réservée à ceux qui ont produit la beauté sur terre[5]. S'il a été réservé une part de beauté aux futurs locataires du Paradis éternel, selon la religion islamique, une autre part de beauté est réservée dans la vie terrestre, étant donné qu'une demande de ces beautés fait partie des

---

[1] Hadith rapporté par Muslim dans Tafsir Ibn Kathir.
[2] *Al-ma`any*, 2010.
[3] Al-mu'jam al-wassith, 2005.
[4] Gonzales, 2000 : paragr 26.
[5] *Al-qur'ān al-karīm*, Sourate Al-Rahman, verset 60.

cultes religieux. Le musulman doit continuellement demander une part de beauté pour le bas monde et une part de beauté dans la vie future, selon le verset coranique suivant : « *Wa minhoum man yaqūl rabanā a'tina fi al-duniā hasana wa fi al-aẖira hasana wa qinā 'adab al-nar* »[1]

Autrement-dit, la beauté doit non seulement accompagner l'homme dans ces deux vies, mais être considérée tel un culte. Sur terre, l'homme doit constamment participer à la production et à la préservation de toute nature de beauté. Alors que dans la vie éternelle, il doit jouir de toutes les beautés du jardin, appelé lumière par le prophète Mohammed (Qsssl), comme cité ci-dessous :

« Or, on ne peut plus concevoir ce qu'est le Paradis. Par le Seigneur de la Ka'ba, il est une lumière qui scintille, un myrte s'y agite, un palais construit, un ruisseau coulant à flots, des fruits mûrs, une jolie épouse, des vêtements somptueux, un séjour éternel paisible, des fruits et des légumes, un bonheur et une félicité dans un endroit haut placé et beau »[2].

Mise à part la beauté des fruits, de l'eau et de ses mouvements, d'autres éléments reflétant l'éclat, composent le jardin éternel *al-Jenna*. Comme nous pouvons le constater dans l'interprétation coranique du verset 12 de sourate *al-thawba*[3], où il est mention de décors de deux jardins, l'un en argent et l'autre en or. Également, il est rapporté par le prophète (Qsssl) que les briques des maisons sont en or et argent avec un enduit de musc. Le revêtement de sol est en perles et corindons[4]. Les constructions peuvent même être en perles de culture[5]. Les lits de luxe, où s'allongeront les époux, sont couverts de soie[6], d'« étoffes vertes et de magnifiques tapisseries »[7]. Des « coussins rangés en ordre, et des tapis étendus »[8] décorent la demeure. Quant aux épouses, elles sont comme l'éclat du rubis et du corail[9]. Leurs serviteurs sont d'une « jeunesse éternelle » et tellement beaux qu'on croirait voir des « perles

---

[1] Ibid, Sourate Al-baqara, verset 201.
[2] Hadith rapporté par Ibn Maja et par Ousama Ben Zaïd dans Tafsir d'Ibn Kathir, Sourate al-ghachia.
[3] Ibn Kathir, 2013.
[4] Ibn Al-Qayyim, 2008 : 292.
[5] Ibidem.
[6] *Al-qur'ān al-karīm*: Sourate Al-rahman, verset 54.
[7] Ibid : verset 76.
[8] Ibid : Sourate Al-ghachia, verset 15-16.
[9] Ibid : Sourate Al-mouthafifin, verset 24.

de culture détachées de leur collier »[1]. Le jardin éternel est ainsi représenté par une succession d'éléments matériels qui expriment la beauté.

Parmi les versets coraniques attirant l'attention sur la beauté de la création et sur la manière dont elle doit être perçue par le sens et la raison, ce paysage qui interpelle l'homme, à l'observation, à la réflexion et à la quête de la science :

« Que ne considèrent-ils le ciel qui s'élève au-dessus de leurs têtes ? Ils verraient comment nous l'avons créé et embelli. Ils verraient qu'il est net de toute fissure. (6) Que ne considèrent-ils la terre que nous avons aplanie et hérissée de montagnes et de toute espèce de riants végétaux (7) Il y a là matière à réflexion et un avertissement pour ceux de nos serviteurs accessibles au repentir (8) »[2].

Cette demande adressée à l'humanité, matérialisée par ce verset ne peut qu'affirmer l'étroit lien entre la notion du paysage englobant l'acte d'observer, l'objet observé et la beauté. Cet important lien n'est pas spécifique à l'époque médiévale islamique, mais il a été en tout temps considéré. En effet, selon la pensée du paysagiste contemporain, John Dixon Hunt, le paysage est le monde et on ne conçoit pas de paysage laid, mais plutôt beau[3].

Sur l'idée du lien de la beauté à la raison, nous évoquerons la pensée d'Aristote sur l'esthétique, revisitée par Karel Svoboda, un neuroscientifique du 20e siècle. Il remarque qu'Aristote met dans la « pure raison la source du plaisir » et précise que la beauté pour Aristote « est une beauté abstraite, intérieure aux êtres et pour ainsi dire mathématique, émanant de la structure et non de la forme »[4]. De même, Vincent Citât explore la notion de beauté et propose l'exemple de la perception du coucher du soleil pour exprimer la « vérité-beauté » :

« […] la vérité-beauté d'un coucher de soleil n'est pas cette vérité sociale, commerciale, bourgeoise, et tous les adjectifs que pourraient rajouter ceux qui se font les champions de la "désacralisation" et de la "déconstruction". Elle est vérité de la vie, du monde et de l'univers, la vérité d'un rythme cosmique qui est le cadre indépassable de cette même vie »[5].

---

[1] Ibid : Sourate Al-inssâ'n, verset 19.
[2] *Al-qur'ān al-karīm* : Sourate Qâf, verset 6-8.
[3] Weilacher, 2018.
[4] Svoboda, 1927 : 29-4.
[5] Citot, 1999 : 55-128.

La perception *al-naẓar* est une demande divine, il est important de le mentionner, c'est la demande de la quête de la science, qui permet à l'homme de respecter son obligation première : la gouvernance de la terre. Cette orientation est faite en beauté, à travers la beauté du texte coranique. En réponse, les scientifiques et les littéraires se sont attelés à la recherche, la production et la présentation de la science en beauté tout en se revêtant de beauté, liée à l'éthique et l*'adab*.

Fig 04. Racim, M. *Femmes sur la cascade.*
Carte postale du Musée des Beaux-Arts d'Alger.

II Renaissance de la Science du Paysage et de l'Art des Jardins

Géographie littéraire, *ekphrasis*, géopoétique sont des termes qu'on apparente à la notion du paysage, dans la période contemporaine. C'est à partir d'*al-balagha*, la prose, la poésie et l'histoire que le paysage est introduit dans le but d'instruire et d'informer l'homme, à l'époque médiévale islamique. Dans ce chapitre, nous allons déceler l'approche méthodologique que les célèbres paysagistes du monde islamique de l'époque médiévale et moderne (considérés par André Miquel comme des géographes) ont adoptée pour soutenir et faire évoluer cette science du paysage, au moyen de leur texte qu'on pourrait qualifier d'*Ekphrasis.* Puis, nous interrogerons les grands agronomes et les poètes de l'époque médiévale sur le développement de l'art des jardins.

1. Les Vivificateurs De L'Ekphrasis Et De La Beauté Du Texte

1.1. De L'Asronomie À La Géographie Vers Le Paysage

C'est grâce à un groupe de savants de *Beit al-hikma,* à leur tête Al-Khawarizmi (780 -850), qu'a été élaboré un atlas, sur la base des travaux de Ptolémée corrigés. Al Khawarizmi porte un intérêt au paysage dans sa globalité : la terre et son paysage céleste, pour lequel il développe un atlas qu'il nomme *Kitab al-zidj* ainsi que des ouvrages sur l'astrolabe et l'astrologie, note André Miquel dans l'encyclopédie, à propos de la géographie arabe[1]. Parmi les premières œuvres se référant à cet atlas, on compte le remarquable *Kitab ṣuwar al-aqalim*, (le livre des images des climats) d'Abu Zayd Ahmad ben Sahl Al-Balkhi (850-934)[2]. Cet artiste géographe représente, en peinture, la terre d'Islam, avec ses mers, ses montagnes et ses fleuves. Le développement des cartes sera suivi par une nouvelle approche, introduite par Al-Istakhri (850-957), celle de la description ou commentaire qui accompagne la carte. « D'un atlas, Istakhri fait un livre, et d'une cartographie, une géographie véritable », commente André Miquel dans l'encyclopédie en ligne[3].

---

[1] Encyclopædia Universalis, s.d.
[2] Ibidem.
[3] Ibidem.

André Miquel aborde cette science arabe médiévale qu'il nomme « géographie », tout en remarquant l'importance de la notion de la culture de l'époque l'*Adab*[1]. Emmanuelle Tixier de Mesnil analyse l'étude d'André Miquel et en déduit : « Le principal apport d'André Miquel est d'avoir restitué l'archéologie d'une discipline ''fille du califat de Bagdad'', ainsi que son évolution, à partir du 9e siècle, lorsque la géographie de langue arabe, composée dans la Bagdad Abbasside , se propose de dresser une « cartographie de la terre » (ṣūrat al-arḍ), vulgarisant des données à l'origine astronomiques et évoluant vers un genre littéraire, celui de la géographie administrative à usage des fonctionnaires »[2]. Cette historienne remarque un tiraillement dans « le discours géographique » qui oscille constamment entre le plaisir du divertissement, l'exigence de la réflexion et le désir d'instruire[3].

Cependant, ce qu'on remarque c'est l'absence du terme « géographie » dans les textes des scienifiques citées. Toutefois on le retrouve signalé par Jean Léon l'Africain (Hasan al-Wazzan), dans une de ses références bibliographiques : djografia (géographie) d'Abou Al-Hassan Ali Nour Ed-din, connu par le nom d'Ibn Sayd (1214) de Grenade[4] et chez Iẖwān al-Ṣafā qui interprètent le mot géographie par *ṣūraṯ al-arḍ* (Image de la terre)[5].

Le centre de la civilisation n'est plus concentré dans l'ancienne zone de Babylone entre l'Irak et l'Iran, distingue Emmanuelle Tixier de Mesnil[6]. Nous constatons, en effet, que le territoire islamique n'est plus une unité spatiale centralisée, sur laquelle le regard doit se concentrer, mais une succession de pôles attractifs, reliée par les plus importantes routes du commerce, existantes depuis la haute antiquité. Ces paysagistes appliquent le concept du paysage *al-manẓār* dans la pensée islamique, cité plus haut : la perception de la création, avec le sens et la raison, accompagnée du sentiment de plaisir à observer la beauté. Ils ont opté pour présenter, aux scientifiques, comme aux commerçants, aux hommes de culture et aux rois, des images réelles et instantanées du paysage des villes islamiques, assemblées par des routes commerçantes, perçues et décrites, selon le modèle de la représentation

---

[1] Nordman 1990 : 458-672.
[2] Du Mesnil 2020 : 665-672.
[3] Ibidem.
[4] Jean Léon L'Africain, 1898 : 322.
[5] Iẖwān al-Ṣafā, 2017 : 141.
[6] Tixier Du Mesnil 2020 : 665-672.

littéraire du Coran, dans le but d'informer et d'instruire tout en instaurant la beauté du texte et la beauté de l'image.

1.2. Approche Méthodologique De La Perception

Ibn Hawqel, un savant arabe offre une nouvelle perception et représentation de la terre ou du paysage terrestre et des jardins du monde, tout en développant une nouvelle discipline, ou plutôt la science du paysage si on se réfère à la qualification de la description en tant que *mašhad*, synonyme de *manẓār* qui signifie paysage. Ibn Hawqel (10e), l'auteur du livre « L'image de la terre » *Kitab sūrat al-arḍ*[1], choisit bien son titre, car l'image, comme définie plus haut, représente la perception mentale de l'objet. Dans son introduction, il présente sa nouvelle façon de partager la terre en climats : *iqlim* ; régions : *souqouaa* et villes ou campagnes : *qura*, il précise qu'il ne s'agit pas des sept climats antiques connus[2], car l'image de l'Inde bien qu'elle soit juste, elle présente beaucoup de confusion. Il s'intéresse aux routes et aux royaumes *al-masalik wa al-mamalik* et se penche sur la lecture d'*al-massalik* (les routes) qui ne le convainc pas et consulte d'autres grands livres[3]. Il affirme :

« La structure des royaumes se divise en quatre principaux royaumes. Le plus riche et le plus stable des royaumes en politique, en architecture et en moyens, c'est l'Iran et son pôle, c'est Babel, le royaume de Perse dont les limites ont changé à l'avènement de l'Islam. Les quatre grands royaumes, à savoir la Perse, Rome, la Chine et l'Inde ont vu leur limite changer. La Syrie, l'Egypte, le Maghreb et l'Andalousie, qui faisait partie du royaume de Rome, ont été intégrés dans le royaume de Perse »[4].

Ce grand voyageur précise sa méthode de travail pour l'élaboration de son œuvre, il déclare :

« Je propose pour chaque partie, des caractéristiques : image, forme, position du climat, limites et tout ce qui l'entourent comme lieux, villes campagnes, les lois et l'altitude, les fleuves et les mers. Enfin, tout ce qui est nécessaire à

[1] Ibn Hawqel, 1938 : Préface.

[2] Voir Tixier du Mesnil, E. (2020). L'auteure explique que l'expression iqlim en arabe ou klima en grec représente une conception antique grecque et perse de l'espace suivant sept zones appelées klima.

[3] Ibn Hawqel, 1938 : 3 (trad, Tabari)

[4] Ibid : 9 (trad, Tabari)

connaître, comme les richesses, les tribus, les portes des villes, les distances des routes, les attractions et le commerce »[1].

Puis, il conclut que c'est une science qui concerne les rois et les dignitaires :

« L'image de la terre est réalisée pour que l'observateur ait les informations de la situation de chaque climat (*Iqlim*), sa position, ses formes (plan), ces histoires, ses évènements et ses informations (*al-akhbar*) »[2].

Ibn Hawqel affirme que les informations présentées ne doivent comporter des erreurs, et remarque que son dessin ne correspond pas à celui de Khurrādadh'bah et que son œuvre n'est pas proche de celle d'Al-djabi'yhani :

« Sa lecture [paysage] va offrir une vue agréable, et une contemplation à l'observateur, les informations sont vraies et toute fausse information qui peut être introduite par les voyageurs est évitée »[3].

Il évoque son plaisir d'arriver au but, et espère la beauté (*al hassan*) des prières des hommes de savoir, pour chaque paysage (*mašhad*) présenté[4]. Son dessin cartographique est d'une grande importance, puisqu'il projette les contours des parties en leur donnant forme et image, suivant des mesures géographiques, tout en les complétant d'importants commentaires, introduisant l'image de la civilisation sur le modèle du Coran : des territoires bien présentés avec des sources et des cours d'eau, de beaux vergers, des champs de blé et des plantes odoriférantes.

Par la beauté du texte, Ibn Hawqel présente la beauté du paysage et espère la beauté spirituelle. L'initiateur de la méthode qu'on souhaiterait nommer « hawqelienne » et ses successeurs, revivifient, de ce fait, l'*ekphrasis* qui est l'« éloge descriptive » qui, selon Hervé Brunon[5], « doit avoir le sens du poids des mots » et « la formule qui frappe ».

---

[1] Ibidem.
[2] Ibidem.
[3] Ibidem.
[4] Ibidem.
[5] Brunon, 2001 : 599.

Ibn-hawqel décrit l'abondance des productions et surtout des fruits, et du miel. La qualité et la beauté des fruits sont bien mises en évidence, ainsi que la sécurité des ports et l'abondance des marchés qui assurent un commerce florissant. C'est le long des routes, et à partir de portes bien définies que l'on découvre les civilisations d'Orient et d'Occident. Il n'y a pas de civilisation sans paysages fruitiers, tel est le point important donné par le Coran, une production agricole et un riche échange commercial, et tel sera l'objectif dans la prospection des paysages des territoires islamiques : la recherche d'images représentant la manière dont l'homme a créé son paysage.

Suivant la même approche et à la même époque, Al-Muqaddassi (10e siècle) effectue plusieurs voyages dans les pays islamiques de l'Orient, pour compléter les images des paysages du monde islamique. Il élabore son ouvrage : *Aḥsan al-taqāsīm fī ma'rifat al-aqālīm* qui signifie « les meilleurs partages pour la connaissance des meilleurs climats ». Sa description englobe comment il a cerné son observation. Tout d'abord, il énumère tous ceux qui seraient intéressés par son ouvrage :

« Voilà une matière indispensable aux voyageurs et aux marchands, indispensable aux hommes vertueux et aux honnêtes gens ; une science désirée des rois et des grands, recherchée des cadis et des juristes, aimée du commun comme de l'élite, utilisée de tout voyageur et exploitée de tout commerçant »[1].

Puis, il expose les différentes étapes qu'il a parcourues, pour maîtriser la science du paysage :

« Je ne l'ai, pour mon compte, embrassée de façon définitive qu'après avoir vagabondé dans les pays, parcouru le monde de l'Islam, rencontré les savants, servi les princes, fait séance avec les cadis, reçu l'enseignement des juristes, visité les lettrés, les lecteurs du Coran et les traditionnistes, fréquenté les ascètes et les mystiques, assisté aux réunions des prédicateurs et des sermonnaires et encore pratiqué un peu partout le commerce, frayé avec tout un chacun, connu tous ces éléments à force d'y réfléchir de toute la puissance de mon entendement, possédé à fond les provinces à force de les évaluer en parasange, précisé les confins à force d'en faire le tour, connu les zones militaires à force d'y circuler, tout appris des écoles juridiques à force de documentation, classé les langues et les couleurs à force de réflexion, distingué les districts à force de méditation, calculé les impôts fonciers à force

[1] Al-Muqaddasi, 1963 : 5.

de recherches, et encore : goûté l'air, apprécié l'eau [et enduré] de sévères épreuves »[1].

Le texte d'Al-Maqdissi définit la complexité de la science du paysage, une multitude de connaissances dans différentes disciplines auxquelles seront rajoutées les différentes sensations : goût, odorat, etc, pour attirer l'homme à la connaissance et pour faciliter aux lecteurs l'assimilation d'un grand nombre d'informations.

Avec *Mūrūǧ al-dahab wa ma ʿādin al-djawhar* « Les prairies d'or et les mines des pierres précieuses », un des grands livres conservés, le grand voyageur Al-Mas'udi (900-956 approximativement) fait une reprise et une réduction de ses écritures sur l'histoire universelle *Akhbar Al-Zaman* « Les nouvelles des époques » à laquelle, il rajoute les notes de ces voyages. Cette science nouvelle, adressée à un public cultivé, mais non spécialisé[2] (*Akhbar* (ou énoncé constatif), a une signification particulière et est considérée comme une composante d*'al-balagha* (la rhétorique arabe). *Al-balagha* rappelons-le permet de « juger de l'authenticité de l'assertion de l'interlocuteur en fonction de sa conformité ou non-conformité au réel[3] » constate Ismaili.

Jamel Eddine Bencheikh voit dans cette œuvre, riche d'images, une introduction aux mille et une nuits, célèbres histoires dans le monde musulman, puis latin (Ces mille contes '*alf khurafa'*, ont été puisés des contes indiens, persans et byzantins traduits en arabe)[4]. Al-Mas'udi propose à ses lecteurs un mélange de riches nouvelles authentiques et des légendes pour se divertir.

Parmi les grands précurseurs de la science du paysage Abu Ubayd Abd Allah Ibn Abd Al-Aziz Al-Bakri (1040-1094), historien, théologien, philologue critique et botaniste, considéré aussi comme l'un des plus grands géographes grâce à son ouvrage monumental *Kitab al-masalik wa al-mamalik* qui signifie « Des routes et des royaumes » dont le titre a été emprunté à ses prédécesseurs Khurrādadh'bah et Al-Istakhrī[5]. L'auteur, qualifié d'historien de chambre par Du Mesnil, s'inspire de l'histoire universelle d'Al-Tabari, suit les orientations de son maître et autres historiens et considère les précieuses notes de ces missionnaires. Sa maîtrise de la botanique, (étant donné qu'il est

---

[1] Al-Muqaddasi, 1963 : 5-8.
[2] Miquel, Encyclopædia Universalis, s.d.
[3] Ismaili, 2012 : 81-93.
[4] Encyclopædia Universalis, s.d.
[5] Miquel, Encyclopædia Universalis, s.d.

l'auteur de *Kitâb Al-Nabat*[1] « le livre des plantes », ouvrage qui a disparu), lui a permis de bien cerner le paysage et les jardins, dont le principal matériau est la plante. Son œuvre monumentale est une des grandes structures de représentation du paysage urbain et suburbain, qui va être pendant longtemps emprunté par ses successeurs. *Al-masalik wa al-mamalik* reprend l'image que donne le livre sacré : des contrées riches et heureuses et des routes sécurisées.

Les images présentées par les paysagistes de la période islamique exposent le travail humain et insistent sur le soutien divin en tant que concept primordial au bonheur. Ils insistent sur les résultats de ce labeur qu'ils hiérarchisent à toutes les échelles : du territoire au fruit. Un paysage d'un État civilisé ne peut-être sans jardins, selon le Coran. La présence du jardin d'utilité et l'abondance des eaux est l'image de toute contrée civilisée. Pour cette raison, les explorateurs arabes du paysage insistent sur la composition paysagère, les plantations, l'eau et l'air dont la qualité est indiquée ainsi que les systèmes hydrauliques.

Aussi, un Etat civilisé ne peut être isolé, mais fait partie d'un ensemble d'établissements humains, liés par des échanges sociaux et commerciaux. La connaissance de l'autre est recommandée dans la civilisation islamique[2] ; bien que les tribus ou communautés diffèrent en races, ils doivent se connaitre. Al-Bakri renoue avec la tradition géographique, celle de citer des peuples de l'Occident chrétien, et donne aussi un plus grand intérêt à la civilisation naissante du Maghreb[3].

Abu Abdallah Mohammed Ibn Mohammed Ibn Abdallah Ibn Idris Al-Kurtubi Al-Hassani, connu sous le nom d'Al-Idrisi, (1100-1165) de l'Occident musulman, est l'un des plus grands savants arabo-andalous du 12e siècle. Il maîtrise si bien la cartographie et la géographie qu'il fut invité à établir pour le roi de Sicile la plus importante carte de son époque. Il élabore de riches commentaires dont les informations sont rapportées par des missionnaires spécialisés. L'intitulé de son œuvre *Nuzhat al-muštāk fi iẖtirāk al-afāk*[4] qui signifie « la promenade de celui qui désire de toute son âme parcourir les horizons » raconte la découverte des jardins et des paysages à grande production agricole qui sont aussi des espaces agréables à la vue. Ces régions sont reliées à leurs

[1] Saadallah, 1970 : 51.
[2] *Al-qur'ān al-karīm,* 1983 : Sourate El-Houdjourat, Verset 13.
[3] Du Mesnil, 2011 : 369-384.
[4] Le mot afak signifie, selon le dictionnaire al-maany, sur la base de l'interprétation d'un verset Coranique, régions à plantes et à arbres.

environnements immédiats et lointains, islamiques et latins par des routes bien décrites.

Hassan Al-Wazzan, surnommé Jean Léon L'Africain, décrit, dans l'introduction de son œuvre, l'ouvrage d'Al-Idrisi :

« Il le divisa en sept parties, selon les sept climats du monde. Il décrit, dans chacune d'elles, les cités anciennes et modernes existant dans le climat dont il traite ; il parle de leurs fondateurs et des causes qui ont amené leur ruine. Il mentionne les routes conduisant d'une ville à l'autre et il énumère les choses remarquables que l'on rencontre en celles-ci [...]. Il dépeint la nature de chaque climat, trace le tableau des mœurs des habitants et fait connaître les animaux qui se trouvent dans chacune des contrées. Il s'occupe de toutes les îles, depuis l'Occident jusqu'à l'Orient, des hautes montagnes, des fleuves remarquables, des lacs, de leur formation, des mines, enfin, de tout ce qui sert à orner l'ordre de la nature »[1].

Au 13e siècle, le développement des images des paysages se poursuit en se basant sur ceux des siècles précédents, auxquels sont rajoutées des actualités. Zakarya Ibn Mohammed Ibn Mahmoud Abu Yahia Al-Qazwini[2] (1203,1283) aborde la perception du paysage englobant toute la création du monde en reprenant les versets coraniques et les *hadiths*. Il reprend l'ordre divin : l'observation de la création. Dans son introduction, il explicite chaque expression qu'il utilise, donne sa définition et affirme qu'aucune observation ni contemplation *al-naẓār* et *al-taamul* ne peuvent avoir lieu sans les sciences et les mathématiques. Il définit les sens, tout en citant les cinq types.

Son étude est précise, il traite de la provenance des eaux et de leur cheminement, de leurs qualités, du rôle des nuages, des vents, des différentes plantes, des animaux, des natures des terres, dans son œuvre « *'Ädjaib El Makhloukat Wa Gharaib El Mawdjoudat* » qu'on pourrait traduire par « les merveilles des créatures et les curiosités des choses existantes ». Il cite également des choses ou des événements qui paraissent curieux, bizarres et explique leur étrangeté par rapport au manque d'informations que l'observateur possède. Dans un autre ouvrage, intitulé *Athar el-bilad wa akhbar al 'Ibad* (Les traces des pays et les informations des hommes), il traite des villes et des campagnes et de l'impact de l'environnement sur les hommes, les animaux et les plantes.

---

[1] Jean Leon L'Africain, 1898 : Introd.

[2] Al-Qazwini, 2000.

Les renseignements se poursuivent, les méthodes se relaient au cours des siècles avec d'autres explorateurs, voyageurs, cartographes et administrateurs. Le secrétaire, *katib al-sir* Shihab Ed'din Abu Al-Abbas Ahmed Ben Yahya Ibn Fadl Allah Al-Adawi Al-Omari (1301-1349), du calife d'Egypte Al-Nassir Mohamed, profite des documents et des informations qu'il présente quotidiennement à son responsable pour reconstituer un bon nombre de paysages du 14e siècle. Gaudefroy-Demombynes, le traducteur de son livre intitulé *El Masālik* (Les routes), témoigne que cet administrateur « appartenait à cette élite syro-egyptienne qui conservait encore aux lettres arabes une partie de leur éclat, et qu'il était d'une grande culture et d'une exceptionnelle finesse de l'esprit »[1].

Son traducteur a jugé qu'*El-masālik* est un recueil, mais assez disparate qui comprend les informations d'anciens explorateurs, entre autres *Al-Idrisi* ; des documents qui sont une sorte d'anthologie des poètes arabes et, enfin, des informations personnelles. Des renseignements sur l'architecture, les jardins, la société et son mode de vie, l'économie, les systèmes hydrauliques et les plantations sont donnés d'une manière irrégulière, probablement par rapport aux informations collectées à la cour. Un exemple sur les plantations de la ville d'Awfat en Abyssinie nous indique la précision que ce savant administrateur adopte pour l'exploration du paysage :

> « On trouve dans leur pays la banane, le fruit du sycomore *(jummaiz)*, le citron, le limon, le cédrat en petite quantité, la grenade acide, l'abricot, la mûre noire, le raisin noir ; ces deux derniers fruits sont rares. Ils ont une figue et une pêche sauvages, mais ils ne mangent pas la figue. Ils ont encore d'autres fruits qu'on ne connaît ni en Egypte, ni en Syrie, ni en Irak. Ils ont, entre autres, un arbre appelé *kâsbad* qui donne un fruit rouge qui a l'aspect d'une datte non mûre et une saveur acide et aqueuse ; [...] »[2].

Ibn Battuta (1304-1366, 1377), grand voyageur du 14e siècle, explore le monde en effectuant un voyage qui a duré très longtemps. Il a relevé les images de plusieurs villes des différents coins du monde : l'Afrique du Nord, l'Irak, l'Arabie, le Golfe persique, la mer Rouge, le Yémen, Mogadiscio et les comptoirs d'Afrique orientale, Oman, l'Egypte, la Syrie, l'Asie Mineure, le territoire Moghol, la vallée de l'Indus, les îles Maldives, etc. (Ibn Battuta, 2014) Ses rapports étaient

---

1 Al-Omari, 1927 :12.

2 Al-Omari, 1927 : 66.

envoyés au secrétaire d'Etat. La découverte de l'autre, celle des plantations, des animaux, des évolutions scientifiques, des richesses du sol… sont extrêmement nécessaires aux hommes du pouvoir pour d'éventuelles conquêtes ou extension. Les images des paysages et des jardins se multipliaient, en offrant un grand nombre d'informations sur la richesse botanique, c'est ce qui enrichissait l'imagination du concepteur du jardin et du paysage.

L'intitulé de son œuvre « *Rihlat Ibn Battuta Tuhfat al-naẓār fi gharaib al-amsar wa `ajaib al-asfar* » qu'on traduirait par « Voyage d'Ibn Battuta, l'œuvre du vif observateur des curiosités des villes et des merveilles des voyages » est très significatif. Elle porte les mots clés : voyage, yeux vifs, curiosités et merveilles, qui reprennent l'importance du voyage pour l'apprentissage et l'éducation, mais aussi la qualité de l'observation qui doit être vive, ardente pour pouvoir remarquer les choses merveilleuses.

1.3. Du Paysage Islamique Au Paysage Latin

Cette science de l'observation, avec sa structure du récit va se poursuivre jusqu'au temps modernes. Tous les scientifiques de la période islamique ont joué un très grand rôle dans la renaissance de la civilisation latine. Particulièrement Ibn Rushd, dont la pensée et ses commentaires des œuvres d'Aristote vont forger la pensée philosophique latine ; Al-Idrisi a, également, créé visiblement un pont entre la civilisation arabo-musulmane et la civilisation latine, à l'époque médiévale, étant en contact direct avec le roi Roger de Sicile. Ses travaux ont été préparés pour ce dernier. Deux siècles plus tard, c'est autour de Hassan Al-Wazzan ou Jean Léon l'Africain (1494-1527 ou 1555), théologien, historien, géographe et littéraire, grenadin, de relayer les images du paysage du monde aux savants latins. Il a vécu dans plusieurs autres villes, vu plusieurs continents. Il fut capturé dans l'île de Djerba, et conduit de Naples à Rome puis offert au Pape Léon X. Dans l'introduction du « Recueil de voyages et de documents pour servir à l'histoire de la géographie » imprimé par Ch. Schefer et Cordier, a été publié le premier volume de « La description de l'Afrique de Jean Leon l'Africain ».

L'introduction de Ch. Shefer traducteur et orientaliste nous révèle que le pontife était très intéressé par les travaux de Hassan al Wazzan, par l'histoire et la littérature arabe, et qu'il traita l'auteur du manuscrit respectueusement. « La description de l'Afrique », œuvre monumentale, attira, dès sa première publication en 1550, dans le Recueil des 'Navigationi e Viaggi 'de Ramusio, l'attention des savants. Son influence sur le monde chrétien et spécialement les hommes de science et les cosmographes, a duré très longtemps, grâce à la publication de ses deux traductions latine et française, du 16e siècle. Au 16e siècle, plusieurs savants ont puisé de son ouvrage à l'instar de Gramaye. Plus tard, des emprunts, à l'œuvre d'Al-Wazzan, concernant le Maroc, les Etats Barbaresques, l'Egypte et le Soudan, ont permis l'élaboration de deux dictionnaires géographiques, selon Ch. Schefer qui relève l'important rôle qu'a joué le captif de Djerba :

« Il était réservé à un lettré musulman d'origine espagnole de nous fournir, dès la première moitié du 16e siècle, des notions exactes sur le Maghreb, sur les principaux états musulmans du nord de l'Afrique, ainsi que sur les contrées qui les avoisinent. Toutes les études et toutes les découvertes faites dans ces derniers temps ont permis de constater la valeur des renseignements qu'il nous a fournis et tous les géographes qui, durant les trois derniers siècles, ont fait de l'Afrique l'objet de leurs investigations, ont exclusivement consulté l'ouvrage publié par lui »[1].

Traduite à l'italien, son œuvre comprenait neuf livres sur les différentes contrées de l'Afrique. Le neuvième livre est particulièrement consacré aux fleuves, aux minéraux, aux plantes et aux animaux, que l'on rencontre en Afrique. Ses références sont indiquées sommairement : les œuvres d'Abou Ishaq Ibrahim ibn Erraqiq qui occupait à Qairouan, à la fin du Xe siècle de notre ère, un haut emploi dans l'administration ; les ouvrages d'Abou Al-Qassim Khalef Ibn Abdelmelik, plus connu sous le nom d'Ibn Bachkoual, auteur d'une chronique d'Espagne, et d'un recueil de biographies, juge et spécialiste d'histoires africaines de Marrakech, les ouvrages d'El-Bakri, de Mas'udi, d'Ibn Khatib et d'El-Charif Al-Idrisi.

L'importance de la découverte et la recherche de nouvelles villes continuent au cours des 15e et 16e siècles, avec pour entrée en scène les Européens qui concourent dans le domaine du commerce, aux côtés des musulmans. Le puissant empire Ottoman observera une grande et rapide période d'expansion. Piric Ibn Hadj Mehmed ou Piri Reis (1468-1554), dont la profession de rais ottoman lui permettra l'exploration de la Méditerranée et le Golfe persique, exposera toutes ses découvertes et recherches, dans un traité sur la marine. Ses cartes du monde, vont être

[1] Jean Léon L'Africain, 1896-1898 : préface de Ch. Scherfer.

célèbres par leurs détails et leur précision. Ainsi, il s'introduit dans le domaine de la géographie[1].

Cette période historique qui correspond au début de la Renaissance dans le monde latin, va vivre également une grande recherche sur les jardins, particulièrement en Italie. Cette renaissance est définie par André Chastel, faisant allusion à l'Italie, comme suit : « Il faudrait sans doute caractériser le 16e siècle par le développement général, spectaculaire, parfois extravagant du jardin.»

Hervé Brunon, qui réinterprète cette idée, traite de cette importance du jardin dans l'architecture en période de renaissance, en s'appuyant, également, sur les écrits des grands historiens du jardin : Grimal, Delumeau et Bazin. C'est en réalité l'idée retrouvée dans la période islamique médiévale, suggérée par l'image de la civilisation dessinée dans le Livre sacré, le jardin étant un élément représentatif.

En définitive, le paysage en Islam est l'objet observé et l'acte d'observer avec sens et raison. Les scientifiques de l'époque islamique médiévale ont beaucoup œuvré à l'élaboration des méthodes de perception des territoires et des villes. Cette observation rigoureuse, rappelons-le, destinée au tout début à la construction de l'image de la terre *(surat al-ardh),* a été appelée *mašhad* (paysage), synonyme de *manẓār* par le géographe arabe Ibn Hawqel[2]. C'est, tout d'abord, par les routes que le paysage a été abordé et ressenti par les historiens et paysagistes arabes, qu'ils aient été voyageurs ou de chambre, puis par les pays civilisés décomposés en éléments caractéristiques, comme les limites, les portes, les principaux monuments, les jardins et les plantations, les eaux et les techniques hydrauliques.

L'historien et géographe du monde islamique médiéval, l'œil éduqué à la perception sensorielle du paysage va produire des images, présentées, à travers une histoire simple et agréable. Ces images sont décomposées avec art, contées telle une belle mosaïque d'espaces sensoriels essentiels, construisant ainsi l'image mentale, tout en simplifiant la complexité de la ville et ses différents corps de métier pour cultiver voire éduquer l'Homme.

---

[1] Afet, 1937 : 20-2.

[2] Ibn Hawqel, 1938 : 3. (Trad, Tabari).

2. Renaissance De L'Art Du Jardin Pour La Vivification Du Paysage

La conjugaison du travail philosophique, théologique, littéraire, poétique et scientifique sur l'image et la perception a aidé les savants de l'époque médiévale à enrichir la science et l'art du jardin. Les spécialistes du paysage ont multiplié la recherche des images de jardins. Créer des jardins exige la maîtrise d'*al-filāha* (agriculture) qui, en évidence, englobe plusieurs branches ou sciences : la botanique, la pédologie, l'hydraulique, la science des aromates… témoigne, au 11e siècle, Abou *Zakaria Yahia Ibn Mohamed Abou Ahmed Ibn Al-Awam,* dans sa compilation remarquable *Kitâb al-filāha* « Le livre de l'agriculture ».

Selon Louis Albertini « pas moins de cinq traités d'agronomie sont rédigés, entre 1074 et 1120 »[1]. Il s'agit de chercheurs, qui ont exploité la théorie des anciens et expérimenté leurs idées sur le terrain pour élaborer des solutions aux diverses problèmes de l'agriculture. Ibn Wafid (1007-1074) de Tolède rédige *Magmū al-filaha,* le « Recueil sur l'agriculture ». Ibn Al-Hadjadj (11e siècle) a inspiré la majorité de ses successeurs, il a rassemblé toutes ses recherches dans un ouvrage intitulé *Al-Moqni'* « Le convainquant ». *Ibn Bassal* (11e siècle) intitule son ouvrage *Kitab al-qasd wa al-bayan* « le livre de la proposition et de la démonstration »[2]. Abu Al-Khair de Séville (12e siècle) va innover et élaborer le livre intitulé *Kitab al-filāha* « Le livre de l'agriculture ».

Succédant à ces scientifiques *d'Al-filāha,* Ibn Al-Awam de Séville (12e siècle) développa la théorie en s'appuyant sur les travaux expérimentaux qu'il pratiquait sur les montagnes de l'*Aschraf*[3]. Il rédige, en compilation tout ce qu'il a analysé des œuvres et des expériences des savants andalous et des supports bibliographiques utilisés[4], dont le plus important concerne l'agriculture nabatéenne. Il

---

[1] Albertini, 2009 :78.

[2] Ibid : 78-79.

[3] Ibn Al-Awam, 1864 : 17

[4] On ne pourrait passer à côté des travaux de Julia Maria Carabaza Bravo qui a présenté des études sur l'agriculture et les plantations andalouses. Elle s'est intéréssée aux techniques de plantations et aux différents apports des chercheurs de l'époque médiévale et à leurs supports d'études : les traités antiques, si bien démontré dans son étude intitulée : Le figuier dans la littérature agronomique gréco-latine et arabo-andalouse (Carabaza Bravo, 1995 : 83-89)

cite également, les systèmes d'agriculture anciens grecs et latins, ainsi que ceux de Perse, d'Inde et d'Egypte, présentés par Dimouath, Galien, Anatolius d'Afrique, Caton, Cassianus, Qustus, Aristote et Makkarius le grec[1].

En introduisant son œuvre « *Kitab Al-filāha* », le célèbre auteur agronome Ibn Al-Awam encourage celui qui voudra faire de son métier l'agriculture :

« Celui qui voudra embrasser l'agriculture, comme industrie, y trouvera, Dieu aidant, un moyen d'existence ; il en obtiendra, non seulement sa propre subsistance, mais aussi celle de ses enfants et de sa famille. Il trouvera la satisfaction de ses besoins et de tous ces désirs. Ainsi, il se procurera tous les avantages de la vie présente et la félicité de l'autre, avec le secours de Dieu [...]. On rapporte que c'est à cela que le prophète fait allusion, quand il dit : chercher le soutien de votre vie dans les fruits de la terre »[2].

Il insiste sur les recommandations du prophète (Qsssl) concernant les semences et les plantations et leurs bienfaits ; il cite également les conseils du poète, historien, juriste, philosophe et théologien, Ibn Hazm et ceux du calife omeyyade 'Atabah Ibn Abi Soufiane, concernant l'entretien des grands domaines, ainsi que son livre intitulé « Conseils à un homme sur la bonne tenue de son domaine ». Il a également étudié l'œuvre « *Al-Moq'ni'* » de l'illustre savant cheikh Abou Omar Ibn al Hadjadj de Cordoue, si on reprend la dénomination adoptée par son élève. Cette œuvre a été rédigée en 1073, en se référant à trente auteurs dont des agriculteurs et des philosophes, à l'instar de Rhazès, Issac, Abou-Hanifah Al-Dinaouri et les anciens, tels que Junius Varron, Democrites et Cassianus. Ibn Al-Awam a également, beaucoup puisé des andalous : Abu Al-Kheir de Séville, Ibn Abou Al-Djouad, Gharib Ibn Sahad, et l'inévitable œuvre « L'agriculture nabatéenne » de Kouthâmâ, traduite par Ibn Al-Wahshiyya[3].

Sinaat al filaha ou art du jardin[4], détermine donc, toutes les connaissances de toutes les branches que « l'artiste-jardinier » doit connaître, et toutes les actions qu'il doit réaliser, pour obtenir de beaux jardins. L'art du jardin est un savoir précis et détaillé qui permettra d'orienter le concepteur pour créer son jardin et participer à la

---

[1] Ibn Al-Awam, 1864 : 8.
[2] Ibid : 2.
[3] Ibid : 7
[4] Ibn Al-Awam, 1864 : 7.

construction du paysage de la ville ou de la campagne. Parmi ces connaissances, les caractéristiques d'un bon site qui permettent au futur propriétaire de bien choisir, le lieu de son jardin ; la maîtrise du terrain qui guide le géomètre et l'arpenteur pour niveler et terrasser l'assiette ; les techniques hydrauliques, qui aident l'hydraulicien à installer tout le système d'irrigation, pour qu'ensuite intervienne le cultivateur qui maîtrise la terre et le végétal.

Ibn Al-Awam énumère les différentes connaissances et étapes de la réalisation du jardin. Il précise qu' « il faut connaître les terres, leurs qualités, les engrais et les différentes manières de les préparer, les diverses eaux employées, pour l'irrigation, en spécifiant celles qui conviennent à chaque espèce de végétal ». Il propose d'opter pour la symétrie et apprécier son bel effet ; de maîtriser la plantation et la replantation ; de connaitre la nomenclature des arbres avec la terre, le lieu, les engrais et l'irrigation qui leur convient[1]. Il recommande la connaissance des différentes greffes des arbres, et de savoir lesquels présentent des affinités et des sympathies. Il conseille de faire la taille des arbres ; de cultiver les terrains plantés d'arbres. Il suggère de maîtriser la fécondation artificielle des arbres, le traitement à suivre pour les arbres et les plantes malades, les procédés ingénieux qu'on exécute sur certains arbres et certaines plantes, de savoir comment introduire, à un fruit, un parfum et une saveur, qu'il n'avait pas ; d'expérimenter comment un fruit peut devenir doux et purgatif ; d'apprendre le traitement du rosier pour le faire fleurir hors saison ; et, enfin, d'amener le pommier à donner ses fruits à une époque qui n'est pas habituelle[2].

Ibn al-Awam conseille au jardinier de planter les myrtes et les citronniers autour d'une pièce d'eau ; connaître les procédés de la conservation des fruits frais et secs, le travail de la terre, les choix des semences et la nature des terres propres aux diverses espèces et graines ;

---

[1] Ibn Al-Awam énumère les plantes du paysage du XIe siècle : l'olivier, le laurier, le chêne, le pistachier, le cerisier, le caroubier, le myrte, l'arbousier, le châtaigner, le néflier, l'épine blanche, le grenadier, le grenadier sauvage, l'amandier, le pin, le pin à pignons, le cyprès, le genévrier, la sabine, le figuier, le caprifiguier, le murier, le noyer, le rosier, le jasmin , le hou-frelon, le sumac, le bigaradier, le cédratier, le zamboa, le limonier (citronnier), le dadi, le kadi, le cognassier, le pommier, l'almès, l'azerderach, l'orme blanc, le noir, le peuplier d'Italie, le saule, l'abricotier, le pêcher, le prunier, le palmier, la vigne, le noisetier, la canne à sucre, le bananier, le roseau à flèches, le frêne, le platane, le laurier rose, la ronce, le rosier de montagne, le lycium d'Europe.

[2] Ibn Al-Awam, 1864 : 9-21

avoir la connaissance des saisons et quand doivent être faites les semailles ; connaître la culture des légumes et des légumineuses, les établissements du potager ; comment faire les semis dans les jardins, la culture des plantes aromatiques, la culture des épices et des plantes médicinales, la culture des plantes qu'on emploie dans les jardins et qu'on emploie à divers usages, tels la chélidoine, glauque ou pavot cornu, le cardon, la rue des jardins, l'indigo, l'origan, la sarriette des jardins…, les soins à donner aux récoltes et la manière de les disposer, l'abattage des arbres ; utiliser le moulin et le pressoir ; maîtriser l'élevage des espèces bovine, ovine et caprine, l'éducation des chevaux mulets ânes et chameaux, les oiseaux qu'on élève dans les métairies, et l'éducation des chiens[1].

Muhammad Ben Malik Al-Tighnarî agronome, botaniste et physicien de Grenade écrit en 1087 *Kitab zahrat al bustan wa nuzhat al ad'han,* dont l'interprétation du titre serait « Le livre de la fleur du verger et de l'agrément des esprits ». Cet agronome montre qu'on y trouve beauté et plaisir à la maîtrise de la science de l'agriculture. Ce traité présente les procédés de la culture des plantes et leur irrigation, la production des parfums et aromates avec tous les appareils nécessaires, à l'instar de la production de l'eau de rose *al-ma ward.* Al-Tighnarî se distingue en décrivant quatre appareils servant à ajuster les terrains et à prendre le niveau des eaux : *al-murjiqal* chauve-souris, une sorte de triangle en bois avec fil à plomb ; le fléau de balance *mîzan al-qat'* ; le couple *qabtâl/jafna* règle avec terrine à eau, et le niveau des architectes *mîzân al-bannayyine*[2].

Sur les niveaux de terrain et l'arrosage, Ibn al-Awam précise :

« L'agriculture est le plus avantageux des métiers ; elle se pratique sur deux types de terrains, ceux élevés (qu'on ne peut arroser), et ceux qui sont facilement arrosés. De ces deux espèces de sol, celui qui est le plus estimé pour ses produits, et le mieux garanti contre les accidents, c'est celui qui est arrosé par les sources et les eaux courantes au moyen de rigoles. Le second type exige beaucoup de peine et de fatigue, car l'arrosage se fait au moyen de machines hydrauliques, de norias, d'aqueducs et machines à godets ou sceaux que font tourner les chameaux, les ânes et les mulets, et court le plus de risques. »

[1] Ibn Al-Awam, 1864 : 9-21.
[2] El-Faiz, 2005 : 196.

Le travail remarquable de ces scientifiques, dans le domaine de l'art du jardin, va se poursuivre jusqu'à la période nasride. La maîtrise parfaite des cultures et des semences, le développement des systèmes hydrauliques, l'exploration de nouvelles régions et les échanges commerciaux qui vont activer le voyage des plantes, leur introduction et leur acclimatation dans les pays islamiques, conduira au développement et à l'enrichissement du paysage et du jardin dans les pays d'Islam. Le 14e siècle verra naitre les plus beaux jardins andalous dont les plus célèbres : les jardins des palais nasrides de Grenade.

Ibn Luyun Al-Tudjibi (1282-1349), poète et agronome, rapporte dans son livre *Kitâb ibdâ' al-malaha wa inha' al-rayaha fi usul sina'at al filaha,* que Louis Albertini traduit par « Livre des principes de la beauté et de l'extrême fertilité, au sujet des notions fondamentales de l'art de l'agriculture »[1], les étapes de la réalisation d'un jardin ainsi que le descriptif minutieux d'un beau jardin sous forme de prose (Ibn Luyun, 1348). Le texte a été traduit par M. Levi provençal et repris par Marçais :

« Qu'on choisisse, dit-il, pour bâtir sa maison et son jardin, le point dominant qui en facilite la garde et la surveillance. Qu'on l'oriente au midi, la porte tout à côté et qu'on surélève un peu l'emplacement du puits et du bassin, ou mieux encore qu'il y ait à la place du puits une canalisation d'eau qui court sous des ombrages. Près du bassin, on plantera des massifs toujours verts et toutes espèces qui réjouissent la vue, et, plus loin, des fleurs variées et des arbres à feuilles persistantes »[2].

Le jardin, imaginé par le poète andalou, est bordé de vignes. Ses parterres sont reliés par des promenades ombragées de treilles. Un kiosque recouvert de rosiers grimpants, de myrtes et de toutes autres fleurs, est disposé au centre :

« Des plants de vigne borderont le domaine et, dans la partie centrale, des treilles ombrageront des passages qui ceindront les parterres comme d'une marge. Au milieu, on installera, pour les heures de repos, un kiosque qui s'ouvrira sur tous les côtés ; on l'entourera de rosiers grimpants, de myrtes et de toutes les fleurs qui font la beauté des jardins. Il sera plus long que large, pour que l'œil n'éprouve pas de fatigue à le regarder »[3].

---

[1] Albertini, 2009 : 80.
[2] Marçais, 1957 : 238.
[3] Marçais, 1957 : 238.

Dans ce jardin, les hôtes ont un aménagement particulier, qui préservera l'intimité du propriétaire :

« Tout en bas, on réservera un corps de logis pour les hôtes, qui viendront tenir compagnie au maître du lieu ; il aura sa porte, son bassin caché de loin à la vue par un bouquet d'arbres. Si l'on installe encore un colombier et une tourelle habitable, tout n'en sera que mieux »[1].

Le poète s'est probablement inspiré du texte d'Ibn Al-Awam, rédigé au 12e siècle. En effet on constate une grande ressemblance entre les deux textes. L'architecte du jardin, selon Ibn Al-Awam, détermine le meilleur emplacement du jardin et la scénographie de l'eau :

« S'il s'agit d'une maison entourée de jardins, on doit choisir un emplacement un peu élevé, afin de faciliter la surveillance et mieux garder la maison. On oriente la maison vers le midi, en début de parcelle, et sur la partie la plus élevée, on installe le puits et la pièce d'eau, ou mieux qu'un puits, on ouvre un petit canal qui court dans les parties ombragées du terrain. La maison doit avoir deux portes, afin d'être mieux protégée et de rendre le quotidien des habitants plus facile »[2].

Les plantes sont disposées selon leur utilité. En bordure et le long des parcours :

« Près de la pièce d'eau, on plante des massifs que l'on maintient bien verts et qui réjouissent la vue. Un peu plus loin, on doit disposer des carrés de fleurs et des arbres au feuillage pérenne. On entoure la propriété de vignes et le long des chemins qui la traversent, on plante des treilles. Le jardin doit être clos par un de ces chemins, afin de bien le séparer du reste de la propriété. Parmi les arbres fruitiers, outre la vigne, on doit mettre quelques micocouliers et d'autres arbres semblables, car leur bois est d'un grand secours »[3].

Ce texte décrit une composition architecturale qui semble conçue à des fins esthétiques. En réalité, la beauté du jardin ressentie par le lecteur porte la qualité esthétique et la maîtrise parfaite des techniques de réalisation du jardin.

---

[1] Ibidem.

[2] Ibn Al-Awam, 1864 : 4.

[3] Ibidem.

Les califes abbassides ont développé un grand intérêt pour les jardins et les « divertissements hydrauliques »[1]. C'est pourquoi, la science de la mécanique et les sciences mathématiques vont jouer un très grand rôle dans l'embellissement et l'irrigation du jardin. Parmi, les innovateurs de l'hydraulique arabe, les frères Banu Musa, mathématiciens, ingénieurs et membres de *Dar al-Hikma*[2]. Des fontaines à jets d'eau de formes variées (fleur de lys, bouclier...), des automates, des rigoles et des canaux, sont autant de produits de mécanismes bien étudiés, qui fonctionnent avec les sources d'énergie à eau, à vent ou par gravitation. Ce sont aussi des composantes de l'architecture du jardin, autant que les plantes variées, venues des différentes régions.

Parmi les machines hydrauliques, on trouve les roues hydrauliques (*nawâ'ir),* les machines à godets actionnées par des animaux (*al-dawâlib*), le système à poulies *(al-jurûd)* et les balanciers (*al-dawâli ou shâdûf*). Toutes ces élévatrices[3] ont non seulement marqué le paysage islamique, mais aussi fructifié les jardins. Les aghlabides et les fatimides ont développé la technologie des grands réservoirs, qui consiste en un système ingénieux de trois bassins : celui de la décantation, celui de la réserve et celui du puisage.

Ces images de systèmes hydrauliques sont le fruit d'une recherche dans les ouvrages anciens à l'instar du « Livre sur la météorologie d'Aristote », « Le livre de Philon de Byzance (traduit sous le nom *Kitâb fi qawd al-miyyâh* « Le livre de la conduite des eaux ») et « Le traité des eaux », une partie du traité de *Kitab al Filaha al-Nabatiyya* « livre de l'agriculture nabatéenne », que les membres de *Dar Al-Hikma* ont pris le soin de collecter et de traduire, depuis le 8e siècle, selon El-Faiz[4].

Le levé topographique, l'arpentage et le nivellement, liés étroitement aux mathématiques, ont été très tôt maîtrisés, mais n'ont pas eu des traités à part, leur concernant, précise El-Faiz. Les Arabes les ont, cependant, inclus dans les livres de mathématiques utilisés par les agents du fisc, ainsi que dans les ouvrages de l'hydraulique,

---

[1] El-Faiz, 2005 : 108.

[2] Ibidem.

[3] Ces machines sont particulièrement décrites par l'auteur anonyme du riche ouvrage *'Kitâb al-Hâwî li-l'a'mâl al-sultâniyya wa-rusûm al-hisâb al-dîwânîyya'* « compendium des travaux de l'état et des règles du calcul public » selon El-Faiz, 2005 : 114.

[4] El-Faiz, 2005 : 140.

d'astronomie et dans les traités d'agronomie[1]. Al-Kârâji, qui a excellé dans le domaine de l'hydraulique, a démontré mathématiquement la théorie du nivellement et a décrit plusieurs instruments de nivellement et d'arpentage anciens irakiens, perses et babyloniens, auxquels ils rajoutent les siens[2].

Toute cette recherche, née dans l'Orient du monde islamique, a poursuivi son évolution dans les siècles qui ont suivi, notamment en Andalousie, cette terre qui a vu naître les plus beaux jardins du monde. *Kitab al-asrâr fi natâ'ij al-afkâr,* traité des automates appelé « Livre des secrets sur les résultats des pensées », attribué au savant andalou Ahmad ben Khalaf al-Murâdi, (11e siècle), est un ouvrage riche en description d'appareils avec leurs illustrations : jouets, horloges, engins de guerre, automates à eaux ou à mercure, cadrans solaires et très peu d'élévatrices[3]. Si les automates servaient au plaisir du propriétaire du jardin, le cadran solaire aurait eu un rôle très important pour l'irrigation.

---

[1] El-Faiz, 2005 : 192.

[2] Ibid.

[3] Ibid : 220.

3. Le Paysage Des Jardins Et La Législation

La beauté du paysage des jardins ne peut être atteinte que par son bon entretien. Les jardins se trouvent le plus souvent en dehors de la ville, en milieu suburbain ou rural. Souvent, ce sont des propriétés appartenant à des dignitaires ou notables de la ville. Ces propriétés assurent l'esthétique de la ville et le développement économique. Comme tout bien rural ou urbain étatique ou privé, le jardin est soumis à la législation pour son bon entretien et sa bonne gestion. « L'Ifriqiya, le Maghreb central et extrême, al-Andalus et la Sicile sont cités pour cette organisation financière, dont l'intérêt, porté au milieu rural, est lié à ce que ce dernier apporte des vivres et d'impôts à la cité urbaine »[1], selon l'étude d'Amara, basée sur les manuscrits. Ce dernier énonce que ce n'est qu'à partir du 4e siècle que le droit malékite commence à s'intéresser à la vie agricole[2]. La législation[3] a suivi une évolution complexe.

Les quatre écoles hanafite, malékite, hanbalite et shafi`ite se sont penchées sur les *hadiths* du prophète (Qsssl) pour expliciter les mesures légales de la gestion des jardins, par une personne tierce, en définissant les deux types de contrat *al-mussaqāt* et *al-muzzāra`a. Al-mussaqāt (*mot arabe de la famille de *saqā* qui signifie irriguer, arroser) consiste en un contrat entre le propriétaire et le contractant, futur gestionnaire des arbres. Le contractant aura pour mission l'arrosage et, éventuellement, la responsabilité du paiement des impôts. De la même manière *al-muzzara`a*[4] est le contrat entre le propriétaire et le futur cultivateur qui a pour mission, la culture, l'entretien, l'arrosage et la gestion administrative[5].

En effet, au Maghreb, la gestion des terres agricoles des propriétaires habitant le plus souvent la ville, se faisait par des intendants responsables « de l'exploitation en fermage ou en association » (Amara, 2009 : paragraphe 14). Le travail des jardins étant une succession de tâches quotidiennes très dures, sollicitant

[1] Amara, 2009 : paragr11.

[2] Amara, 2009 : paragr11

[3] Voir Amara, 2009. Amara a élaboré une recherche historique sur l'evolution des rapports juridiques entre les cités urbaines et les communautés rurales.

[4] Mot arabe de la famille de *zara`a,* qui signifie planter.

une main d'œuvre importante et, donc, un budget conséquent et une gestion durable ; les propriétaires faisaient appel à des contractants pour cultiver et irriguer leur terre pour la durée convenue.

Conclusion De La Partie I

A la suite de la consultation des travaux d'Ibn Rushd sur l'image et l'imagination, les recherches d'Ibn al-Hayṯēm sur l'optique, les œuvres des paysagistes arabes de l'époque islamique médiévale sur les paysages, ainsi à propos des dictionnaires des lexicographes arabes de l'époque médiévale, il y a lieu de relever une première conclusion ; le paysage est comme lieu d'observation, lieu observé, image mentale d'un espace géographique et science du paysage. Cependant, pour les paysagistes arabes de l'époque islamique, à l'instar d'Ibn Hawqel et Al-Maqqdassi, le paysage serait surtout, l'image mentale du lieu physique ressentie et réalisée par l'observateur ou le lecteur, ainsi que la science élaborée par ces paysagistes. Toutefois, nous tenons à souligner le fait que cette image mentale n'est réalisée et décrite que si l'observateur applique une méthode scientifique. Dans le cas contraire, l'image est non précise. Le paysage ou l'image récréée, à partir de l'espace géographique serait, donc, l'image précise et scientifique d'un lieu, obtenue grâce à une observation basée sur une méthode scientifique ; autrement dit, c'est grâce à la science que l'image paysagère est élaborée. Cette image sensorielle, destinée à être transmise à l'homme, appelle donc, l'observateur à raisonner.

Le mot arabe « *El-Jenna* » signifie le Paradis, mais également, le jardin. Al-Djawhari, étymologiste de l'époque médiévale, le définit telle une maison de plaisir, dans la maison éternelle, un lieu protégé par l'ensemble des arbres et des plantes, formant des ombres, grâce à leurs branches[1]. Pour le théologien et botaniste Ibn al-Qaim al-Djawzia, « *el-Jenna* » (le Paradis) est un jardin, un enclos, une sorte de couverture qui protège et dissimule[2]. « *El-Jenna* », résidence première d'Adam et Eve, a été décrite par Iẖwān Al-Safa, comme un lieu d'expérience, d'observation et de contemplation ; son architecture fut un enclos d'épanouissement pour l'homme où le travail humain était exclu[3]. Nous insistons dans cette conclusion sur les importantes notions liées à ces concepts d'enclos végétal, de protection et de bien-être.

Les jardins, transmis à travers les images du texte coranique, semblaient être, une variété de typologies de jardins. C'est pour cette raison que nous avons, en premier lieu, tenté de profiler leur image grâce aux définitions élaborées par les lexicographes arabes de l'époque

[1] Al-Djawhari, 1956.
[2] Ibn al-qaim Al-Djawzia, 2008: 191.
[3] Marquet, 1975 : 234.

médiévale. Ces variétés représentent plutôt des composantes du jardin *el-Jenna*. Et pour appuyer notre hypothèse, nous avons imaginé alors la composition d'un jardin formée de toutes les structures paysagères qui suivent : *al-hadiqa* : un enclos d'arbres et couronne boisée, sera l'enclos du jardin, plus précisément, une partie couverte du jardin ; *al-rawdha,* le parterre fleuri avec des aménagements d'eau, composera la partie découverte du jardin ; enfin, *al-bûstan,* un potager, un herbier et des fleurs sous un bois ou sous un verger, sera la partie couverte. Grâce à leurs caractéristiques respectives, ces trois composantes, en se complétant, offrent les qualités esthétiques et utilitaires à *el-Jenna*.

Par ailleurs, nous avons montré comment créer un jardin, ou plus précisément, comment le concepteur du jardin extrait de son imagination toute la composition formelle du jardin. L'homme, comme artisan paysager, procède à une « activité créatrice »[1] en imitant la Nature ; aussi, cette dernière « le soutient dans son art »[2]. Le travail de la nature étant noble, c'est par imitation de la nature que l'artiste peut atteindre, également, cette noblesse, à condition de viser la perfection. Ainsi, seulement grâce à la perfection ou la rigueur dans le travail que la beauté peut être engendrée, et ce, lorsque toute la palette des concepts, associés au jardin, a été étudiée.

Aussi, nous tenons à souligner que le paysage est aussi, une science – comme indiqué dans le titre de cette thèse – et nous mettons en évidence la méthode utilisée. En effet, le paysagiste du monde islamique médiéval a élaboré une méthode particulière de perception pour présenter l'image de la terre *(ṣūraṯ al-arḍh)*. Par de belles citations, Ibn Hawqel décrit les images de la terre, il revivifie l'*ekphrasis* et nomme le paysage *mašhad*. Le paysage doit présenter des informations précises, vérifiées et contrôlées. Il comprend tout d'abord, les routes, puis les villes et leurs campagnes, les jardins, les plantations, les animaux, les monuments, l'histoire et les événements remarquables. Le paysage est une science désirée, et indispensable. Cette science demande patience et persévérance outre l'acquisition d'un ensemble de connaissances. Cette science englobe, en réalité, la maîtrise de plusieurs disciplines.

Créer des jardins exige la maîtrise d'*al-filāha* (l'agriculture) qui, en vérité, englobe plusieurs branches ou domaines techniques : la botanique, la pédologie, l'hydraulique, la science des aromates…

---

[1] Marquet, 1975 : 300.

[2] Ibidem.

comme souligné, déjà par Abou Zakaria Yahia Ibn Mohamed Abou Ahmed Ibn Al-Awam, au 11e siècle, dans sa compilation remarquable *Kitâb al-filāha*. Enfin, c'est grâce à cette conjugaison des connaissances philosophiques, théologiques, littéraires, poétiques et scientifiques sur l'image et la perception que les savants de l'époque médiévale ont pu enrichir la science du paysage et celle du jardin.

Bref, il nous a semblé plus qu'indispensable d'entamer cette thèse en nous attardant sur la définition du jardin et du paysage, selon la pensée islamique, afin de mieux comprendre, dès le début, ces deux notions complexes. Nous avons également, tenu à émettre les notions qui éclairent le jardin et le paysage, à l'instar de la beauté, la nature, la science et l'art. Le paysage étant dans la pensée islamique, non seulement l'espace géographique, mais aussi, l'image mentale d'un lieu et la science qui permet la réalisation de l'image mentale et l'imagination d'un projet de paysage. La deuxième partie de cette thèse, sera axée sur une lecture croisée d'autres images paysagères au fil du temps. Celle-ci va nous permettre d'apporter de nouvelles idées concernant l'évolution du paysage, la maîtrise de l'art des jardins et la relation spirituelle et culturelle de l'homme avec la nature et ce, grâce à la transmission des images.

PARTIE II

LES JARDINS ET LES PAYSAGES AU FIL DU TEMPS

Fig.05. Bagh al-wafa.

Fig.06. Tabari.S. (2018). *Chute d'eau sur le flanc de la colline de Grenade.* [photo]

I. L'histoire de l'évolution du paysage ancien entre nature et culture sciences et images. Lectures croisées entre texte coranique, histoire et archéologie

Le paysage n'est pas immuable, mais change suivant les conditions naturelles et culturelles, depuis sa naissance. Le Coran révèle des images de paysages et de jardins qui racontent l'histoire de certaines civilisations anciennes, et dévoilent la relation de l'homme antique avec son environnement, une relation multiple. Des études récentes ont exploré les textes et les terrains dissimulant les traces de ces civilisations anciennes. Aussi, l'histoire du paysage a été approchée, à travers plusieurs disciplines, à l'instar de l'histoire des plantes de la Méditerranée de Benzi et Berliocchi[1] ainsi que l'histoire du paysage méditerranéen de Louis Albertini[2].

Il s'agit dans cette partie de présenter la reconstitution de l'histoire de l'évolution du paysage ; tout d'abord, celui de la haute antiquité, à travers une lecture croisée du texte coranique et des recherches historiques, afin de relever les caractéristiques du paysage qui se sont transmises d'une civilisation à une autre, jusqu'à arriver au paysage ancien, puis médiéval d'Alger. Nous allons présenter cette histoire comme une mosaïque d'images révélatrices d'importants évènements, collectées, dans le but de greffer Alger dans la recomposition imagée du paysage. Pour cela, nous commencerons par les images du paysage naturel, à travers la superposition des images du Coran et des théories présentées, respectivement par Iẖwān al-Ṣafā, philosophes de l'époque médiévale islamique, et Benzi et Berliocchi historiens de l'art contemporain. Ensuite, nous ferons défiler, suivant un ordre chronologique, les images du Coran relatant les civilisations anciennes, qui ont participé à la réalisation du paysage culturel. Enfin, nous aborderons le paysage d'Alger et ses alentours. Le long de cette lecture, on se basera sur l'approche méthodologique des paysagistes de l'époque médiévale islamique, pour repérer les structures paysagères, les systèmes hydrauliques et les plantations, et saisir ainsi comment l'homme a créé son paysage et collaboré avec la nature.

---

[1] Benzi et Berliocchi, 1999.

[2] Albertini, 2009.

1. Paysage Naturel En Création

> « Les cieux et la terre ne formaient primitivement qu'une masse. Dieu les a séparés et a tiré de l'eau, toute la vie[1] ».

Selon le Coran, les cieux et la terre formaient une seule masse, Dieu les a séparés et de l'eau il a tiré la vie[2]. Iḫwān al-Ṣafā insistent, sur l'importance du temps dans l'évolution et la création du monde. Ils affirment que durant trois mille ans, la terre porta seulement des mers, des montagnes, des plantes et des arbres, tandis que les vents soufflaient et les sons aériens se répandaient[3]. En six jours, « Dieu créa le monde, fait tomber l'eau du ciel et avec cette eau, il a fait germer des couples de plantes de toutes espèces »[4].

Les deux auteurs de l'histoire du paysage méditerranéen Benzi et Berliocchi pensent, qu'au tout début, les plantes ressemblaient aux algues et n'avaient pas quitté les mers, la terre était nue, les seuls bruits étaient provoqués par les vents, les volcans et autres phénomènes atmosphériques[5]. Iḫwān al-Ṣafā avancent que les végétaux, comme tous les êtres composés, se développent à partir du suc `uṣarāt[6] , un mélange de vapeur humide et de fumée sèche et qui, par un phénomène naturel, autrement dit, grâce à la faculté de la Nature que les 'frères de la pureté' présentent avec précision ; cette matière prend les formes les plus agréables des plantes[7]. Leur théorie rejoint les indications données dans le verset coranique treize, de *sūrat al-nabā'*.

Benzi et Berliocchi proposent leur théorie de l'évolution du paysage naturel, en choisissant les périodes les plus importantes[8]. Entre 345 à 280 millions d'années, le paysage ressemblait aux actuelles forêts tropicales. Ces deux auteurs précisent que certaines périodes ont connu un type de végétation au point de caractériser une surface géographique

---

[1] *Al-qūr'ān al-karīm* : sūrat al-anbiyya, aya 3. [trad] cité dans Ibn Kahir, 2013: sūrat al-anbiyya, aya 3

[2] Ibid : sūrat al-anbiyya, verset 3.

[3] Marquet, 1975 : 179.

[4] *Al-qūr'ān al-karīm* : sūrat Lūqmān, aya 10. [trad] cité dans Ibn Kahir, 2013: sūrat Lūqmān, aya 10.

[5] Benzi et Berliocchi, 1999 : 38.

[6] Ce mot est de la famille du mot mu'ṣirāt qu'on trouve dans *Al-qūr'ān al-karīm,* sūrat al-nabā', aya13. Les exégètes proposent deux sens au mot mu'ṣirāt : les nuages ou les vents.

[7] Marquet, 1975 : 179.

[8] Benzi et Berliocchi, 2009 : 41.

avant de disparaître. Au crétacé et à l'éocène, les plantes migraient à la recherche de conditions géographiques et climatiques favorables. À partir du quaternaire, les périodes glaciaires s'alternaient avec les périodes interglaciaires. Les historiens précisent que la dernière glaciation, très froide, a fait disparaître ou diminuer des espèces, en zone méditerranéenne, contrairement aux immenses territoires de l'Asie, qui ne présentaient pas d'obstacles pour la migration des végétaux. L'Asie devient alors un immense territoire avec une véritable richesse de plantes, d'arbres ainsi que toutes sortes de végétaux. Le territoire méditerranéen a, alors, au fil du temps, récupéré de nombreux arbres et plantes, grâce à l'homme et à la Nature.

2. Paysage d'Adam : Du Jardin d'observation Au Jardin De Labeur

Adam, père de l'humanité, corps de terre exceptionnel, dont Dieu a insufflé Son esprit et l'a soutenu de Son verbe[1] parlant et intelligent, connaissant toute chose[2], a été chargé de la mission : être calife sur terre[3]. Il a vécu avec son épouse Ḥawā' (Eve) temporairement dans un jardin, sans éprouver aucune sensation de peur ou de peine. Ils vivaient de la cueillette de toutes sortes de fruits, sauf de celui qui leur était interdit. Certains exégètes situent le jardin sur terre, d'autres l'imaginent dans le monde céleste, toutefois, ils le distinguent du Paradis éternel, car ce dernier abritera l'homme pour l'éternité. Enfin, Iḫwān al-Ṣafā imaginent le paradis d'Adam, sur un mont terrestre, et citent à ce propos :

> « […] ce jardin que constitue le sommet du mont Yāqūt est une bonne terre, verdoyante, pleine de fleurs et de fruits, traversée de nombreux cours d'eau, au climat toujours tempéré, pleine de bêtes non nuisibles et d'oiseaux au doux chant »[4].

A cause de leur péché, Adam et Eve reçurent l'ordre de descendre, de ce jardin naturel[5], vers leur nouveau paysage. Ce lieu de chute fut hostile, sans eau, ni arbre, ni abri, symbole du monde matériel, pensent

[1] Marquet, 1975 : 214.
[2] *Al-qur'ān al-karīm,* 1983 : sūrat al-baqara, aya 31.
[3] Ibid : sūrat al-baqara, aya 30.
[4] Marquet, 1975 : 214.
[5] *Al-qur'ān al-karīm,* 1983 : sūrat al-baqara, aya 36.

Iẖwān al- Ṣafā[1]. Il ne pouvait que les inciter à travailler, à se mettre à l'apprentissage pour vivre, se protéger du monde sauvage et naturel, et créer leur territoire privé.

La situation du nouveau paysage n'a pas été révélée, mais certains exégètes le situent en Inde ou à la Mecque. Il est dit qu'après sa chute en Inde, Adam va vers La Mecque, pour faire son pèlerinage avant de retourner en Inde[2]. Pour d'autres, le lieu de changement de paysage fut la Mecque, le lieu sacré, [la première parcelle qui est apparue lors de la formation de la terre[3]]. Selon Ibn ʿAbās, Adam a porté en lui l'odeur du Paradis, qui s'est par la suite répandue sur les arbres et les cours d'eau de l'Inde[4]. Alors que d'autres pensent que les feuilles avec lesquelles, Adam et Eve se sont couverts, étaient aromatiques[5]. Cette particularité de l'histoire, qui paraît imaginaire semble être nourrie du rôle important qu'ont joué les plantes odoriférantes et aromatiques dans le développement culturel et économique des sociétés de l'antiquité.

2.1. La Greffe Du Paysage Culturel Au Paysage Naturel

C'est par l'introduction de nouvelles structures paysagères que le paysage culturel est né. Selon l'exégète Al-Tabari, la première structure était le champ de blé. Le blé a été donné à Adam par l'ange Gabriel, suivant la traduction de l'histoire universelle de Tabari[6]. Selon la version originale du même ouvrage, le blé est descendu du Paradis, avec Adam, au moment de sa chute[7]. Ainsi, Adam va être responsabilisé et passe à l'apprentissage. Il va fabriquer les outils de labourage, labourer la terre, semer le blé, irriguer, moissonner, battre, vanner, moudre, pétrir le pain, passer la pâte au four, grâce à l'ange Gabriel qui lui apprit à faire des outils de labourage pour semer le blé[8]. A ce sujet, Ibn Kaṯīr affirme, selon les explications d'Ibn ʿAbās, que la semence, la moisson et le battage se faisaient rapidement, grâce à la volonté divine[9]. Ibn al-

[1] Marquet, 1975 : 215.
[2] Al-Ṭabarī, 1967 : 127.
[3] Abu Khalil, 2010 : 39-40.
[4] Al-Ṭabarī, 1967 : 127.
[5] Ibid : 126.
[6] Tabari, 1980 : 82-83.
[7] Al-Ṭabarī, 1967 : 128.
[8] Tabari, 1980 : 82-83.
[9] Ibn Kathir, 2013 : sūrat al-ʾaʿrāf.

`Awām, grand agronome de l'époque médiévale islamique affirme que l'agriculture a été enseignée à Adam, sous l'inspiration divine[1].

Jean-Paul Charvet spécialiste d'agriculture, remarque que les plus anciens foyers de peuplement de la planète coïncident avec les principales aires de domestication et de première diffusion des céréales[2]. Benzi et Berlliochi situent le début de l'agriculture dans le couloir levantin, vers le neuvième millénaire avant notre ère. Selon ces historiens, dans un milieu favorisé par les conditions géoclimatiques dues aux glaciations, une flore qui comprenait les céréales et les légumes sauvages servait de cueillette à l'homme, depuis 12500 ans avant notre ère, environ. Les espèces sauvages dispersaient naturellement leurs graines sur le sol, puis vers 9000 ans, certaines de ces plantes, par un processus de mutation, gardaient les graines dans l'épi. L'homme a donc privilégié cette variété et la diffusa dans le monde[3].

2.2. NAISSANCE DU VERGER

Selon les images rapportées par les exégètes, Adam poursuit son apprentissage, toujours avec l'aide de l'ange Gabriel[4], pour créer le verger, en tant que deuxième structure paysagère. Trente espèces de fruits qu'Adam et Eve cueillaient, sans peine au Paradis : dix espèces avec peau comme les noix, les amandes, les pistaches, les noisettes, le coing, la grenade et les bananes ; dix autres espèces à noyaux, comme la pêche, l'abricot et la datte ; et enfin, les fruits sans noyau, comme la pomme, le raisin, les mûres et les figues, provenant tous du jardin exclusivement naturel d'Adam, tous ont été cultivés dans ce verger[5]. Nous considérons ce verger comme premier verger culturel du fait qu'il a été cultivé par le premier homme sur la Terre.

Nous pensons que cette histoire de la descente du blé avec trente espèces de fruits qu'Adam et Eve cueillaient, sans peine, au Paradis, figure d'un côté, le passage du fruit qu'on nomme « exclusivement naturel » aux fruits cultivés, un phénomène qu'a inscrit le paysage. En effet, Meunissier constate ce qu'il nomme ancêtres sauvages, des arbres fruitiers au Caucase et au Turkestan :

---

[1] Ibn-Al-Awam 1864 : 4.

[2] Charvet, 1996.

[3] Benzi et Berliocchi, 2009 : 41.

[4] Tabari, 1980 : 82-83.

[5] Al-Ṭabarī, 1967 : 128.

« Il existe, en effet, au Caucase, près de 80 espèces linnéennes d'arbres ou arbustes fruitiers sauvages : poirier, pommier, cognassier, prunier, amandier, néflier, noyer, figuier, noisetier, châtaignier, sorbier, jujubier, vigne, épine-vinette, groseillier, grenadier… Pour toutes ces plantes, on constate l'extrême diversité d'une espèce linnéenne, depuis la forme type sauvage, à petits fruits, jusqu'aux formes extrêmes de gigantisme que l'on rencontre chez les variétés cultivées[1] ».

D'un autre côté, grâce à cette image, nous pouvons repérer l'importance du champ de blé et des jardins fruitiers en tant qu'éléments utilitaires, dans le développement de la relation de l'homme avec son environnement, une relation économique, sociale et culturelle qui structure le territoire. Par un aménagement de champ de blé et de verger, autrement dit par le travail, l'homme rehausse également sa relation spirituelle et affirme sa raison d'être. Son bonheur perdu est retrouvé par la réalisation de son premier paysage culturel constitué essentiellement de jardins. On peut lire aussi, à travers cette image, la définition du paysage culturel que l'Unesco présente, celle de la relation intime que l'homme entretient avec son environnement.

2.3 La Prairie d'Adam

Il est raconté qu'Adam a beaucoup pleuré, après sa descente. La traduction de l'histoire universelle d'Al-Tabari, relate une histoire remarquable quant aux pleurs d'Adam, ainsi il est dit que les larmes du père de l'humanité étaient tellement abondantes qu'elles se sont transformées en ruissellements, qui ont fait pousser, à ses pieds, une agréable prairie riche en fleurs.

La prairie ou *al-rawdha,* comme nous l'avons vu plus haut, exprime un lieu de béatitude, ici cette prairie parait être la récompense de Dieu au repentir d'Adam, une offrande particulière celle de la sensation de renaissance. Un sentiment ressenti jusqu'à nos jours, à chaque naissance d'une prairie.

Les études d'agronomie de la période médiévale islamique ont montré beaucoup d'intérêt à cette structure paysagère qui peut naître naturellement mais qui peut également être cultivée. Pour cela les agronomes ont expérimenté cet espace vert, car non seulement c'est une composante du jardin depuis l'antiquité, mais également un espace nécéssaire pour qu'un jardin soit qualifié d'*el-jenna*.

---

[1] Meunissier, 1932 : 104-111.

3.PAYSAGE À LA TAILLE D'ADAM

Une parole prophétique rapportée par Abū Hūrāīra, dans ṣaḥiḥ al-Būẖārī et ṣaḥiḥ Muslim, révèle le grand corps impressionnant d'Adam. Sa taille était de soixante coudées, probablement pour affronter le nouveau monde dur et sauvage. Cette indication mise en scène, génère un paysage fabuleux aux plantes et aux structures paysagères, en harmonie avec la taille d'Adam. Ce *hadith* indique que la taille de l'homme se réduira au fil du temps. Ainsi soit-il, il est certain que le paysage et les plantes aient évolué en parallèle avec l'homme. Effectivement, al-Imām al-Qazwīnī précise que, selon Kā'b ben al-Ahbar, le blé était de la grosseur d'un œuf d'autruche, cette grosseur persista jusqu' à l'époque du prophète Idris, puis se réduit au fil du temps, jusqu' à devenir la graine que nous connaissons[1]. En fait, le blé évolue et s'adapte aux différentes aires géographiques, annonce les chercheurs de l'Inrae :

« Le blé est le produit d'une histoire évolutive complexe, faite d'une succession d'événements de polyploïdisation (doublement du contenu chromosomique) de domestication, de migration, d'adaptation et de sélection. Il en résulte une grande diversité génétique et une souplesse adaptive qui font du blé l'une des espèces à l'aire de distribution mondiale la plus large »[2].

Nous n'avons pas assez d'information sur ce gigantisme de la forme humaine et des plantations, mais nous pensons, comme nous l'avons énoncé précédemment, qu'il réponde peut-être aux conditions difficiles auxquelles l'homme devait s'adapter.

4.RENAISSANCE DU PAYSAGE CUTUREL

Au cours des différentes générations qui ont suivi Adam, le paysage naturel va subir des transformations culturelles et naturelles. En introduisant la culture des plantes, en se protégeant et en apprivoisant la nature et les différents lieux qu'elle a modelés, l'homme se fraie des lieux d'établissement et découvre des parcours, déjà tracés par Dieu, selon les versets coraniques[3]. Vers 14.000 ans Av-J.-C, le déluge[4], un

---

[1] Al-Qazwini, 2000 : 265.
[2] Inrae, 2010.
[3] *Al-qur'ān al-karīm,* 1983 : sūrat Ṭaha, aya 53, sūrat al-anbiyyā', aya 31.
[4] Abu Khalil, 2010 : 43.

phénomène naturel important, influe considérablement le développement du paysage de la civilisation du prophète Nūḥ (Noé).

Le prophète Nūḥ vivait en Mésopotamie, au sud de l'Irak. Prévenu du châtiment qui allait survenir, celui-ci emporta avec lui dans l'extraordinaire arche qu'il a bâtie un ou deux couples[1] de tout ce dont il avait besoin. Selon Ibn ʿAbās, Nūḥ emporta des couples de plantations[2]. Le déluge emporta toute la population, sauf ceux qui étaient dans l'arche. Cette dernière s'est posée sur le mont *Ǧūdī*[3] à la lisière de *ǧazīrā* ībnʿūmar où se rencontrent, sur la rive gauche du Tigre, les frontières turco-syriennes d'aujourd'hui.

Cette histoire balance, jusqu' à nos jours, entre réalité et mythe chez certains historiens. Laurent Carozza et Albane Burens reprennent le récit du déluge en identifiant les différents mythes et recherches scientifiques en lien avec cet événement[4]. Quant à Maria Susana Seguin, elle pointe sur le rôle « paradoxal » du déluge qu'elle qualifie de « mythe diluvien », dans l'histoire des sciences[5].

Cependant, Abu Khalil, cherchant les preuves à cet évènement, répertorie les différentes fouilles archéologiques menées. Des traces du déluge ont effectivement été découvertes lors des fouilles de la cité antique Ur, située dans l'actuel Irak, entre 1919 et 1934, par Leonard Woolley, archéologue britannique[6]. Cette histoire laisse affirmer qu'il y avait une grande maîtrise des techniques du maintien des plantes et des graines, hors sol, pendant la durée d'un voyage, et une grande habilité pour la replantation et l'acclimatation des plantes transportées dans l'arche. De ce fait, le déluge a marqué l'histoire de l'homme et du paysage ainsi que l'histoire des techniques de conservation des plantes et des animaux, lors d'un voyage et leur acclimatation. Arrivé sur terre, l'homme a procédé à la renaissance du paysage culturel, grâce à sa maîtrise des sciences et de leurs techniques.

---

[1] *Al-qur'ān al-karīm,* 1983 : sūrat Hūd, aya 40.

[2] Ibn Kathir, 2013 : sūrat Hūd, aya 40.

[3] *Al-qur'ān al-karīm,* 1983: *sūrat Nūḥ.*

[4] Carozza et Burens, 2020.

[5] Seguin, 2005 : 383-404.

[6] Abu Khalil, 2010 : 48.

> « Les ʹAd traitèrent de menteur les envoyés (123). Et quand Ḥūd Leur frère (contribule), leur dit : «Ne craindrez-vous pas [Allah] (124). Je suis pour vous un Messager digne de confiance (125). Craignez Allah et obéissez-moi (126). Je ne vous réclame pas de récompense. Je n'attends ma récompense que du maître de l'univers (127). Construirez-vous sur chaque colline un belvédère de plaisance (128). Edifierez-vous des monuments en vue d'un usage éternel (129). Quand vous sévissez, vous sévissez sans mesure (130). Craignez Allah et obéissez-moi (131). Craignez celui qui vous a dispensé si généreusement ses dons (132). Qui vous a donné des troupeaux et une abondante postérité (133). Des jardins et des sources (134). J'appréhende pour vous le châtiment d'une journée épouvantable (135) »[1].

Le peuple du prophète Ḥūd (2200-2500 av. J.-C)[2], descendants et successeurs du prophète Nūḥ[3] étaient de forte corpulence, robustes et intrépides, plus que tout autre peuple[4]. Leur civilisation était très florissante, et leur paysage était composé de nombreux jardins, de sources d'eau et de prairies où paissent les troupeaux[5]. Ils habitaient la région d'*al-ahqāf,* près de *Ḥadrāmūt* et le Yémen, selon Ibn Kaṯīr[6]. Chihab Eddine Yaqut Al Hamawi déclare, dans son ouvrage *Mūǧam al-būldān,* que leur situation dans l'espace est incertaine et précise qu'Iram aux colonnes est une édification de *Šadād* fils de *ʿĀd*[7].

Malgré la prospérité de cet empire et les nombreux jardins et sources d'eau qui l'agrémentaient, le peuple de *ʿĀd* a refusé la croyance et la soumission à Dieu. Pensant qu'il serait éternel[8], *Šadād* fils de *ʿĀd* décida de réaliser son propre paradis, *Irama dāt al-ʿimād*[9]. Sitôt, il commanda à tous les maîtres de son empire la recherche d'un site idéal, dont l'eau et l'air furent des plus pures, précise Al-Tabari[10]. Il demanda la collecte des matériaux les plus nobles : l'or, l'argent, les pierres

---

[1] Al-qur'ān al-karīm, sūrat al-šūʿārā', ayāt 123-135[trad] dans Ibn Kathir, 2013.
[2] Abu Khalil, 2010 : 49.
[3] *Al-qur'ān al-karīm*, 1983 : sūrat al-šūʿārā', ayāt 123-125.
[4] Ibid : sūrat al-aʿrāf, aya 69.
[5] Ibid : ayāt 133-134.
[6] Ibn Kathir, 2013 : sūrat al-šūʿarā', ayāt 123-125.
[7] Abu Khalil, 2010 : 119.
[8] *Al-qur'ān al-karīm,* 1983: sūrat al-šūʿarā', aya129.
[9] Iram aux colonnes.
[10] Tabari, 1980 : 56.

précieuses, les perles, les rubis, les topazes, le bois d'aloès, le musc, l'ambre, le safran et toutes choses précieuses[1]. Il choisit un carré de douze mille de longueur par douze mille de largeur, pour implanter ses jardins[2].

Ce lieu était représenté par Ptolémée, avec de nombreuses rivières qui déversaient dans des territoires au sud de la péninsule Arabique, souligne Annajar[3]. Il était constitué de plusieurs collines[4]. Les murailles étaient faites de briques d'or alternées de briques d'argent avec des créneaux de rubis ; le musc et le safran jonchaient le parterre des allées. On y fait parcourir des ruisseaux de vin, de lait, de miel et d'eau ; des perles et des rubis sont venus remplacer les galets des ruisseaux ; on rangea sur les bords des cours d'eau, des arbres d'or, et des fleurs d'argent incrusté de pierres précieuses[5]. On y construisit des palais, et fit résider des jeunes femmes et des jeunes hommes[6].

Cette image de jardins réalisés, durant 300 ans, laisse paraître une grande similitude avec les jardins éternels du Coran : les ruisseaux de lait et de miel[7], l'étendue du Paradis, les saveurs des boissons[8], les matières nobles et les jeunes serviteurs, la situation sur les hauteurs et l'écoulement des eaux[9]. Ces détails, précisés par l'exégète Tabari[10] sont significatifs. En effet, le carré est la base géométrique de la première architecture sur terre, la Ka ʿ ba, la Maison de Dieu qui paraît avoir été en rubis et posée sur terre par les anges. Cette forme naturelle, très appréciée par l'homme devient en architecture une figure qui représente la stabilité et l'équilibre. Aussi, les collines sont les lieux idéaux pour les jardins, selon le Coran[11].

Telle la civilisation de leurs ancêtres, cette région et ses beaux jardins disparurent. Toutefois, lors des fouilles archéologiques de la ville antique Ebla, il a été découvert des tablettes mentionnant Iram aux colonnes[12]. Cette histoire, à forte connotation spirituelle, dessine au tout

---

[1] Ibid : 56-59.

[2] Ibid : 56-59.

[3] Annajar, 2010.

[4] *Al-qur'ān al-karīm,* 1983 : sūrat al-šūʿarā', aya128.

[5] Tabari, 1980 : 59

[6] Ibn Kathir, 2013 : sūrat al-šūʿarā', aya 128.

[7] *Al-qur'ān al-karīm,* 1983 : sūrat Muhamed, aya 15.

[8] Ibid : sūrat al-muṭāfifīn, ayāt 22-28.

[9] Ibid : sūrat al-ʿankabūt, ayāt 58-59.

[10] Tabari 1980 : 59

[11] *Al-qur'ān al-karīm*, 1983 : sūrat al-baqara, aya 265.

[12] La Fay, 1978 : 730-759. Cité par Annagar, 2010.

début l'image d'un paysage équilibré, composé de sources d'eau, de jardins fruitiers et de prairies d'utilités et d'agréments, qui reflète une civilisation heureuse. Par la suite, ce paysage de bien-être est remplacé par un nouveau paysage, certes beau, mais dont les dépenses sont démesurément excessives et inutiles. De ce fait, l'économie et les dépenses mesurées deviennent l'une des conditions à l'équilibre d'un paysage et au bonheur de l'homme.

6. LES JARDINS DE THAMŪD

Les civilisations se succèdent dans le temps. Dans la péninsule arabique, le paysage culturel se développe vers 1900-2000 av.J.-C[1], par le peuple du prophète *Ṣālaḥ,* [les successeurs de *ʿĀd* [2]]. Le peuple *Ṯamūd* vivait à *al-Ḥiğr* (Hegra) ou *madāʾīn Ṣālaḥ* entre *al-Ḥiğāz* et *al-Šām,* au sud de *Madyan*[3]. *Ṯamūd* est une grande civilisation ; ses bâtisseurs n'étaient pas simplement des architectes, ils étaient d'habiles sculpteurs, qui taillaient leurs demeures dans les roches[4] de la vallée wād al Qūra et ses environs[5].

L'image de cette civilisation, figurée dans le Coran, se compose de jardins, de sources d'eau, de campagnes fécondes, de palmeraies aux fruits succulents[6] et de constructions taillées à même la roche, un paysage reflétant une grande maîtrise des techniques et de systèmes d'irrigation, de cultures et une grande habilité dans la sculpture. Les vestiges de la ville *al-Ḥiğr* ont été attribués à *Ṯamūd,* selon les révélations du prophète Mohamed (Qsssl), au moment de son passage au milieu des ruines[7].

Cependant, les fouilles archéologiques débutées en 1986 à Hegra accordent les vestiges à la civilisation nabatéenne qui est située, dans le temps, à partir du 4e siècle av. J.-C, selon Laila Nehmé[8]. En outre, se basant sur les résultats des fouilles archéologiques de 2018, cette archéologue annonce dans une interview :

---

1 Cette datation est donnée par Abu Khalil. Voir Abu Khalil, 2010.
2 *Al-qur'ān al-karīm,* 1983 : sūrat al-aʿrāf, aya 74.
3 Abu Khalil, 2010 : 51, 52.
4 *Al-qur'ān al-karīm*, 1983 sūrat al-aʿrāf, aya 74.
5 Ibn Kathir, 2013 : sūrat al-aʿrāf, aya74.
6 *Al-qur'ān al-karīm, 1983* : sūrat al-šūʿarā', ayāt 146-149.
7 Ibn Kathir, 2013 : sūrat al-aʿrāf, ayāt 73-78.
8 Nehmé, 2015.

« Hegra a été occupé grosso modo, du Ve siècle avant notre ère au Ve siècle de notre ère, même si des sépultures datant de l'âge du bronze (tournant du IIIe millénaire au IIe millénaire) y ont été mises au jour (mais sans traces d'agglomération associée). Le site, très *étendu (plus de 1000* hectares), a surtout été habité par les Nabatéens entre le Ier siècle avant notre ère et le début du IIe siècle »[1].

Si, durant plusieurs siècles, le royaume des Nabatéens, dont les rois sont appelés al-ḥāriṯ[2], a occupé Hegra et Petra tel un véritable carrefour d'échanges commerciaux, selon les fouilles archéologiques citées plus haut, on remarque toutefois, une grande différence des systèmes constructifs entre Petra et Hegra. Les vestiges hydrauliques d'Hegra sculptés mettent en exergue la compétence et la maîtrise des techniques hydrauliques. Ce système est constitué essentiellement de canaux taillés à même la roche, découverts sur tout leur parcours ; de citernes, sortes de chambres rupestres qui recevaient tout ruissellement récupéré grâce aux canaux taillés ; de bassins à différentes fonctions comme les bassins réservoirs ; de bassins régularisant le flux ; de niches bassin ; de bassins de décantation ; et, enfin, cent trente puits repérés dans un site de type oasien[3].

Grâce à l'analyse des macrorestes des végétaux, il a été possible de déterminer l'ensemble des anciennes plantations précise Nehmé, dans son interview[4]. Le paysage ancien attribué aux Nabatéens se composait de champs de céréales comme le blé et l'orge ainsi que le coton, de prairies de légumineuses (lentilles, pois et luzerne), d'oliviers, de vergers de grenadiers, de vignes et de figuiers et des palmeraies en quantités qui couvraient les besoins de la population locale.

Le texte coranique, qui attribue la région *al-Ḥiğr* au peuple de *Ṯamūd,* dépeint un paysage agrémenté de jardins, de sources d'eau, de campagnes fécondes, de palmeraies aux fruits succulents[5] et de constructions taillées à même la roche. Au final, le paysage d'*al-Ḥiğr* est comme une empreinte qui résiste au temps pour témoigner que la terre se revivifie pour donner ses fruits, après plus d'un millénaire.

---

[1] Nehmé, 2018

[2] Abu Khalil 2010, p.20. Litt : le laboureur

[3] Dentzer, 2008 : 5-17.

[4] Nehmé, 2015.

[5] *Al-qur'ān al-karīm,* 1983 : sūrat al-šū'arā', ayāt 146-149.

7. Les Jardins Du Pharaon

L'Egypte antique était florissante avec ses jardins, cite le Coran : « Nous arrachâmes les Egyptiens à leurs jardins et à leurs sources, (57) à leurs trésors et à leurs résidences somptueuses (58)[1] ». La maîtrise de l'agriculture et de l'hydraulique dans l'Egypte ancienne est prouvée par d'anciennes et récentes études. Se basant sur les études de Chadefaud[2], nous constatons que les systèmes hydrauliques étaient composés du nilomètre, de bassins (*ḥawḍ)*, de canaux, de digues, de šadūf et de bassins de plaisance. Selon Cherpion[3], on utilisait le šadūf ou puits à balancier, durant le Nouvel Empire, vers 1580 Av. J.-C ; il permettait d'extraire l'eau de crue conservée dans les canaux et la déverser dans les rigoles et les bassins. Tout ce système participait à l'architecture du paysage.

Le long du Nil, les terrains étaient plantés et cadastrés suivant une gestion administrative royale[4]. On y trouvait également des jardins, des sources et des résidences somptueuses[5]. Les peintures des tombes de Reckhmirê et de Minnenakht, présentent des bassins de plaisance qui agrémentent des jardins arborés[6]**.** Dans les représentations de la tombe d'Ipouy, datant de l'époque amarnienne, on remarque un canal qui longe le jardin, agrémenté de lotus bleus et de lotus blancs[7].

L'analyse des peintures murales, conjointe à la lecture des listes des travaux consignées dans les tombes, et l'étude des macrorestes de végétaux, a permis la déduction d'une liste de plantes de l'époque antique[8]. Beaucoup de plantes et d'arbres sont figurés pour leur rôle symbolique tout autant que pour leur rôle décoratif. On peut constater sur les peintures, des alternances d'arbres comme le « palmier dattier, palmier doum et sycomore[9] ».

L'histoire permet d'affirmer la présence des structures paysagères, comme les champs de culture d'orge, attestés dans la province de Thèbes vers 1580/1400 av.J.-C mentionnés par Chadefaud[10] ; des

[1] *Al-qur'ān al-karīm* : ayāt 57-58 [Trad] dans Ibn Kathir, 2013.
[2] Chadefaud, 2007 : 365-376.
[3] Cherpion, 1995 : 125-139.
[4] Chadefaud, 2007 : 365-376.
[5] *Al-qur'ān al-karīm,* 1983 : sūrat al-šū'arā', ayāt 57-58.
[6] Hugonot,1989. Cité par Chadefaud, 2007 : 365-376.
[7] Cherpion, 1995 : 125-139.
[8] Chadefaud, 2007 : 365-376.
[9] Cherpion 1995 : 125-139.
[10] Chadefaud, 2007 : 365-376.

champs de blé au temps du prophète Yūsuf ;[1] des herbiers de carthame, de centaurée, de coriandre et de nigelle ; des prairies de mandragores, de pavots et de bleuets telles que représentées dans les tombes, pour leur rôle symbolique et décoratif[2], et les vergers de grenadiers, de raisin, de jujubiers, de palmiers et d'oliviers. Aussi, les légumineuses, plantes d'utilité sont attestées dans la province de Thèbes vers 1580/1400 av. J.-C., selon Chadefaud[3], particulièrement les lentilles qui sont mentionnées dans le Coran[4].

Par ailleurs, la butte et la colline, étant l'un des sites préférés de l'homme, pour l'établissement de son jardin, comme nous l'avons énoncé précédemment, ont été très fréquentes dans l'histoire de l'homme. Rappelons-le, son jardin premier ainsi que ceux d'Ad, étaient implantés sur une colline. Chez les Egyptiens, cette implantation devient mythique. Des représentations sur des papyrus d'Egypte en témoignent. On y vit des jardins sacrés représentés sur une butte. Les arbres qui y sont plantés sont choisis en relation avec des mythes anciens, suivant des décisions administratives ; ce sont l'acacia, la balanite et le jujubier ainsi que le *maerua crassifolia* forsk, l'*acacia tortilis*, puis le saule et le sycomore, le genévrier, le tamaris, le palmier doum, le figuier syrien, importé d'Asie mineure, déjà à l'époque de Ramsès II, selon Chadefaud[5]. La stèle de la butte d'Osiris est un témoin de l'importance des plantations sur les buttes. D'ailleurs, la publication sur l'exposition de cette stèle, nommée *Butte d'Osiris*[6] par *Pharaon Le magazine de l'Egypte éternelle,* raconte comment « symboliquement, comme à Abydos, Osiris est inhumée dans une tombe sous une butte (dite butte primordiale) avec un arbre sacré en son sommet[7] ».

---

[1] L'histoire du songe du roi d'Egypte et de l'interprétation faite par le prophète Yūsuf (Joseph), vers 1500-1610 Av.J.-C nous renseigne sur la maitrise de la gestion économique des greniers de blé et de la conservation de ces cultures. La disette vécue, en cette période, n'a épargné aucun coin du monde, de tout coté on venait avec de grandes richesses pour acheter le blé d'Egypte, ainsi cette dernière s'est enrichie.

[2] Cherpion, 1995 : 125-139.

[3] Chadefaud, 2007 : 365-376.

[4] *Al-qur'ān al-karīm*, 1983 : sūrat al-baqara, aya 61.

[5] Chadefaud, 2007 : 365-376.

[6] Stèle exposée en 2015 sous le numéro 12, lors de l'exposition de l'institut du monde Arabe intitulée *Exposition d'Osiris (Paris) : les 13 objets incontournables.*

[7] Exposition Osiris (Paris) : les 13 objets incontournables, 2015.

8. Les Jardins De Saba, Sur La Route De *Riḥlat al-Šita' wa al-Ṣayf*

Jusqu'en 2000 av.J.C, plusieurs civilisations en Mésopotamie, en Egypte, en Palestine, à *al-Šām*, et dans la péninsule arabique, se sont développées et ont grandement influé sur la formation du paysage, grâce à la maîtrise de l'agriculture et des systèmes d'irrigation. Les populations de l'ouest de l'Inde et l'Afrique de l'Est ont contribué aux échanges commerciaux avec les populations côtières du bassin arabique ou mer d'Oman ce, depuis le IIIe millénaire av. J.-C. Les routes de commerce ont alors participé à l'évolution du paysage. Celle nommée la route de l'encens compte parmi les plus célèbres[1].

Sabā' était une civilisation ancienne, de l'Arabie du sud (950 av.J.-C. - 115 av.-JC.)[2]. Ibn Kaṯīr la situe au *Yémen,* il précise qu'elle était riche et heureuse, grâce l'abondance des récoltes d'arbres fruitiers. Selon le Coran, l'éloignement de l'homme du culte de Dieu provoque la destruction de sa digue ma'rib, une inondation, et ainsi la perte de ses jardins :

> « Les demeures des Sabéens portaient la marque de la bonté d'Allah. Elles étaient dotées d'un double jardin à droite et à gauche. Jouissez, leur fut-il recommandé, des bienfaits de votre Seigneur. Soyez-Lui reconnaissants. Votre région est pleine de richesses et votre Seigneur plein d'indulgence »[3].

Effectivement, ce bien-être est bien ressenti, en lisant Deconynck, reprenant les perceptions des auteurs antiques : cette région « vivait dans la félicité, sur une terre prospère et entourée d'un parfum divin », témoignait Agatharchide ; « c'était une terre d'insouciance », la qualifiait Hérodote ; les habitants respectaient les droits des autres, si bien que les terres n'étaient pas surveillées, précisait Théophraste[4].

Aussi, plusieurs sociétés de l'antiquité, riches et puissantes, proches du pays de Saba, à l'instar des Minéens, des Qatabanites, des Awsanites et des Hadramites, étaient implantées dans des cités situées, le long d'une route commerciale caravanière, en bordure occidentale de la péninsule arabique ; cette route, mieux connue sous le nom de la « route caravanière de l'encens », a été empruntée jusqu'à l'avènement de

---

[1] De Maigret, 2003 : 1-8.

[2] Abu Khalil, 2010 : 129.

[3] *Al-qur'ān al-karīm* : sūrat Sabā', aya 15. [Trad] dans Ibn Kathir, 2013.

[4] Deconynck, 2019 : 1-6.

l'Islam[1]. Le Coran révèle cet aménagement divin : « Nous créâmes entre eux et les autres villes placées sous Notre bénédiction des étapes rapprochées. Les communications furent ainsi plus faciles. Voyagez, en toute sécurité nuit et jour (18) »[2].

Selon Wahb bēn Mūnabah, les cités se trouvaient à San'ā, au Yēmēn et d'après Mūǧāẖēd et al-Ḥasan, elles se situaient au Šām, ce qui signifie que les villes occupaient tout le parcours qui reliait le Yēmēn au Šām, ce qui facilitait le déplacement selon Ibn Kaṯīr[3]. Ce théologien rapporte qu'Ibn 'Abās situe ces villes entre al-Mēdīna et al-Šām, et ce qui est remarquable c'est qu'elles étaient tellement proches que les hommes faisaient la sieste dans l'une et passaient la nuit dans l'autre[4]. Ainsi l'exégète explicite l'aménagement du territoire qui a facilité les communications de l'époque, entre autres celles des notables de Qorayš qui ont longuement parcouru cette route caravanière[5], nommée par le Coran : *Riḥlat al-Šita' wa al-Ṣayf* (le voyage d'hiver et d'été) qui n'est autre que la pratique annuelle commerciale adoptée par les grands commerçants et voyageurs :

« En hiver les caravanes partaient vers le Yémen et l'Ethiopie ; en été elles se dirigeaient vers le Šām et l'Iraq. Les quatre fils d'Ibn Abd Manāf (ancêtres du prophète Mūhamēd et descendants du prophète Ibraḥīm) furent les chefs des caravanes. Hāšim prenait la direction du Šām et Ġaza, al-Mūṭalib prenait celle du Yémēn, Abd Šams celle de l'Ethiopie et Nawfēl celle de l'Iraq »[6].

Les épices et les aromates étaient parmi les produits commerciaux, échangés le long de la côte arabe et, probablement, ceux transportés vers le nord de la péninsule, par voie terrestre. « C'était le monopole de leur commerce et source de richesse des populations autochtones[7] ». Il est également rapporté que grâce aux systèmes hydrauliques, les vergers donnaient les fruits à profusion, de sorte qu'une femme, portant un panier sur sa tête pouvait cueillir les fruits directement, sans aucune peine[8].

---

[1] De Maigret 2003 : 1-8.

[2] *Al-qur'ān al-karīm* : sūrat Sabā', aya 18[Trad] dans Ibn Kathir, 2013.

[3] Ibn Kathir, 2013 : sūrat Sabā', aya 18-19.

[4] Ibidem.

[5] *Al-qur'ān al-karīm,* Sourate qorayš.

[6] Abu Khalil, 2010 : 135.

[7] De Maigret 2003 : 1-8.

[8] Ibn Kathir, 2013, sūrat Sabā', aya 15-16.

Pline affirme : « Le territoire des Sabéens est le plus riche en forêts remplies d'arbres odoriférants, en mines d'or, en cours d'eau pour l'arrosement des champs, en miel et en cire[1]. » Il rapporte, également[2], que l'encens est transporté depuis Sabota (Shabwa, capitale du Hadramaout) vers les nombreuses villes se trouvant le long de la route, comme le souligne De Maigret[3]. Ibn al-Bayṭār[4] déclare que la myrrhe et l'encens ne poussent que dans la montagne.

Des traces de racines de céréales sont attestées à *Ma'rib antique,* capitale du royaume de *Saba* et importante oasis ; plus de 9 000 ha de plaines oasiennes étaient semés de blé, d'orge, de sorgho et peut-être même de teff, de millet et d'avoine[5]. Dans les jardins, les arbres fruitiers, comme la vigne, la figue, l'oseille, le palmier dattier, la pastèque, la coloquinte, la noix doum étaient cultivés en conjonction avec d'autres plantes annuelles[6].

Pour l'irrigation des deux jardins, on utilisait la célèbre digue Ma'rib, un ouvrage gigantesque, une massive levée de terre de 650 mètres de longueur et 15 mètres de hauteur, atteignant 100 mètres de largeur à sa base, barrant l'une des plus grandes vallées du Yémen, le wādī Dhana, limitée à chaque extrémité par deux énormes écluses construites en pierre sur la rive rocheuse[7]. Tout un réseau de système hydraulique et d'irrigation complexe était lié à cette digue comme les écluses, les bassins déversoirs, les canaux, les vannes et les partiteurs

---

1 Pline, 1848-1850 : VI, 18-19.

2 Ibidem : VI, 157-158.

3 De Maigret, 2003 : 1-8.

4 Ibn al-Bayṭār (1877-1883). *Ǧāmi'li-mufradāt al-adwiyawa-l-aġḏiya,* t. III, p. 200 cité dans Le Maguer, S. (2016) p.139-140. cite « J'ai entendu raconter par des Arabes d'Omân que l'encens ne se trouvait qu'à Chihr d'Omân. C'est un petit arbre épineux dont la taille ne s'élève pas au-dessus de deux coudées. Il ne croît que dans la montagne et jamais dans la plaine. Il a des feuilles pareilles à celle du myrte, ainsi que le fruit qui a une saveur amère. Sa gomme, que l'on emploie comme masticatoire, s'appelle aussi kondor. Elle apparaît en certains endroits que l'on creuse à coups de hache et qu'on laisse jusqu'à ce qu'on la récolte ».
Et d'Ibn Māsawayh, Y. (1937). Kitāb *Ǧ*awāhir al-ṭīb al-mufrada, p.9, cité dans Le Maguer (2016), p.139, dénombre les aromates : « les substances aromatiques principales (al-'uṣūl) sont au nombre de cinq : le musc (misk), l'ambre gris ('anbar), le bois d'agalloche ('ūd), le camphre (kāfūr) et le safran (za'farān) ». p.139 Ibn Māsawayh, Kitāb DŽawāhir aḌ-ṭīb aḌ-ḍufrada, p. 9.

5 Charbonnier, 2008 : paragr20.

6 Ibidem.

7 Darles, Robin, Schiettecatte, El Masri, 2011 : 11.

de puits[1].Cette levée était fragile et chaque crue importante risquait de la briser. Pour éviter les ruptures, en cas de crue importante, des pierres plates étaient fichées à sa surface[2]. La digue est comme un rempart entre deux montagnes, formant ainsi un lac artificiel pour remplir l'eau qui affluait vers la vallée[3].

L'écluse septentrionale comportait un bassin déversoir pour évacuer un éventuel trop-plein, et deux ouvertures qui alimentaient le canal irrigant la partie nord de l'oasis ; l'écluse méridionale est un bassin qui régulait la quantité d'eau destinée à l'oasis méridionale, car la puissance dévastatrice de la crue des rivières intermittentes exige la réalisation d'ouvrages très robustes ; une technique d'irrigation particulièrement difficile à mettre en œuvre, remarquent Robin et Dridi[4].

Le pays de Saba avait des fruits à profusion et un climat modéré, on n'y voyait ni moustiques, ni mouches, ni tout autre insecte, atteste Ibn Kaṯīr[5]. Ce qui signifie que la gestion des eaux était bien maîtrisée et très développée. Charbonnier a étudié avec détails les systèmes de cultures et d'irrigation utilisés à Ma'rib. On arrosait les champs suffisamment jusqu'à les noyer, puis on refermait l'accès de l'eau par une sorte de dispositif mobile, vanne ou par une levée de terre de 60 à 80 cm d'élévation qui entourait les champs de l'oasis de *Ma'rib*. L'eau s'infiltre alors progressivement dans les limons.

La présence de déversoirs entre les champs antiques est attestée. Les eaux de crues du wādī étaient conduites vers les champs dans des canaux. En supplément des eaux nécessaires à la culture des arbres fruitiers et d'autres cultures pérennes, on utilisait des puits qu'on installait dans les périmètres irrigués[6] ; ils récupéraient une partie des eaux en surplus. Particulièrement, l'arbre a bénéficié, dans cette 'contrée bénie', d'un système d'irrigation composé d'une levée de terre qui entoure un bassin concentrique sur tronc. « Ces bassins n'étaient pas connectés aux réseaux de canaux » pour protéger les arbres, de l'apport d'eau massif des crues[7].

En définitive, *al-manẓar,* le paysage expose les résultats du travail conjugué de l'homme et de la Nature. Les techniques de cultures et

---

[1] Charbonnier, 2008 : paragr81.

[2] Darles, Robin, Schiettecatte, El Masri, 2011 : 11.

[3] Ibn Kathir, 2013 : sūrat Sabā', aya 15-17.

[4] Robin, Dridi 2004 : 67-121.

[5] Ibidem : sūrat Sabā', aya 15-17

[6] Les perimètres irrigués servaient de réservoirs d'eau.

[7] Charbonnier 2008 : paragr71.

d'irrigation remarquées laissent transparaître la maîtrise des sciences et des arts depuis la haute antiquité. Par ailleurs, on remarque l'importance de l'arbre fruitier dans la composition du paysage, son absence est signe de déclin. Les buttes et les collines sont les lieux idéaux à l'implantation des jardins. Enfin, l'ingénieux aménagement du territoire, édifié le long de la route *Riḥlat al-Šita' wa al-Ṣayf* ou route de l'encens, a garanti une richesse socio-économique et un certain confort à toute cette région, ce qui lui a valu d'être le modèle de paysage des civilisations postérieures, à l'instar des Phéniciens.

Fig.06. Tabari.S. (2000). Le paysage du Hamma
Vue de la terrasse du jardin Abdelif [Photo]

II. ALGER SUR LES ROUTES DES GRANDES CIVILISATIONS

Depuis sa création, l'homme se déplace pour évoluer ; à la recherche de nouvelles plantes pour se nourrir et se soigner ; en quête de richesse pour s'enrichir et gouverner le monde ; en exploration de la bonne terre pour prolonger ses racines. Pour la guerre ou pour la paix, l'homme se déplace le long des routes. Les plus importantes sont les routes de commerce, développées, depuis la haute antiquité : la route de l'encens, la route de la soie, la route de l'or… Ces routes célèbres ont relié les continents. De la péninsule arabique partaient les routes principales vers la Mésopotamie et l'Inde, puis vers la Chine et l'Afrique orientale, ensuite vers les côtes méditerranéennes. Ainsi sont nées les grandes civilisations : celles du croissant fertile, la civilisation d'Iram aux colonnes, la civilisation de l'Indus, la civilisation de la Chine, la civilisation de Saba et celle des Phéniciens… Des lieux et des chemins ont été explorés, aménagés, plantés, irrigués, et, subséquemment, s'est construit le paysage de l'homme créé ''mobile''. Nombreuses images du passé nous racontent les établissements de l'homme, ses relations et ses échanges avec les autres peuples. Nous poursuivrons l'exploration du paysage en considérant Alger, comme point spatio-temporel dans l'évolution du paysage du monde, nous l'aborderons par l'histoire qui englobe l'architecture, la botanique, l'hydraulique, autrement dit, à travers l'histoire culturelle.

1. *IKOZIM* SUR LA ROUTE DU COMMERCE DES PHENICIENS

Dans le premier tiers du Ier millénaire av.J.-C., les Phéniciens choisissent Alger, pour l'établissement d'une agglomération portuaire nécessaire, à leur route maritime du commerce[1]. Rappelons que les plaines côtières méditerranéennes étaient occupées par des cours d'eau, et des étangs[2] et qu'Alger a été peuplée de saules, de peupliers, d'aulnes et des graminées particulières, de garrigue méditerranéenne, de chêne vert, de pin d'Alep et de pin parasol ainsi qu'une riche population d'arbustes comme l'arbousier, le lentisque, le pistachier térébinthe, le myrte, le filaire à feuilles étroites, le nerprun alaterne et les cistes[3]. La richesse des Phéniciens dérivait du trafic maritime, mais en parallèle, il y a eu développement de la culture des céréales, des arbres fruitiers, de la vigne, des oliviers et de la culture maraîchère, en Afrique du nord, par les mains des autochtones[4].

À l'époque punique, la ville d'Alger portait le nom d'*Ikozim* qui signifie île aux épines ou l'île aux hiboux, selon J. Cantineau ; ou encore l'île aux mouettes, selon V. Berard[5]. La découverte de vestiges mobiliers sous le forum romain, sur le vis-à-vis continental en face de l'île atteste de l'établissement punique à Alger. L'agglomération insulaire jouait l'intermédiaire entre les populations autochtones et la population phénicienne[6].

Les Phéniciens d'Orient et même les Carthaginois cultivaient excellemment les céréales et surtout la vigne, l'olivier, ainsi que d'autres arbres fruitiers[7]. Les traités d'agriculture de Magon rédigés au 3e ou 2e siècle prouvent le développement important de l'agriculture à Carthage, l'un des États côtiers principaux de la Phénicie. Gsell affirme que les Phéniciens d'Orient étaient d'excellents agriculteurs[8]. Carrayon dévoile l'important phénomène « d'orientalisations » connu en mer Egée, mais aussi en Occident, en périphérie des colonies phéniciennes. Pendant que les Phéniciens s'attelèrent à contrôler les sources

---

[1] Kaddache, 2000 : 14.
[2] Benzi et Berliocchi, 1999 : 41.
[3] Kaddache, 2000 : 21.
[4] Ibidem.
[5] Cantineau et Berard. Cités par Le Glay, 1968 : 7-64.
[6] Carrayon, 2011 : p.111-114.
[7] Gsell, 1920 : 2
[8] Ibidem

d'approvisionnement en matières premières pour le paiement du tribut imposé par l'Empire Assyrien, les cités-Etats côtières s'enrichissaient[1].

La route des Phéniciens est créée, à l'image de la route de l'encens. Des sites rapprochés ont été choisis pour l'établissement des comptoirs bien cultivés. Ces derniers ont permis la liaison facile et rapide le long de la route maritime, dont le fruit a été un commerce florissant. Une distance de 40 km en moyenne sépare les agglomérations se trouvant sur l'actuelle Algérie. L'historien Mahfoud Kaddache, dénombre quelques-unes : *Cartennae* (Ténès), *Gunugu* (Gouraya), *Iol* (Cherchell), *Ikozim* (Alger), *Rusguinia* (Bordj El Bahri). *Ruscuru* (Dellys), *Saldae* (Djidjeli), *Rusicade* (Skikda). D'ailleurs, on remarque le terme de 'RUS' qui signifie « cap » dans certaines appellations de villes. Des traces archéologiques de l'époque punique remontent au 6e siècle av.J.-C., elles se situent à Tipasa et en Oranie ; *Théveste* (Tébessa) fut également, occupée en 247 av J.-C.par les Carthaginois[2].

Les autochtones de l'Algérie, « furent accrus pour la culture du blé. Ils n'avaient pas attendu l'arrivée des Puniques pour pratiquer l'élevage et l'agriculture des céréales[3] » révèle Gsell. Camps affirme l'existence de l'agriculture en Algérie, depuis le néolithique, attestée par un certain nombre de découvertes archéologiques et par les différentes scènes de l'art rupestre[4]. Selon Mahfoud Kaddache, le blé, l'orge, les pois chiches, les fèves, l'ail, le poireau, l'oignon, le navet, le melon, les courges et les courgettes étaient cultivés depuis une lointaine antiquité, bien avant les Phéniciens ; Outre ces cultures citées, étaient consommées les plantes sauvages : cardons, câpres, pissenlit, chicorée sauvage, fenouil[5].

---

1 Carrayon, 2011 : p.111-114.
2 Kaddache, 2000 : 28.
3 Gsell, 1920 : 186.
4 Camps, 1991.
5 Kaddache, 2000 : 28.

1.1. Des Jardins En Couronnes Le Long De La Côte Maritime

Tout autour de certaines cités phéniciennes et puniques de l'Afrique du Nord se développaient « des jardins plutôt que des campagnes » note l'archéologue Gsell[1]. D'ailleurs, les champs bien cultivés d'Afrique, souvent accompagnés de demeures, étaient vantés précise l'archéologue[2]. A la perception d'un paysage du cap Bon, au temps de la guerre, un Romain raconte ses jardins florissants : « ... de belles demeures appartenant à la noblesse punique, vignobles, olivettes, prairies pleines de moutons, de bœufs, de chevaux »[3], rapporte Gsell, puis précise que le blé et l'orge étaient cultivés par les indigènes[4]. Les grains étaient longuement protégés dans des silos : des magasins souterrains, « hermétiquement clos » contre l'humidité, les insectes et les incendies. Selon l'auteur de Bellum Africum et selon Pline l'ancien : « Ils [les silos] se situent le plus souvent dans des champs ou des fermes », relève Gsell[5].

Fig.07. *Art rupestre algérien.* [Carte postale] Musée d'ethnographie et de préhistoire.

[1] Gsell, 1920 : 3.
[2] Ibid : 3.
[3] Gsell, 1920 : 3.
[4] Ibid : 9.
[5] Ibid : 16-17.

2. Le Paysage d'*Icosium* à l'Époque Numide

Au milieu du 3e siècle av J.-C., l'Algérie partageait avec le reste de l'Afrique du nord deux royaumes numides : le royaume de Massyle qui s'étendait de Carthage jusqu'à la presqu'île de Collo, dont la capitale était Cirta (Constantine) et le royaume de Masaesyle qui couvrait les deux tiers de l'Algérie et dont la capitale était Siga (Beni Rhénane), ville d'Oranie. Alors que le royaume de Massyle s'était allié à Carthage, celui de Masæsyle se rapprochait de Rome. Les berbères, autochtones de l'Afrique du nord, ont reçu des appellations différentes par les Grecs et les Latins. Ceux de la berbérie orientale étaient appelés numides, ceux de la partie occidentale en direction de l'océan Atlantique se nommaient les maures.

Selon l'historien Mahfoud Kaddache, ces sédentaires avaient un savoir-faire agricole qui s'est développé à l'époque punique ; la guerre a conduit le roi Massinissa de Massyle à devenir l'allié de Rome et à chasser le roi Syphax de Masæsyle ; en plus de sa grande politique qu'il menait à l'échelle de la Méditerranée, Massinissa développait l'agriculture, au point où il fournissait du blé gratuitement aux armées romaines qui opéraient en Orient. Polybe affirme que ce roi constitua « des domaines agricoles de 10 milles plèthres » ; ces terres fertiles, qui produisaient en grandes quantités, toutes espèces de fruits confondues, étaient réparties entre ses fils[1]. Ce sont des domaines royaux, dont l'appellation se compose de l'adjectif *« Regius »* (royal), comme Hippo Regius[2]. Au Ier siècle av J.-C, parmi les produits importants et onéreux exportés de la Numidie, se trouvait le thuya « le citrum des latins »[3].

2.1. La Chasse, des Fauves Maitrisés

Se basant sur l'étude de Polybe, Gsell affirme qu'au 2e siècle av.J.-C., sur le sol de l'Afrique, la quantité de chevaux, de bœufs, de moutons et de chèvres était tellement remarquable qu'elle pouvait dépasser la quantité se trouvant sur le reste de la terre[4]. Aussi, selon les études anciennes de Salluste et de Strabon, Gsell constate que les Numides s'appliquent davantage à entretenir des troupeaux, qu'à cultiver la terre,

---

[1] Kaddache, 2000 : 50.

[2] Ibid : 50.

[3] Lancel, 2008 : 44.

[4] Gsell, 1920 : 175.

malgré leur terre très fertiles[1]. En plus des animaux nécessaires à la procuration de la viande, du lait et tout ce qui est nécessaire à la bonne santé de l'homme, les Numides élevaient les chevaux, en réponse aux besoins de leurs cavaliers, à ceux de Carthage et à ceux de Rome[2].

Les fauves pullulaient, en Berbérie, causant des problèmes et un danger à l'homme et aux bétails. Cependant, ils permettaient aux autochtones un commerce florissant, destiné aux passionnés de l'ivoire et, surtout, au cirque. « Pline l'ancien raconte l'apparition des animaux d'Afrique, comme les lions, les éléphants et les taureaux, dans les cirques romains. En 61, on vit au cirque cent ours de Numidie. En 93, le roi Bocchus envoya cent lions et des combattants pour animer un spectacle[3] ». Bien que l'homme ait eu recours aux enclos pour se protéger et protéger ses cultures et ses animaux, contre le monde sauvage, toutefois, il a toujours gardé le plaisir de la chasse, le plaisir de se sentir vainqueur, devant une nature sauvage, surtout que la constitution physique de l'homme africain lui permettait de combattre, à même le corps, les animaux sauvages, même les lions.

Fig.08. Tabari.S. (2010). Ceramique du palais du peuple
[photo auteur].

[1] Ibid : 181.
[2] Ibid : 181.
[3] Ibid : 71.

3. Le Paysage d'*Icosium* a l'Epoque Romaine

L'existence d'Icosium[1] (Alger), comme colonie romaine, remonte à l'époque comprise entre 70 et 79 de J.C. Pline l'ancien remarque que les privilèges du droit latin furent accordés à Tipasa, par les ordres de l'empereur Claude ; l'empereur Vespasien, qui régna à Rome, de 70 à 79 de J.C, octroya la même faveur à Icosium[2]. Alger fut donc intégrée à la troisième province de Rome, la Maurétanie césarienne pour rejoindre Tipasa, Ténès et la capitale *Caesaera* (Cherchell), probablement, pour la disponibilité de l'eau et les terres fertiles, mais certainement pour sa proximité à la mer, une étape importante des routes commerciales vers les provinces occidentales de l'empire d'Espagne et de Gaule.

Parmi les vestiges importants que remarque Al-Bakri, au 10e siècle : *Dar al-mal'ab* théâtre ou forum de jeux ludiques, dont l'intérieur était pavé de petites pierres, de diverses couleurs, qui ressemblent à une mosaïque. Des représentations de plusieurs animaux, parfaitement travaillées et façonnées d'une manière si solide, décoraient le théâtre ou le cirque. Il remarqua également un mur appartenant, probablement, à une grande basilique. Al-Bakri déduit qu'Alger pouvait être la capitale d'un grand empire[3]. L'existence de *Dar el-mal'ab,* nous rappelle les spectacles et les combats entre l'homme et l'animal féroce, qui étaient très appréciés à Rome.

Les fouilles archéologiques menées ont révélé successivement les traces des voies principales romaines et les traces du forum. Comme toutes les villes romaines, Icosium se situe sur une plaine. Cette plaine hébergea successivement dans le temps, en partie la ville arabe, Djazair Beni Mezghenna, puis la partie basse de la ville ottomane, El-Djazair Al-Mahroussa, puis les extensions de l'époque française. Le forum est situé au nord, faisant face à un ruissèlement. Quant à l'église, elle aurait été probablement à l'emplacement de la mosquée ottomane *Djama' El-Kébir*. Le *cardo*, voie principale romaine, est orienté nord-sud et correspond à la rue Bab Azoun, quant au *decumanus*, orienté est-ouest, il deviendra la voie de la Marine. Ces voies principales seront maintenues le long des siècles pour le déplacement des hommes.

---

[1] Icosium est le nom d'Alger à l'époque romaine.

[2] Pline l'ancien, 1771 : livre4, 442. Cité dans Revue Africaine, 1875 : 301

[3] Al- Bakri, 1963 :136.

Contrairement aux autres sites romains d'Algérie, le territoire d'Icosium ne semblait pas d'une grande importance, selon les recherches historiques, bien qu'il offrît de nombreux avantages : sa plaine étroite, mais fertile et ses collines riches en forêts. Cependant, des traces de l'implantation romaine sont continuellement découvertes dans le temps jusqu'à nos jours, lors des travaux urbains.

3.1. Les Jardins Mesurés

Le paysage du territoire algérien est marqué par « de petites villes de cinq à six mille habitants, et de grandes villes de dix mille habitants, situées la plupart le long de la côte, sur les hautes plaines humides et sur les routes de pénétration »[1]. Elles englobaient de nombreux domaines et fermes réputées pour leurs vignobles et leurs céréales. L'Afrique du nord a ainsi connu un équilibre entre les zones urbanisées et les zones rurales, vu la richesse agricole. Les régions nord des provinces se sont dotées de nombreuses villes qui n'étaient distantes entre elles que de quelques kilomètres. En effet, la plupart des agglomérations de la route phénicienne situées sur la côte algérienne ont été occupées par les Romains, vu leur situation stratégique et leurs terres fertiles[2]. Quant au paysage rural, la romanisation leur a fait subir d'importantes transformations par les centuriations[3]. L'arpentage du territoire se faisait en unités de mesure : les centuries subdivisées en *strigae*. Selon Lancel, c'est « une opération matérielle de report du cadastre sur le terrain à différentes fins fiscales ; la centurie (*centuria*) rassemblait 100 *heredia* (unité d'exploitation), en lot carré de 710 mètres de côté, soit une cinquantaine d'hectares »[4].

A partir des textes anciens, un groupe de chercheurs font l'étude de parcellaires quadrillés de Bled Segui et rappelle ce qui suit :

« la limitation est un carroyage tracé sur le terrain, à partir d'un point d'origine, le *locus gromae*, selon un système d'axes orthogonaux *kardo maximus* et *decumanus maximus,* orientés judicieusement dans l'espace. Ce quadrillage, carré ou rectangulaire, est construit, selon une unité de longueur, un nombre entier de pieds (pes) ; il est matérialisé, sur le terrain, par des bornes ou des jalons. Ensuite, en fonction des besoins, le géomètre trace une

[1] Kaddache, 2000 : 104.
[2] Tabari, 2009 : 11.
[3] Kaddache, 2000 : 103-104.
[4] Lancel, 2008 : 254.

voie, des limites de champs ou des frontières qui s'intègrent dans cette grille. Cet espace, mesuré sur le terrain au sens géographique du terme, est ensuite reporté sur une carte ou forma »[1].

Ces chercheurs constatent que les principes de construction de centuriations sont « *comparables* » aux principes de la géodésie classique et que le :

« *locus gromae* est le *datum* des Romains, que les axes majeurs (maximus) sont équivalents aux axes méridien et parallèle au point d'origine, que leur orientation correspond à l'azimut géographique, du triangle de base, et que le carroyage romain est à rapprocher de la triangulation »[2].

Cette étude comparative a abouti à la définition des « quatre paramètres fondamentaux » pour le parcellaire : « Les coordonnées du *locus gromae* (longitude et latitude), l'azimut de son orientation (par rapport au nord géographique), et son module linéaire : le côté de la centurie (2 400 *pedes* ou 20 *actus*) »[3].

Nous pouvons déduire que l'implantation des jardins et leurs systèmes hydrauliques ainsi que le système hydraulique du territoire, suivent cette géométrie et les rapports de mesure imposés par la centurie. D'ailleurs, une extension des centuriations et une délimitation des terrains cultivables et des zones incultes ont été remarquées dans le paysage rural, telles les traces du sud de Sétif. Le règlement d'irrigation - répartition de l'eau entre les différents propriétaires a été traduit sur des traces de réseaux d'irrigation, qu'on peut voir à Batna[4].

3.2. LES *VILLAE* ET LES PLANTATIONS, UNE COURONNE DE JARDINS

En plus de la route maritime existante, depuis les Phéniciens, une route littorale a relié les différentes villes côtières, dont un tronçon correspond au *cardo maximus* de la ville d'Icosium (Alger). Les Romains résidents n'ont jamais été très nombreux. Mahfoud Kaddache atteste que seuls quelques hauts fonctionnaires, des commerçants des grands centres, quelques rares gros propriétaires et des descendants de vétérans, séjournèrent en Afrique. Un des instruments de la domination

---

[1] Decramer, Elhaj, Hilton et Plas, 2002 : 109-162.
[2] Ibidem.
[3] Ibidem.
[4] Kaddache, 2000 : 103.

romaine est l'accaparement des terres fertiles ; d'ailleurs, les deux tiers de blé nécessaire à Rome furent en provenance d'Afrique[1]. De plus, les mesures législatives comme *la Lex Manciana*[2], la *Lex Hadriana* et la volonté des paysans pauvres à labourer des terres, pour atteindre un niveau de vie meilleure, et pouvoir même prétendre arriver au rang de notable, ont été les raisons essentielles à l'abondance des cultures des céréales, surtout le blé[3].

Au tout début de l'application de la *Lex Manciana*, les terres proposées étaient forestières ou marécageuses et devaient être destinées aux seules cultures de vignes et de l'olivier. Mais, plus tard, les textes d'Adrien inclurent les cultures de blé, dans le réseau cadastré ; et la *Lex Manciana* fut appliquée aux grands domaines privés[4]. La culture de l'olivier et des vignes régressa au Ier siècle, par rapport à la période carthaginoise ; cependant, au 2e siècle, ces deux cultures reprennent et ce, suite à l'épuisement des terres à blé[5]. Parmi les autres plantations, il y avait des figuiers, des grenadiers, des jujubiers et des truffes ; les dattes avaient également une grande réputation, souligne Kaddache[6].

A *Caesarea* (Cherchell), capitale de la Maurétanie césarienne, « une couronne suburbaine semi-circulaire de centres domaniaux, dans un rayon de dix à quinze kilomètres », a été distinguée, en bordure du littoral, le long des voies vers Gouraya, et Chenoua[7]. Cette courronne occupa les plaines et n'atteindra jamais les hauteurs. Ces jardins étaient accompagnés de belles villas, organisées chacune autour d'une cour à péristyle, ornée de mosaïques, annexée de bâtiments d'exploitation, d'un parc avec des plans d'eau, d'un enclos de gibier. Elle participait à la composition du paysage rural, précise Kaddache[8]. La villa à péristyle

[1] Ibid : 96.
[2] Voir Lancel, 2009 : 255. La lex manciana est la loi datant du Ie siècle après J-C, régissant les rapports entre les grands fermiers privés ou imperiaux et les petits cultivateurs, ou colons. Ces derniers n'etaient pas tenus de fournir en redevance plus du tiers de la recolte, ni plus de six jours de corvée anuelle (labour, sarclage, moisson), ils pouvaient conserver et transmettre en héritage l'usufruit de la parcelle à condition de ne pas abandonner la culture, pendant plus de deux ans. Cette loi est restée en vigueur en Afrique du Nord durant toute l'antiquité, au moins jusqu'à la fin de l'époque vandale.
[3] Lancel, 2009 : 255.
[4] Lancel, 2008 : 95.
[5] Ibidem.
[6] Kaddache, 2000 : 96.
[7] Lancel, 2008 : 97.
[8] Kaddache, 2000 : 104.

de Chenoua en est un exemple. Elle s'organise autour d'un « bassin cruciforme » et comprend une exploitation de salaison sous forme de bassins. Une empreinte de ces composantes du paysage, le *Castellum du Nador*, a été trouvé entre Tipasa et Caesarea, lors des fouilles archéologiques : deux hectares clos comprennent un four, une citerne, un grenier, des pressoirs à huile et des celliers, le tout était organisé autour d'une cour et un modeste logis[1].

3.3. Les Villas, a la Recherche du Plaisir

Ce qu'il y avait de particulier dans les villes côtières, c'est le caractère des résidences[2] mi-urbaines mi-rurales. Bien qu'elles soient disposées proches de la structure viaire de la ville, elles donnaient sur la mer. « A Hyppo Regius, un important quartier résidentiel situé au bord de la mer et un quartier chrétien, tous deux décorés de riches mosaïques sont découverts lors des fouilles archéologiques »[3], à l'instar de la Villa des fresques, implantée depuis le début du 2e siècle à Tipasa, sur une plateforme rocheuse d'environ 1200 mètres carrées, à proximité de la mer.

Selon Serge Lancel, qui a présenté un descriptif détaillé de la villa, c'est par une porte cochère doublée d'une entrée piétonne qu'on accède au vestibule de la Villa des fresques, puis vers la cour jardin, entourée d'un péristyle complet. Une perspective vers le centre de la cour, puis vers la margelle de puisage de la citerne sous-jacente, est assurée, à partir d'un salon pavé de mosaïque et d'un petit *triclinium*. L'aile ouest de la villa comprend des boutiques qui donnent sur la voie de la ville, et au-dessus se trouve l'étage qui offre une belle vue sur la cour et sur la mer. Au nord, la maison occupe qu'un seul niveau et un solarium aménagé sur la grève rocheuse[4].

Nous apercevons que la cour à péristyle, autour de laquelle s'organisaient les villas romaines, offrait le plaisir aux occupants et leur assurait une relation particulière avec la nature. Les cours à péristyle étaient ornées de bassins d'eau, à l'exemple de la maison d'Europe, la maison d'Amphitrite, la maison de Bacchus et la maison de Castorius.

---

[1] Lancel, 2008 : 96-97.

[2] Voir Lancel, 2009. Il a élaboré des analyses détaillées de ces villas qui ont occupées le territoire d'Algérie Antique.

[3] Lancel, 2008 : 158.

[4] Lancel, 2008 : 157.

3.4. L'EAU ET L'IRRIGATION

Les eaux étaient gérées par des systèmes hydrauliques très maitrisés, à l'époque antique. Lancel s'attarda sur le paysage hydrique d'Algérie, datant de l'époque romaine. Selon une inscription de « l'empereur Elagabal (début du 3e siècle) », remarque Lancel, les Romains ont établi un règlement pour le partage des eaux qui se faisait, suivant la taille des parcelles dont disposaient les bénéficiaires. Ce texte précise qu'« une commission arbitrale représentant, à la fois le conseil municipal (*ordi*) de la cité et la communauté des cultivateurs (*coloni*), définit un droit d'usage de l'eau d'irrigation », durant une période bien précise, de l'automne à l'hiver, et pour des plantations bien déterminées : les cultures céréalières et l'olivier[1].

L'eau, amenée d'une source permanente grâce à un système de retenue et de répartition des eaux, était donc partagée au profit des ayants droits, au *prorata* (en proportion), de la surface des différentes parcelles[2]. Le nombre d'heures d'écoulement de l'eau était déterminé en fonction du nombre d'unités du bénéficiaire et de sa phase (montante ou descendante) des « eaux de l'*Aquae Claudiana* », précise Lancel[3].

3.5. PAYSAGES DE FONTAINES ET D'AQUEDUCS

Les systèmes d'approvisionnement en eau étaient nombreux, tels que les aqueducs, long de plusieurs km, les citernes et les fontaines qui ponctuaient le paysage urbain. Les fontaines se situaient, plus précisément, au niveau des routes importantes, à l'instar du *cardo* et du *decumanus*. Celle de *Cuicul* (Djemila) était de forme conique et avait pour modèle *la Meta sudans* de Rome. Elle a la forme d'une haute « borne » d'environ cinq mètres, entourée d'un bassin circulaire où ruisselait l'eau[4]. A Tipasa ,« Les nymphées », un théâtre de l'eau donnait sur le *decumanus maximus* et puisait son eau, du collecteur principal, selon l'historien Lancel[5].

On ne se limitait pas au traitement des eaux fraiches nécessaires à l'homme et à ses usages quotidiens, à l'époque romaine, on occupait,

---

[1] Ibidem.
[2] Lancel, 2008 : 93-94.
[3] Ibidem.
[4] Ibid : 140-145.
[5] Ibid : 140-145.

également, les *aquae* (hammam) riches en sources d'eaux thermales, excellentes pour la santé[1].

3.6. L'EMPREINTE DU JARDIN SUR LES MOSAÏQUES

Si en Numidie, c'est le style floral stylisé qui a été préféré pour la représentation des scènes mythiques sur des pavements en mosaïque, l'école africaine des mosaïstes de Cherchell représente des figures plus réalistes, des formes en rapport avec la nature et la vie quotidienne. Dans cette école africaine, très réputée pour son habileté, on représentait des scènes de vie et l'empreinte de l'homme sur terre, comme la culture de la terre et la chasse des animaux sauvages. On peut lire, à travers la mosaïque célèbre, « les vendanges », l'amour du travail de la terre[2].

L'exceptionnelle mosaïque « la jonchée », située proche du rempart de Cherchell, représente des branches de lauriers et des fleurs sans tiges, des lis, des marguerites et des pétales de roses[3]. Elle donne l'impression que le tout a été éparpillé, remarque Lancel, qui propose à cette mosaïque, une image mythique d'un paysage de l'âge d'or, à côté de l'image d'Aicha Malek, qui voit en ce tapis végétal, le stibadion. Ce parterre fleuri nous rappelle la description du paradis de ʹAd[4], élaboré par le théologien et historien Al-Tabari. Parmi les composantes de ce paradis, le parterre des allées jonché de musc et de safran[5], des aromates très appréciés par l'homme. Aussi, nous semble-t-il une certaine allusion à des scènes du futur, comme les parterres du Paradis. En effet, du fait que « l'Eglise officielle a recherché la protection de l'empire romain, la romanisation et le christianisme sont allés de pair »[6]. Ce qui est certain, cette mosaïque rappelle l'image du paysage du futur.

Le thème de la chasse est également estimé à l'école des mosaïstes africaines, d'ailleurs, avant la colonisation romaine, la Numidie a exploité le commerce des fauves, destiné à Rome. Les fauves étaient très demandés dans tout l'empire romain, pour les spectacles à fortes sensations. Ces scènes, représentées sur des mosaïques, expriment le

[1] Ibid : 140-145.
[2] Ibid : 174-175.
[3] Ferdi, 2005 ; 23.
[4] Civilisation de la haute antiquité citée dans le Coran. Cette civilisation a succédé au peuple de Noé et voulut créer son paradis sur terre
[5] Tabari, 1980 : 59.
[6] Kaddache, 2000 : 111.

combat mené contre les fauves, pour délimiter un territoire sécurisé. Les mosaïques de la chasse sont des images émouvantes. Elles expriment la force déployée des premiers hommes et du plaisir de l'homme d'affronter la nature.

Fig.09. *La jonchée*. [Mosaique]. Musée public national de Cherchell.

4. Images d'Al-Djazair dans le paysage maghrébin a travers la perception des grands paysagistes médiévaux

4.1. Des jardins très rapprochés entre techné et nature

L'Islam va apporter des images de l'antiquité et nourrira l'imaginaire de l'homme médiéval. Les routes de jardins et de commerce vont apparaître au Maghreb médiéval, à l'image des routes antiques : celle de Saba, celles des Phéniciens et celles des Romains. Al-Muqaddassi note trois routes importantes qui mènent à Tahert, carrefour important entre le nord et le sud. Au passage d'Al- Ya'qubi, Ténès était la « base essentielle de la navigation andalouse qui aboutissait à Tabarka, sa tête de ligne ». Les marchands espagnols exportaient le corail de la Calle, la laine de Bône et le miel d'Alger, mais surtout les produits orientaux à partir de l'Ifriqiya[1]. Les routes se prolongent jusqu'au Sahara et l'Afrique. « D'après une analyse ''des données de la numismatique'', ni les Romains, ni les Vandales, ni les Byzantins n'avaient les moyens nécessaires à l'organisation, à l'exploitation et au contrôle d'un « commerce à longue distance », dans le Sahara du Maghreb, souligne Botte[2].

Ainsi, le Maghreb voit naître un paysage florissant durant la période médiévale. De la fin du 8e au début du XIIe siècle, des royaumes se succédèrent dans ce grand territoire : les Idrissides (788-921), les Rustumides (778-911), les Aghlabides (700-809), les Fatimides (909-973), les Hammadides (1015-1151), les Zirides (973-1053) et les Almoravides (1055). Lors des 12e et 13e siècles, le Maghreb sera uni par les Almohades, qui s'éteindront pour laisser place aux Ziyanides, aux Mérinides, puis aux Hafsides.

Les plus importants carrefours entre le nord et le sud sont Tlemcen et Tahert, puis les oasis de Sijilmasa, Laghouat et Biskra[3]. Un développement économique s'est ressenti grâce aux échanges commerciaux « interrégionaux (dans les centres comme Tahert, Kairouan, etc.) et un commerce actif par le biais des caravanes (de Sijilmassa à Kairouan par Tahert) et par voie maritime (à partir des ports, Ténès et Bône, pour ne citer que ceux du Maghreb central) »[4]. Ce développement n'a pu se réaliser que grâce aux ressources naturelles et

---

[1] Roger, 1962 : 477.
[2] Botte, 2011 : 27-59.
[3] Kaddache, 2000 : 199.
[4] Ibid : 175.

aux techniques de cultures et aux systèmes hydrauliques. Des villes étapes, très riches en jardins et bien aménagées de systèmes hydrauliques vont se développer le long des routes du commerce. Ces villes étapes du sud « étaient des havres de paix, des lieux de repos, des endroits où changer éventuellement de caravaniers, de guides ou d'escortes, des stations où s'approvisionner en eau et en vivres frais, etc »[1].

D'autres routes littorales reliaient les nombreux ports et villes jardins, « surtout sur la côte occidentale, face à l'Espagne ». Parmi les plus importants, on compte « Archgoun, port de Tlemcen, Aslan, Marsat Ain Rarroudj, Marsat Magila, Ténès, Marsat Djézirah, Ouqour, Cherchell, Marsat Hur (Sidi Ferruch), Marsat ad-Deban (Pointe Pescade), El-Djezair (Alger), Marsat ad-Dejaj, Bijya, Jijal, Collo, Buna, Marsat al-haraz[2] ».

L'histoire raconte qu'Alger alimentait Kairouan en miel grâce à son industrie de production du miel, alors que Kairouan exposait en plein air ses prouesses hydrauliques. Ces images présentent quelques parties du grand paysage du Maghreb médiéval qui s'étale telle une belle mosaïque vivante, dont chaque pièce a ses propres particularités, faisant appel aux mouvements de l'homme pour s'illuminer. Comme nous l'avons défini, dans le chapitre ayant trait au « sens du paysage », la méthode de lecture du paysage, a été élaborée par les grands paysagistes de l'époque médiévale islamique. Ils ont, rappelons-le, beaucoup œuvré à l'élaboration des méthodes de perception de toute région visitée. C'est, tout d'abord, par les routes que le paysage a été abordé et ressenti, par les historiens et géographes arabes, qu'ils aient été voyageurs ou de chambre, puis par les contrées civilisées. Ces dernières ont été décomposées en éléments caractéristiques, comme les limites, les portes, les principaux monuments, les jardins et les plantations, les eaux et les techniques hydrauliques.

L'historien et géographe arabe, l'œil éduqué à la perception sensorielle du paysage va produire des images, à travers un récit simple et agréable. Ces images sont décomposées avec art, contées telle une belle mosaïque d'espaces sensoriels essentiels, construisant ainsi l'image mentale, tout en simplifiant la complexité de la ville et ses différents corps de métier comme la défense, l'agriculture, l'hydraulique, le culte, le commerce maritime et l'architecture. Nous

---

[1] Botte, 2011 : 27-59.

[2] Kaddache, 2000 : 199.

allons par conséquent, découvrir le paysage d'Alger, qui est une partie indissociable du grand paysage du Maghreb, à travers la lecture des œuvres monumentales d'Ibn Hawqel, Al-Ya'kubi, Al-Bakri, Al Muqaddassi et Al-Idrisi, et l'histoire des sciences de l'époque médiévale islamique… et repérer les images des structures paysagères et techniques hydrauliques du Maghreb mosaïqué dans les moments de son apogée.

4.1.1. Alger, un paysage d'eau, de miel, de beurre et de figues

Initialement, c'est la tribu sanhagienne des Talkata qui a occupé probablement le territoire nord-ouest d'Alger[1]. Les Sanhadja vivaient surtout de l'élevage, ils pratiquaient la transhumance, pâturages de montagnes l'été et des hautes plaines, l'hiver. Leurs bourgades étaient souvent des marchés où s'affairaient de nombreux artisans[2].

Au temps des Zirides (973-1053), le paysage maghrébin était peint de blé dans le nord-est (Medjerba, la vallée de l'ouest et la région de Kairouan), d'oliviers dans le sahel tunisien et en Kabylie, de vergers, à travers tout le pays et de coton dans le Hodna, M'sila et N'gaous[3]. Bologhine fonde, sous l'ordre de son père Ziri, trois villes renforçant ainsi le réseau routier commercial : Djazair Beni Mezghena (Alger), Médéa et Miliana[4]. Le relief d'Alger, son abondance en eau et sa position géographique stratégique la firent ainsi, sélectionner par les Zirides au 10e siècle, pour, non seulement, renforcer les routes de commerces, à partir de la capitale, Achir, mais également, pour soutenir les routes qui partaient le long des côtes de la Méditerranée, souligne Roger :

« Les itinéraires entre le Maghreb et l'Andalousie se multiplient, reliant la côte africaine, entre Cherchell et Alger, à la côte espagnole, entre Carthagène et l'embouchure de l'Ebre. Le morcellement politique du Maghreb […] expliquerait la complexité du commerce andalou à cette époque. L'apparition de deux nouvelles lignes aboutissant à Alger, ou dans ses parages immédiats, révèle que cette cité, développée par Bologhin ben Ziri, joue désormais un rôle analogue, à celui de Cherchell et de Ténès, au temps de Rome. Alger se trouve,

---

[1] Roger, 1962 : 486.
[2] Kaddache, 2000 : 214.
[3] Kaddache, 2000 : 217.
[4] Roger, 1962 : 488.

alors la ville charnière des itinéraires de hautes mers et des itinéraires côtiers »[1].

Au milieu du 10e siècle, Ibn Hawqel aborde l'Afrique du nord. De passage à Alger, il perçoit ses marchés variés et ses nombreuses sources d'eau limpide qui coulent sur le rivage, et servent à la consommation des habitants berbères qui étaient nombreux, installés au niveau des plaines et des montagnes. Il révèle l'importance de l'élevage des troupeaux de bœufs et de moutons, qui paissent dans les montagnes. Il montre, aussi, leur rôle dans l'économie du pays. « Le miel, le beurre et les figues sont très abondants, et surtout exportés, vers Kairouan et ailleurs », note Ibn Hawqel[2].

Au 11e siècle, Al-Bakri décrit les contrées des grandes civilisations, à travers les routes célèbres du commerce. Historien de chambre, ses missionnaires ont pris la route vers Alger, à partir d'Achir, et décrivent le paysage des différentes étapes de la route. A cette époque, la Mitidja ou Casrouna, voisine d'Alger, est riche en pâturages et en champs cultivés. Son paysage est agrémenté d'une importante culture de lin qui est récolté, puis transporté dans d'autres pays. Ses sources d'eau vive et ses moulins à eau indiquent la présence des industries d'eau. Alger était, à l'époque, si importante, que l'historien a senti l'obligation de mettre en exergue son port bien abrité, sa source d'eau douce et ses bazars. Sa position intermédiaire sur les routes importantes a fait que son port ait été fréquenté par les marins d'Ifriqiya[3] – important port à l'époque fatimide, qui faisait la liaison avec l'Orient.

Au 12e siècle, les Almohades unissent le Maghreb et l'Espagne musulmane. « La période almohade a été une apogée et l'âge d'or de l'histoire du Maghreb »[4] relève l'historien Mahfoud Kaddache. Les souverains tenaient au développement de la culture et des arts. Si bien que la poésie qui fleurissait en Andalousie eût aussi ses représentants au Maghreb. Les gouverneurs attiraient, protégeaient et gratifiaient les savants en les intégrant à la cour, atteste Kaddache :

« Tous les domaines de l'esprit étaient représentés avec des juristes et des théologiens, certes de plus en vue, mais aussi avec des philosophes, des

[1] Ibid : 478.
[2] Ibn Hawqel, 1938 : 72.
[3] Al-Bakri, 1963 : 136.
[4] Kaddache, 2000 : 276.

poètes… Les deux médecins et philosophes Ibn Tofail (1110-1185) et Ibn Roshd (1126-1198), jouèrent un grand rôle dans la philosophie médiévale »[1]

Al-Idrisi (12e siècle), géographe, historien et botaniste, en représentant la route de commerce du littoral, souligne qu'El Djezair est très peuplée, implantée en bordure de mer. Ses bazars sont très fréquentés, car son commerce est florissant. Parmi les produits locaux exportés, il cite le miel et le beurre. Comme ses prédécesseurs, ce grand géographe remarque que ses eaux sont douces, et distingue particulièrement un espace rural, composé d'une plaine et des montagnes, en dehors de la ville, avec des champs de blé et des champs d'orge. Cette zone rurale était habitée par des tribus berbères puissantes et belliqueuses, qui élèvent des bestiaux et des abeilles[2].

Hassan ben Muhammad al-Wazzan (Jean Léon l'Africain) visita Alger entre 1510 et 1517, au début de la prise ottomane et avant son installation. L'auteur raconte qu'Alger était très grande. Son enceinte, construite avec de grosses pierres, paraissait si splendide et extrêmement forte. Il cite ses nombreux marchés bien ordonnés, dont chaque profession avait son emplacement particulier. Ce qui laisse penser à une organisation en corporations de métiers. Ses maisons sont belles, son lieu de culte possède une grande esplanade qui se prolonge jusqu'à son enceinte. Celle-ci se trouve entre terre et mer, de telle façon que les vagues viennent frapper son bas. De remarquables jardins couronnent la ville, souligne Jean Léon L'Africain : « On voit autour d'Alger de nombreux jardins et des terrains d'arbres fruitiers »[3].

Les images d'Alger conservées dans les œuvres de ces scientifiques de l'époque islamique médiévale ne révèlent pas les systèmes hydrauliques, aussi le seul fruit distingué a été la figue. Ceci ne signifie pas une absence de cultures fruitières et de structures hydrauliques, mais nous pensons qu'elles étaient de moindre importance par rapport à ses industries du miel et du beurre. D'ailleurs, les images expressives sont les plaines et les bois qui permettent l'élevage des abeilles et des troupeaux pour assurer la production du beurre et du miel en grande quantité. Toutes les techniques utilisées à Alger ne pouvaient que s'apparenter aux techniques des civilisations qui l'ont occupée, en premier celles des Zirides.

---

[1] Ibid : 255.

[2] Al-Idrisi, 1836 : 68.

[3] L'Africain, 1956. Cité dans Kaddache, 2000 : 505.

4.1.2. L'EAU INDUSTRIALISÉE

Comme nous l'avons vu dans le chapitre précédent, une variété de systèmes hydrauliques a été développée, depuis la haute antiquité, suivant les conditions du terrain et la nature de l'eau, qu'elle soit apparente, cachée, courante ou vive, rare ou abondante. Des recherches sur les origines des eaux ont alors été élaborées, à l'époque médiévale, en se basant sur les recherches antiques. La théorie de l'origine des sources d'eau d'Al-Karaj, qui pense que les effets de la condensation et de l'évaporation sont la raison de l'évolution des cultures et du peuplement de la terre, a été relevée par El Faiz, qui note :

« On a relevé également dans son discours des éléments qui fondent sa théorie explicative de l'origine des sources et qui permettent de distinguer trois espèces d'eau : une eau originelle, se trouvant au repos dans les profondeurs du sol ; une eau formée par la condensation de l'air qui se trouve dans les cavités souterraines du globe terrestre ; enfin, une eau d'origine météorologique qui constitue la matière des grands fleuves, des sources et des qanât[1]. »

Les ouvrages hydrauliques : bassin, citerne, canal, barrage, fontaine, aqueduc ont été réalisés avec une grande maîtrise, à l'époque antique. Ils vont être des images qui vont nourrir les nouvelles conceptions de réserves et de conduites d'eau de l'époque islamique, grâce aux sciences hydrauliques et mathématiques. El-faiz, qui a exploré plusieurs manuscrits, de ce domaine atteste :

« Tous ces barrages fonctionnaient en liaison avec un réseau étendu et complexe de seguias (canaux), qui constituait le principal système de transport et de distribution des eaux d'irrigation. Ces séguias, pourvues de répartiteurs plus ou moins élaborés, assuraient également le fonctionnement des moulins à eau. En plus de ces équipements, on note aussi l'usage d'importants ouvrages de franchissement : aqueducs et siphons »[2].

La ville de Mahdia était une impressionnante industrie d'eau. Son eau était amenée d'une ville proche appelée *Mananech*, à travers des aqueducs appelés *aqddas*[3]. Cette eau se déversait dans un bassin à

[1] El-Faiz, 2005 : 321.
[2] Ibid : 224.
[3] Pluriel de qaddus.

vanne appelé *mahbas*[1] qui répartissait l'eau par le biais des aqueducs vers les trois cents bassins *majil*, puis vers la citadelle par des roues à eau, et aussi dans le bassin de la mosquée, comme le souligne Al-Bakri :

« Il y a trois cents soixante grands bassins (360 *mājil*), à l'intérieur d'Al-Mahdia. L'eau est amenée de la zone rurale de Mananech, *proche* de Mahdia par des conduites *(aqddas)*. Grâce aux roues à eau *(dawalib*), l'eau est remplie dans *al-mahbas,* puis versée dans les canaux cités ci-dessus. Cette eau se déverse aussi dans un bassin (*sahridj,* qui se trouve dans la mosquée, à l'intérieur d'Al-Mahdia. Elle est, également élevée au château ou citadelle (qasr), grâce aux roues à eau (*dawalib*) »[2].

Tout ce système, si bien mesuré, est accompagné d'une série de puits pour exploiter les eaux souterraines, et de citernes, constructions indispensables à la réserve de l'eau. L'auteur d'*Al-masalik wa al-mamalik* cite : « Proche de Mananech, des puits ont également été réalisés pour l'arrosage. A Kabouane, proche de la maison de l'industrie (*dar al-sina'a),* il y a deux citernes longues, nécessaires aux machines de la maison de l'industrie »[3].

Les sciences mathématiques et celle de l'hydraulique ont permis la réalisation de grande industrie d'eau, sur tout le territoire maghrébin. Le terme industrie d'eau *mas'na' al-ma* a été exprimé par Al-Bakri[4], pour définir les immenses installations de systèmes hydrauliques. Il ne pouvait y avoir de développement de ces grandes villes maghrébines, de leur commerce, de leurs plantations qui ponctuaient le paysage et de leur prouesse militaire sans ces industries. Un grand nombre de bassins, de citernes, de puits, d'aqueducs et de norias perçus par Al-Bakri, ont été aménagés à l'intérieur et en dehors des villes pour pouvoir assurer l'alimentation en eau, dans plusieurs villes, à l'instar de Monastir et de Mahdia[5].

---

[1] C'est une sorte de bassin avec vanne qui bloque ou permet le passage de l'eau.

[2] Al-Bakri, 1963 : 29. [trad auteur].

[3] Ibidem.

[4] Ibid : 29.

[5] Ibid : 36.

4.1.3. Collaboration des civilisations, une continuité paysagère

Proche du port de Carthage (Carthadjena), à l'intérieur de la ville se trouve un bassin *sahridj* entouré de mille sept cents voûtes (*1700 haniya)* qui semblent être les couvertures des citernes. Al-Bakri qualifie ce système antique d'une industrie d'eau (*masna' el-ma).* Cette eau est importée d'Ain Djafar vers Carthage durant plusieurs jours sur un aqueduc tantôt souterrain, tantôt porté par des arches superposées. La durée du parcours de l'eau, de sa source vers son lieu de stockage, indique la longueur de cet aqueduc. L'auteur remarque aussi deux châteaux d'eau particuliers complètement en marbre bien travaillé, nommés les deux sœurs (*al-oukhtain*) ; l'eau arrive du souterrain d'une source et d'un chemin inconnus, puis se jette dans la mer. Cette eau est alors distribuée dans les zones rurales, grâce aux norias[1].

À Sousse, autour du cirque (*mal'ab) il* y a des citernes antiques surélevées, très larges, voûtées avec une pierre sèche, légère et flottante importée du volcan de la Sicile. Elles sont en liaison les uns avec les autres[2]. La pierre légère et flottante, choisie pour la couverture des voûtes, a été utilisée dans la couverture du *qabuw*[3] de Carthage.

Tlemcen très proche de Tizil, l'une des portes du Sahara, lieu de départ des caravanes en direction de Sijilmassa, Wargla et Al-Kalaa possède des arbres et des fleuves le long desquels se trouvent des moulins (*tawahin*). Au nord de cette ville, au bas de la montagne al-Baghl, le fleuve Sthafsif court, puis se jette dans un grand bassin (*berka*) antique en provoquant un bruit très fort, lors de sa chute. Avec une grande technique bien étudiée, l'eau est dirigée vers un lieu qui s'appelle Al-Mihmaz, vers *djinan* Al-Hadj par Walaj al-Hana, ensuite vers le fleuve *Asartum,* puis vers le fleuve Tafna[4].

Ces successions d'images prouvent que l'homme médiéval a maintenu les structures hydrauliques antiques, toujours existantes. Il les intègre ingénieusement à ses nouvelles structures, comme on le remarque à Carthage, à Sousse et à Tlemcen. Cette volonté de garder les monuments anciens appartenant à d'autres civilisations permet, non seulement, « une continuité paysagère », mais aussi une continuité et une évolution des sciences et des techniques dans le temps. Du moment

[1] Al-Bakri, 1963 : 29.
[2] Ibid : 34.
[3] Voir qibab et qabw
[4] Al-Bakri, 1963 : 76-79.

qu'il y a eu articulation entre les structures, ceci a donc nécessité la connaissance de l'ancien objet pour le raccorder au nouveau. La « continuité paysagère » est une richesse et répond au souci de conservation du patrimoine que le monde contemporain pose. Les constructeurs de la période médiévale islamique procèdent, régulièrement, à sauvegarder et faire évoluer des constructions antérieures en les utilisant. Ainsi, ils offrent une certaine vision sur la notion du patrimoine.

4.1.4. BASSIN, AQUEDUC, TOUR A SIPHON ET CHÂTEAU SINGULIERS

> « Obeid Al-Allah disait : J'ai vu en Afrique deux choses que je n'ai pas rencontrées en Orient, *el-hafîr* (le grand réservoir) et *el-qasr* (château) qui se trouve à Roqqada connu par *qasr el-bahr…*»[1].

Très tôt au Maghreb, Hicham Ibn Abd Al-Malek (691-743) calife omeyade a initié la réalisation des grands bassins. Par la suite, les Aghlabides, civilisation enfantée par les Abbassides, ont poursuivi la réalisation de grands travaux hydrauliques, évidemment bien adaptés au contexte du site de Kairouan, qui présente un manque de précipitations et dont les cours d'eau ne sont pas d'une grande importance. Les Aghlabides ont procédé à la construction de grands réservoirs d'eau, appelés *mawājil*[2], selon Al-Bakri[3]. Ces réservoirs permettent de stocker l'eau de ruissellement dans un complexe hydraulique, composé de trois réservoirs. Le plus grand est destiné à la réserve, le deuxième, plus petit, sert à la décantation et le troisième au puisage. L'image du grand réservoir a été imitée du système de *berka* qui a existé le long du Nil durant la haute antiquité et qui consiste à emmagasiner l'eau durant les crues, selon Solignac, reprend El-Faiz[4]. Mahfoudh Faouzi affirme que ces grands bassins sont connus pour avoir reproduit l'ancien schéma antique : un bassin de décantation, un bassin de réserve et des citernes de puisage enfouies[5]. Ces bassins

[1] Ibid : 59-60.
[2] Singulier *mājil*
[3] Al-Bakri, 1963 : 26.
[4] El-Faiz, 2005 : 26.
[5] Mahfoudh, 2003 : 211-226.

réalisés peuvent même être destinés à la plaisance d'après un témoignage d'Al-Bakri[1] :

« En dehors de la ville (Kairouan) se trouvent quinze réservoirs, sources d'approvisionnement d'eau pour la population. Les deux principaux se situaient, l'un au nord près de *Bab Tounes*, appelé aujourd'hui bassin des Aghlabides et l'autre au sud proche de *Bab al-'arabi*. Il y a aussi le *majil abi al-zumrud*, à l'est en direction de Sousse, puis près du *souq al-ahad*, on trouve *majil al-mahriyya*, bassin de plaisance Aghlabide »[2].

« À l'Orient s'étendait une vaste saline *sebkha* d'où l'on extrayait un excellent sel, très pur[3] » remarque Roger. Le plus grand et le plus utile est le réservoir d'Abi Ibrahim Ahmed Ibn Mohamed Ibn Al-Aghlab (756-812). Il est de forme circulaire et de grandeur énorme. D'ailleurs, les dimensions de certains réservoirs, indiqués par El-Faiz, nous donnent un aperçu sur la grandeur de ces grands bassins :

« Le plus grand est de forme polygonale de 64 côtés, et de 129,67 m de diamètre intérieur. Il possède 58 contreforts extérieurs simples sur les sommets d'angles et 61 contreforts extérieurs simples de milieu. Son radier est de 0.5 m d'épaisseur. Sa profondeur est de 4.35 m. Le petit bassin de décantation est un polygone à 17 côtés avec 28 contreforts extérieurs et 17 contreforts intérieurs. Sa profondeur est de 4.87 »[4].

L'alimentation en eau de ce bassin, dont la construction est très solide, se faisait par les eaux d'oued Merguellil :

« Ce petit bassin est alimenté par les eaux d'oued Merguellil par une ouverture, surmontée et les eaux de Djebal Ousselet, grâce à l'aqueduc de Bir el-Adine de 33 km de long [...]. Les bassins sont en maçonnerie de blocage et revêtus d'un enduit au mortier de tuileaux sur les deux faces intérieur et extérieur. Les liants utilisés sont la chaux, le sable, l'argile, le charbon de bois. Ils sont à la fois solides et d'une forme architecturale équilibré »[5].

Nonobstant, l'ouvrage décrit par Al-Bakri présente une traduction qui, à notre avis, ne correspond guère au texte original arabe, car Al-

[1] Roger, 1962 : 423.
[2] Al-Bakri, 1963 : 25-26.
[3] Roger, 1962 : 423.
[4] El-Faiz, 2005 : 208-213.
[5] Ibidem.

Bakri, selon notre lecture du texte arabe, décrit une tour à eau qui permet le pompage de l'eau pour la conduire à l'aqueduc, alors que la traduction émet des propos insignifiants probablement pour la non-maîtrise de ce système. Dans les prochaines lignes, nous tenterons de traduire ce texte pour laisser apparaître le système ingénieux de la tour à eau :

« Une tour octogonale *saoumaa moutmana*, se trouve au centre du grand bassin, et en son sommet se trouve un siphon *qassaba*[1] à col ouvert sur quatre portes (ou ouvertures)[2], [que supportent] onze pieds *arjul*[3]. Si le réservoir se remplit, il y aura entre son niveau et le sommet du siphon, environ deux coudées (*Dirā*ʿ)[4] »[5].

Nous pensons que cette tour à siphon a été réalisée pour réguler et faire monter l'eau, puis la conduire vers la ville, à travers l'aqueduc à onze pieds. Aussi, elle a probablement pour rôle d'éviter les inondations et les mauvaises odeurs. Selon El Faiz, « l'usage du siphon était limité dans la conduite des eaux »[6].

Nous appuyons notre affirmation par le témoignage d'Al-Idrisi (12e siècle). Il repère ce système d'aqueduc à siphon, au niveau de Constantine. Nous traduisons ce qu'il cite en arabe :

« Le fleuve de Constantine entoure la ville comme un anneau. *Al-qantara* le pont aqueduc est la construction la plus remarquable car sa hauteur dépasse 100 coudées de la mesure de la coudée d'*al rachachi*, c'est une construction romaine à arcs hautes sur arcs basses. Le nombre de ces arcs dans le fond du cours d'eau est de cinq. L'eau rentre dans trois de ces arcs et, comme nous l'avons dit, l'eau court sur les arcs basses, alors que sur les hautes, on marche et on traverse, vers la terre. Quant aux deux autres, elles sont indépendantes [...] entre les arcs, il y a des pieds *arjul* qui poussent l'eau ou le bloquent lorsqu'elle coule, et sur le col des pieds, se trouve des arcs creuses comme de petits réservoirs (*banat sighar*), il se pourrait que le débit de l'eau augmente à

---

[1] *Al-qaṣaba al-hawāiya* signifie siphon

[2] La suite du texte n'est pas précise, il est mentionné que les quatre portes ne laissent pas l'eau arriver (sans toutefois être détaillé), il semblerait que les quatre ouvertures dirigent l'eau vers l'aqueduc aux onze pieds qui alimente la ville en eau.

[3] Arjul mot arabe qui signifie jambe et qui désigne les piliers d'un aqueduc

[4] *Dirā*ʿ : mesure dont la plus célèbre est la hachimite qui vaut 32 doigts ou 64cm.

[5] Al-Bakri, 1963 : 59.

[6] El-Faiz, 2005 : 224.

certains moments de son passage alors ces réservoirs (*faradjat*) reprennent le surplus[1]. »

Revenons au système hydraulique perçu par Al-Bakri. Ce dernier souligne que Ziyadat Allah a construit à l'ouest du réservoir cité, un château et à l'intérieur de ce réservoir, un joli réservoir en relation avec le premier, nommé *al-feskia*[2]. L'eau de la rivière se déverse dans *al feskia* et si le torrent est important, la vitesse est diminuée grâce à ce bassin, pour ensuite être dirigée vers le grand réservoir. Si l'eau se remplit dans *el-feskia* à une hauteur de deux toises, elle s'écoule alors dans le grand réservoir par une ouverture, appelée *al-sarh,* située entre les deux réservoirs. Ce déversoir est extraordinaire et merveilleux comme construction, **s'**émeut al-Bakri[3]. Il semble qu'Ibn Al-Aghlab utilisait ce réservoir pour un divertissement puisque, d'après al-Bakri, il montait un bateau, nommé *al-zalaj* pour rejoindre le réservoir à travers un long pont voûté[4].

Par ailleurs, ce château dont parle al-Bakri, est-il un château d'eau ou un temple d'eau, à l'image des temples d'eau romain, comme ceux de Carthage ? Malheureusement, nous n'avons pas assez de précisions pour pouvoir restituer ce système hydraulique qui semble être complexe.

Parmi les palais aghlabides, on compte *qasr Abi al-Fath*, *qasr hims* et *qasr al-ma*. Ce dernier se trouvait à l'ouest du grand bassin (*al-majil al-kabir*) près de bab Tunis[5]. Selon des études historiques, menées dans un site, appelé *qasr al-ma*, zone assez étendue inscrite sur la carte topographique « *Hr Cacère el-ma* » contigüe au site d'El-Mansuriya-Sabra, se trouve les traces de quelques vestiges hydrauliques ; il est mentionné *Hr al-berka (grand bassin) et bir el-gedim (*qui signifie puits de l'antiquité) ; on trouve aussi « le château d'eau qui a donné son nom à l'endroit ainsi qu'un nombre de puits qui exploitent une nappe phréatique dense et douce »[6]. Le grand bassin est de forme trapézoïdale (182-171 m) de longueur et (130- 88,5 m) de largeur, la profondeur est

[1] Al Idrisi, 1836 : 64.

[2] *Al-fesqiya* (al feskia tel que le mot a été écrit par le traducteur) est un bassin en marbre le plus souvent circulaire, avec une fontaine au centre. On le trouve généralement dans les palais.

[3] Al-Bakri, 1963 : 59.

[4] Ibid : 59.

[5] Roger, 1962 : 417.

[6] Mahfoudh, 2003 : 211-226.

de 3m[1]. Quand Kairouan est en manque d'eau, elle est alimentée par ces réservoirs d'eau, selon Al-Bakri[2] et il est fort possible que *Qasr al-ma* soit *qasr al-qadim*[3].

4.2. Les Structures Paysagères

De la vigne, de l'olivier, des figuiers, des dattiers, des bananiers, des citronniers, des mûriers, de la canne à sucre, des pêchers, des poiriers, des pistachiers, des amandiers, des pruniers, des musettes, des cognassiers, des grenadiers, des cédratiers, des pommiers, des noyers, du blé et de l'orge, du sorgho et du millet, des plantes aromatiques, des plantes médicinales, des plantes textiles, mais aussi du sel[4], coloraient le paysage de tout le Maghreb. Tous ces fruits occupaient des structures paysagères variées, qui répondaient chacune à des conditions topographiques, agronomiques et esthétiques. Aussi, le sel était par sa couleur et la structure qui le contient *al-mallaha* la saline, *al-hawth* le bassin *et al-robth* le boccage, un des éléments constituant le paysage du Maghreb. Les structures paysagères vont, par conséquent, organiser les plantations et tracer les alentours de la ville.

4.2.1. Des Jardins, Des Forêts, Des Plaines, Des Treilles, Des Salines…

Le paysage change dans le temps et dans l'espace. Le jardin adopte des structures variées *al-bustan, al-hadiqa, al-buhaira...* Les grandes oasis ou jardins étaient nommées *ghāba* forêt, vu le nombre d'arbres plantés. La cour dallée *(al-sahn)* peut être plantée d'arbres fruitiers. Le jardin peut prendre alors des formes diverses, selon la forme du terrain, les conditions d'irrigation et l'ambiance désirée par le concepteur. On l'a vu, précédemment, que les différences consistent aussi dans l'aspect architectural.

La ville de Fès est remarquable par ses jardins (*bassatin)* et ses rigoles dont l'eau court d'abord, chez les *Andalous* avant d'arriver au quartier des *Qaraouiyyine*, au passage d'Al Bakri. Gabès a des forêts

---

[1] El-Faiz, 2005 : 212.
[2] Al-Bakri, 1963 : 59.
[3] Mahfoudh, 2003 : 211-226.
[4] Ibn Hawqel, 1938. Al-Bakri, 1963. Al-Idrisi, 1836.

ghabāt[1], *jenāt,* et une série de *hadaiq*[2]. A Miliana, le Chélif, bordé par ses moulins arrose *al-hadaiq* et *al-janāt*[3]. Très répandues, depuis l'antiquité, et citées dans le Coran, les treilles (*al-ma'ruchat)* ne manquent pas au décor du paysage. Des treilles esthétiques et utilitaires offrent aux plantations, à la fois, l'ombre et la lumière. A Kairouan, cette structure permet de sécher le raisin à l'ombre sous les palmiers[4]. Le raisin sec (*zabib*) de Sijilmassa, est considéré parmi les meilleurs, car il sèche sur des treilles, à l'ombre, sans qu'aucun rayon de soleil l'atteigne[5].

La cour *al-sahn,* ce jardin particulier a été boisé au Maghreb médiéval, à l'instar des cours des mosquées de Fès. A *Bab al-fouara* « porte de l'eau jaillissante » ou « porte de la fontaine », dans la cour de la belle mosquée à six nefs, aux colonnes en pierre calcaire, orientée dans la direction est-ouest, plusieurs pieds de noyers et d'autres arbres ont été perçus. Cette cour boisée reçoit de l'eau en abondance par le moyen d'une *saquia* canal appelé *Saquiat Masmouda*[6]. De même, la partie des *Qaraouiyyine* a une mosquée à trois nefs construites par Idris. La grande cour *al-sahn* possède des oliviers et autres arbres[7].

La forêt *al-ghāba*, est une structure paysagère, très fréquente dans le paysage maghrébin médiéval, il s'agit d'une grande plantation d'arbres qui a marqué sensiblement ce territoire, si on se réfère aux études récentes qui note le rôle des arbres et forêts dans l'équilibre environnemental[8]. La forêt protège par son couvert le sol contre l'érosion pluviale, et préserve l'eau potable contre la pollution[9], elle renforce les traits du paysage. Tahert[10], la rivale de Kairouan, était

---

[1] Pluriel de ghaba

[2] Al-Idrisi, 1836 : 68.

[3] Ibid : 61.

[4] Al-Bakri, 1963 : 36.

[5] Ibid : 147-148.

[6] Ibid : 115-116.

[7] Al-Idrisi, 1836 : 68.

[8] Liniger, Weingartner.

[9] Calder, Hofer, Vermont, Warren, 2007.

[10] Tahert qui fut un des plus importants carrefours des routes du commerce, a été construite, par des berbères nommés Ibadites sous la conduite du gouverneur Rustumide, Abderrahmane Ibn Rustum (779-909), qui la désira à l'image et rivale de la ville de Kairouan, cinquante ans avant Fès. (Kaddache, 2000 : 179-180). Elle se compose de deux villes séparées mais voisines d'une distance de cinq milles, environ, l'une nouvelle Tadjedit et l'autre Tagdmit qui fut capitale berbère à l'époque byzantine. Tahert la nouvelle fut un centre urbain bâti dans un site bien choisi, peuplé par des kharidjites sur les hautes plaines d'Oranie et les frontières du Tell, Cette ville

couverte d'une épaisse forêt[1]. Ce qui indique la présence de l'eau dans ces sous-sols. À Al-harouia, cette structure paysagère devient couronne d'arbres, très épaisse, composée principalement de figuiers et autres arbres fruitiers, entourant la ville au point de l'occulter. La ville n'est perceptible que si on s'en approche, précise l'historien Al-Bakri. Cette forêt produit un figuier qui dépasse en goût celui d'Ifriqiya ; sec, il est exporté vers Kairouan[2]. A une journée de Bône sur la route de Kairouan, on trouvait des Berbères installés dans des huttes et des cabanes de Zan, au milieu d'une vaste forêt de chênes zéens dont le bois était exporté en Ifriqya[3].

Plus loin, sur la route du commerce, se situe la ville de Tamagir. En son centre passe un cours d'eau alors qu'une remarquable forêt d'oliviers et de raisin l'entoure[4]. Bien que le Soudan et Ghana offrent un paysage d'exploitation de sel, de cuivre et d'or, la culture du coton marque, d'une part, la palette de ce paysage. D'autre part, d'immenses et impressionnantes forêts et citernes, aménagées en tant que prison bien gardée, entourent une des deux villes de Ghana, celle du roi[5]. Par ailleurs, l'historien du paysage s'impressionne devant la métropole de Gamouda, Madkur, qui disparaissait dans une forêt de figuiers dont les fruits séchés *(zabib)*, les plus succulents étaient expédiés à Kairouan[6]. De nos jours, El-Goléa ainsi que d'autres villes du sud algérien, conservent cette structure paysagère. « Irriguée par de nombreux puits artésiens, l'oasis compte plus de 200 000 palmiers et toutes sortes d'arbres fruitiers (orangers, abricotiers, bananiers…)[7].

4.2.2. Des Jardins Autour Du Puits, En Cuvette Ou En Terrasses

Le jardin islamique présente une typologie variée comme il a été présenté précédemment. Le jardin islamique est prioritairement utilitaire, il répond aux conditions économiques et morphologiques de chaque contrée, mais surtout aux conditions d'irrigation. Chaque société invente un type bien approprié à son site ; de ce fait, une riche

---

Kharidjite avait un grand avantage, la présence de l'eau, comme l'indique El Bakri, il y avait deux rivières l'une au sud de la ville et l'autre à l'est.

[1] Al-Bakri, 1963 : 140.

[2] Al-Bakri, 1963 : 75.

[3] Ibid : 54.

[4] Ibid : 29.

[5] Al-Bakri, 1963 : 174, 172, 179, 175.

[6] Ibid : 75.

[7] Arthus-Bertrand, 2005 : 214.

variété de jardins a été constatée au Maghreb, à l'instar des jardins de Djanet. Cette ville du sud algérien possède une palmeraie, une oasis et un jardin remarquable. Sa palmeraie est une forêt exceptionnelle ; l'oasis d'Iherir, blottie dans une gorge, est alimentée par les eaux de résurgence du massif volcanique d'Adrar ; enfin son « jardin autour du puits » est unique par sa composition : un groupement de parcelles closes entoure un puits pour faciliter l'irrigation[1].

A El Oued, « la ville aux mille coupoles »[2], l'observateur est attiré par l'impressionnante palmeraie, appelée « *ghawth* » qui signifie en langue arabe : terre basse, excavation ou puits. En effet, elle se présente en forme de cuvette plantée pour permettre au palmier d'être proche d'environ un mètre de la nappe phréatique ; ainsi, le palmier puisera son eau, instantanément. Cette forme exige, sans cesse, son dessablement, ce qui rend son entretien difficile, malgré la haie de palme qui l'encercle pour bloquer l'avancée du sable.

Les cultures en terrasse sont très fréquentes dans le paysage islamique. Dans la région des Aurès, à la vallée d'Oued El Obiod, au sein d'un couloir très large, dominé par les montagnes Krouma et Ahmar Khaddou, l'oued a incisé des assises géologiques horizontales en creusant un canyon profond et spectaculaire ; une large bande de palmeraies de palmiers dattiers, d'arbres fruitiers et légumes irrigués par les eaux de l'oued, tapisse le fond. C'est ainsi que plusieurs villages sont accrochés aux parois rocheuses, alors que les terres fertiles sont cultivées en terrasses étagées, soutenues par des murettes en pierre[3].

La culture du blé très florissante au Maghreb depuis l'antiquité, a décoré le paysage médiéval. Bône contrôlait une région de plaines fertiles qui produisait du blé, de l'orge, du lin, du miel et du beurre[4]. Constantine présentait une vaste plaine environnante, riche en blé et en orge. Elle avait un grand entrepôt de céréales ensilotées dans des souterrains. Chaque maison en possédait plusieurs, creusés dans le roc, et le grain pouvait s'y conservait un siècle[5]. A Nedroma, on y trouvait parmi des cultures (*mazari'*), un ribat avec un bassin (*berka*) et des jardins (*bassatin*) de toutes sortes de fruits et des plaines (*bassaith*)[6].

---

[1] Ibid : 200.
[2] Appellation d'Isabelle Eberhardt.
[3] Arthus-Bertrand, 2005 : 250.
[4] Roger, 1962 : 494 ; Al-Bakri, 1963 : 54 ; Al-Idrisi, 1836 : 99.
[5] Ibid : 498.
[6] Al-Bakri, 1963 : 76-79.

4.2.3. *FAHS* ET *ROBTH,* DES ENCLOS PAYSAGERS

Le principe de l'enceinte *al-ṣur* est assuré pour toutes les villes de l'époque médiévale. L'enceinte est protectrice, écologique et esthétique, comme les fortifications des villes de fondations sanhagienne (Achir, Al-Qal'a, Bougie), constituées d'un rempart en moellons, flanqué de bastions épousant les formes du relief[1]. Parmi les murailles remarquables, nous citons celle de Tobna[2], réalisée en briques (*thub*). L'enceinte peut être en dur ou végétale, pour l'espace se trouvant à l'extérieur de la ville, à l'instar des *arbath* de Tobna, sortes de boccages. Cette ville aux dattes succulentes possédait, en effet, un palais contigu à la muraille et des bocages (*arbath*). Plus précisément, ces enclos sont exceptionnels car ce sont d'immenses *fohos*[3] clos constate al-Bakri. Une image bien décrite de cet enclos nous est proposée par cet historien du paysage :

« En dehors de la ville se trouve un grand enclos qui entoure un immense fahs dont la surface est le tiers de toute la ville. A côté de cet enclos se trouvent des jardins (*bassatin*). A l'orient de la ville est le cimetière, auprès duquel on voit un étang appelé *ghadîr ferghan* « l'étang de Ferghân », dont les eaux traversent le *mosalla* de la fête (une grande place située en plein air en dehors de la ville [...] »[4].

4.2.3.1. VILLE, *ROBTH* ET *FAHS,* POUR UN ÉQUILIBRE SOCIAL, ÉCONOMIQUE ET ÉCOLOGIQUE

Al fahs et *Al robth* sont des structures paysagères très fréquentes dans le Maghreb, à l'époque médiévale. Le *robth* est un enclos en dur, en pierres ou en *thub*[5] qui morcelle l'image du paysage et fractionne son sol en créant des sensations de privatisations d'espaces. Bien au contraire, le *fahs* présente une image d'espace ouvert, malgré ses enceintes végétales, il semble se fondre dans le paysage. Le terme *robth* signifie un espace qui entoure la ville ou un massif d'arbres bien touffus ; comme il peut représenter un enclos destiné aux animaux de la ferme selon les dictionnaires *Lissan al-Arab*, *al-Sihah* et *al-Maany*.

[1] Roger 1962 : 92, 94.
[2] Tobna est une des plus grandes villes étapes entre Kairouan et Sijilmassa.
[3] Fohos est le pluriel de fahs
[4] Al-Bakri 1963 : 108-110.
[5] Terre cuite.

Il est précisé qu'*al-fahs* est un lieu béni, c'est-à-dire qu'il présente une richesse en eau et en culture et un air sain. Notre lecture des paysages médiévaux du Maghreb montre que le *robth* et le *fahs* sont l'espace qui entoure la ville, comprenant des habitations dispersées, des jardins, des mosquées, des ribats et tout autre structure nécessaire à l'espace rural.

La ville peut multiplier et varier ses *robth,* comme il a été constaté à Mahdia, Honain et Monastir. Le sol de Mahdia est tracé par plusieurs *arbath*[1] dont chacun permet d'assurer des activités diverses. Nous distinguons : *al-robth* qui comprend des maisons dispersées, une mosquée, un cimetière, des ribats féminins, des jardins, un deuxième robth nommé *robth al-hima*[2] enclos militaire, un troisième destiné aux animaux de la ferme, et enfin, celui réservé pour les bassins de sel et sa fabrication, nous apprend Al-Bakri[3]. Honain, ville portuaire fortifiée, en possède beaucoup destinés aux arbres fruitiers, précise Al-Bakri[4]. Monastir comprend un robth particulier qui comprend en son centre un autre robth où se trouvent de nombreuses habitations, des mosquées, de hauts roseaux, et plusieurs *qibab* face à la qibla destinée aux femmes *murabithat,* constate al Bakri[5] :

« À Monastir se trouvent *tawahin farissia* des moulins ou des roues perses et des bassins d'eau *mawajil* et un *robth*, en son centre il y a une deuxième enceinte, grande avec de nombreuses habitations, mosquées et des roseaux hauts en couches l'une sur l'autre, face à la qibla se trouve un plan avec plusieurs *qibab* »[6].

Si on peut assimiler le *robth* au bocage, ce dernier a eu plusieurs définitions et problématiques, soulève Magali Watteaux[7]. Ses origines et ses définitions restent diverses, comme exemple : « Le paysage bocager a toujours été associé au type d'habitat dit « dispersé » ou « semi- dispersé », induisant, par ailleurs, l'existence d'un dense réseau

---

[1] Pluriel de robth

[2] Al-Bakri, 1963 : 29. Enclos de protection où vivaient les soldats africains arabes et berbères

[3] Ibid : 29, 36.

[4] Ibid :79.

[5] Al-Bakri, 1963 : 79. L'auteur remarque que ces qibab de femmes sont appelés *qibab djamie*

[6] Ibid : 36.

[7] Watteaux, 2005 : 53-80.

de chemins »[1]. Bien que la période de naissance du bocage soit incertaine, c'est une structure paysagère qui est plus étudiée dans un contexte historique médiéval ; il est lié à son enclos, à son parcellaire, à ses mensurations, à son tracé […][2].

Bien que le *fahs* ne possède pas d'enclos en dur, ses couronnes végétales, composées, parfois de jardins, jouent le rôle de séparations d'espaces, tout en se fondant dans le paysage. En tant que corps végétal, il est dans toute sa globalité la ceinture de la ville, comme on peut le distinguer à Alger, à l'époque ottomane. Nous ne pouvons pas, toutefois, qualifier le *fahs* d'openfield, auquel on oppose le concept de bocage, à cause de ses haies. La lecture de la relation economique et juridique ville-campagne du Maghreb médiéval peut nous éclairer sur cette forme paysagère. Interrogeant les textes juridiques, Amara Allaoua constate que :

« le monde rural est peu présent dans les premiers textes malikītes au Maghreb, par rapport aux aspects relatifs à la vie urbaine…. L'Ifrīqiya, le Maghreb central et extrême, al-Andalus et la Sicile sont cités pour cette organisation financière, dont l'intérêt porté au milieu rural est lié à ce que ce dernier apporte de vivres et d'impôts à la cité urbaine »[3].

Les citadins étaient en possession de terres dans l'espace rural. Ces terres nécéssitaient des travaux et une gestion. Le citadin contractait le rural pour des travaux de gestion et de culture, suivant des conditions respectant les dogmes islamiques. Ces contrats étaient désignés par *musaqat, mugharasa et muzara'a,* que l'on pourrait traduire respectivement par irrigation, plantation et récolte. Ces contrats déterminent les tâches, les dépenses et les gains partagés par les deux contractants. Les communautés rurales avaient leurs propres terres familiales ou tribales dans la ville ou dans *al-badiya* (le territoire rural). Le commerce de la ville reposait sur les produits du territoire rural, attestent les historiens de l'époque médiévale[4].

Le *robth* ainsi que le *fahs* sont des espaces ruraux qui, malgré leur séparation physique apparente, maintiennent une continuité spatiale du

---

[1] Demangeon, 1927 ; Juillard et al.1957 ; Lebeau 2000. Cité par Watteaux, 2005 : 53-80.

[2] Watteaux, 2005 : 53-80.

[3] Amara, 2009 : paragr2.

[4] Voir Amara « La circulation intense des produits agricoles et artisanaux est un phénomène général dans la plupart des régions rurales du Maghreb central, telles les villes N'gaous, Sétif et Tébassa (al-Istibṣār, 1958 : 128) »

territoire citadin, avec une forte liaison sociale et économique. Ces structures paysagères doivent assurer leur vocation première, soit alimenter la ville et les soldats en produits et répondre à leur seconde vocation : la stabilité économique et le maintien de la richesse grâce aux échanges commerciaux qu'entretient la ville avec les autres territoires.

Cet équilibre social, économique et écologique est, certes, assuré grâce aux jardins et à leurs productions, mais aussi au concept de séparation que joue le robth ou le fahs. Ces jardins devaient être bien protégés des animaux de ferme, qui nécessitaient des espaces pour leur élevage. Il est mentionné d'une part, dans les textes historiques, des *arbath* pour ces animaux[1], d'autre part, les textes juridiques précisent l'existence de contrats d'association pour engager un berger[2] et ainsi assurer la préservation des terres de cultures par l'éloignement des troupeaux vers des lieux de pâturage.

4.2.3.2. Zuwaila un robth luxueux

Parmi les *arbath* d'Al-Mahdia, se distingue le *robth* célèbre, construit tout en pierre, connu sous le nom de *zuwaila*. Il possédait des marchés, des bains et des maisons. Al-Mu'izz Ibn Badis, calife Ziride l'a dotée d'une enceinte particulière qui permet sa propre extension dans le sens de la longueur. Elle était si agréable que les marchands qui y habitaient « passaient la journée à Mahdia où ils avaient leurs boutiques et leurs biens et retournaient le soir à Zawila[3] auprès de leurs familles »[4]. L'historien Roger revisite les observations d'Al-Bakri et d'Al Idrisi, pour lire tout le bien-être que le calife offrait aux ruraux, aux producteurs et aux acteurs économiques de la ville :

---

[1] Al-Bakri, 1963 : 29.

[2] Amara Allaoua cite : « Ainsi, le savant ibaḍīte Abū 'Abd Allāh Muḥammad b. Bakr employa un homme nommé Farwāṭ, qui appartenait aux Lamṭa, pour accompagner son troupeau de Ouargla aux monts Maṣ'ab (*Siyar*, 49). De même, un savant ibaḍīte Abū-l-Qāsim Sulaymān b. Mūsā, habitant de Ouargla, possédait des troupeaux à Adrār (al-Darǧīnī, II : 286). Dans les autres localités ibaḍītes, l'emploi de bergers était courant. Ces bergers étaient payés sur la production animale (al-Šammāḫī : 363, 396). Le malikīsme du Maghreb central élabora enfin une vision du monde pastoral grâce à Abū 'Abd Allāh al-Zawāwī (m. 611/1214) qui fixa les conditions des associations entre bergers et propriétaires, parmi lesquelles la détermination de la durée de l'association et le bénéfice de chaque partie (*al-Mi'yār*, VIII : 194-195). Le berger qui faisait paître les animaux bénéficiait ainsi des produits comme le lait ».

[3] Dans le texte de Roger, Zuwaila est nommée Zawila.

[4] Roger, 1962 : 451

« Zawila se développait tout en longueur sur deux milles environ. Ses maisons étaient de pierres comme celles de Mahdia, ses souks et ses édifices forts beaux, et ses artères, larges. Quand Ubayd Allah s'était fixé à Mahdia, il avait assigné Zawila comme résidence au peuple et aux marchands [...]. Le fatimide aurait déclaré qu'ainsi il n'avait rien à craindre d'eux. De ce fait, ce faubourg ne tarda point à devenir une véritable ville complémentaire de Mahdia au point que les textes parlent souvent des deux Mahdia. Al-Mu'izz Ibn Badis la dota d'une muraille en 1052-1053 »[1].

4.2.3.3. L'ENCLOSURE, L'ANCÊTRE DU ROBTH

De nouvelles techniques utilisées pour les fouilles archéologiques, telle l'analyse multiscalaire empruntée au Lidar, révèlent l'existence de l'enclosure (terme anglais qui signifie bocage) dans les villes antiques d'Amérique, dans la vallée de la rivière Middle Ohio dans l'est des Etats-Unis, ancienne résidence de l'Ohio Hopewellet l'Adena, une des plus actives populations dans l'histoire :

« Vers 800 ans et 400 avant J.-C. à 400 après J.-C., ces groupes ont construit approximativement 600 enclos en terre dans le seul état de l'Ohio. Avec une myriade de formes, y compris des cercles, des carrés, des octogones, ovales, et une gamme d'enceintes irrégulières au sommet d'une colline, les travaux de terrassement, dont la plupart sont des fossés et des remblais, s'étendent dans la taille d'environ 400 m à plus de 40 ha [...] »[2].

Cette enclosure antique ne serait-elle pas l'ancêtre du *robth* ?

Au M'zab, il est constaté des constructions identiques, mais à petite échelle, ce sont des *Musala*, de petites salles de prière et d'études, similaires à des ribats. Elles se composent d'un double enclos : une chambre cubique enveloppée d'une enceinte de forme irrégulière. De toutes petites ouvertures zénithales laissent pénétrer la lumière pour créer une ambiance calme et mystérieuse. Situées en dehors de la ville, dans des espaces où seule la nature est présente, ces petites retraites se présentent comme des sculptures modernes exposées sur la roche. D'ailleurs, leur assiette et les escaliers extérieurs sont peints en blanc, en contraste avec leur environnement naturel immédiat. Ces enclosures de recueillement ont inspiré l'architecte Le Corbusier. Ce dernier, fasciné par ces formes organiques, réalisa la fameuse chapelle de Ronchamp.

---

[1] Roger, 1962 : 451.
[2] Burks, 2021.

4.2.4. Le Fossé Un Enclos Hydraulique, Militaire Et Esthétique

Le fossé est une structure paysagère hydraulique et militaire. Rempli d'eau, il imite l'image du cours d'eau. Le fossé a été aménagé dans plusieurs villes. A Gabès importante ville antique, construite d'imposantes pierres, l'eau est amenée au fossé, en cas de nécessité. Ce grand fossé est très particulier, car il entoure le rural et la ville, il encercle donc la forte enceinte en pierres, les bocages *(arbath),* les marchés, les hôtels, les mosquées et plusieurs hammams. C'est aussi la structure protectrice la plus sûre pour les faubourgs clos (*arbath*) à l'est et les jardins (*bassatin*) disposés sur une longueur de quatre milles, arrosés par des eaux qui courent de partout. Cette eau vient de la source de *Kherr* qui se situe sur une montagne entre la qibla et l'ouest[1].

A Tehuda, l'eau de la rivière y est déversée dans le fossé afin de garantir cette matière précieuse en cas de manque et lors des attaques de l'ennemi[2]. Singulièrement, le fossé de Tunis a permis l'irrigation de nombreux jardins (*bassatin*) et l'installation de nombreuses roues hydrauliques[3].

4.3. Mesurer L'espace Et Le Temps, Pour Equilibrer Un Paysage

Depuis l'antiquité, la distance entre les villes est marquée sur le territoire par des bornes en utilisant comme unité de mesures le mille. D'ailleurs le territoire algérien est marqué par les mensurations de l'époque romaine. Des traces existent jusqu'à nos jours. Les historiens et géographes arabes ont maintenu la même unité de mesure dans leur description du Maghreb. E. Carette affirme que l'usage du mille a été conservé chez presque tous les peuples :

> « Le système des voies prétoriennes, qui avait été l'instrument le plus actif et le signe le plus imposant de la puissance romaine, en fut aussi le monument le plus durable. Le temps a rompu en mille endroits l'immense filet dont la borne militaire formait les nœuds, mais le temps n'a pu le détruire : la maille a laissé son empreinte dans la tradition comme dans le sol […] et en comparant leur évaluation avec les distances obtenues par les mesures précises, on est conduit à reconnaitre l'identité du mille arabe et du mille romain. Cette identité a été

---

[1] Al-Bakri, 1963 : 17.

[2] Al-Bakri, 1963 : 110.

[3] Ibid : 41.

établie par M.Goselin, pour le mille d'Al-Idrisi et celui de Ma'coudi ; la valeur commune que ce savant géographe leur attribue est de 1,481m48, le tiers de la lieue de 25 au degré »[1].

Les distances entre les villes, les mesures du *robth* et du *fahs* sont souvent mentionnées, vu leur importance pour l'équilibre économique et écologique ville-campagne. En dehors de la ville de Tobna se trouve un grand enclos qui entoure un immense *fahs* dont la surface est le tiers de toute la ville ; à Tasfdalt, il y a un fleuve nommé *Sirat* et un *fahs* de 40 milles appelé *fahs Sirat*[2]. Entre la Ville de Tlemcen et Archgoul se situe *fahs* Zidour d'une longueur de 25 milles[3].

Le développement de la mécanique a permis l'invention de plusieurs appareils comme les jouets, les horloges, les engins de guerre, les automates, les cadrans solaires et les élévatrices[4]. A Tozeur, les eaux des oueds dérivées par des canalisations et des conduits de pierres étaient réparties grâce à des clepsydres qui se vidaient cent quatre-vingt-douze fois par 24h et servaient à mesurer le temps de l'arrosage et à fixer les contributions des propriétaires[5]. Dans les montagnes de Kutama, à Sbiba ville portuaire proche de la ville Bejaia, où l'on extrait du cuivre (*nouhass*) qu'on exporte en Afrique, et l'on y trouve aussi du lapi lazulite (*ouzroud*), a été réalisé une fontaine munie d'une horloge hydraulique, elle coule durant les heures de prières, et une fois la période des prières écoulée, elle s'arrête[6].

---

[1] Carette, 1844 : LVI, LXIII.
[2] Al-Bakri, 1963 : 71.
[3] Ibid : 76.
[4] El-Faiz, 2005 : 220.
[5] Al-Bakri, 1963 : 48.
[6] Ibid : 82.

CONCLUSION DE LA PARTIE II

En nous appuyant, d'une part, sur la thèse de Benzi et Berliocchi, selon laquelle, le paysage méditerranéen « est absolument artificiel, composé, comme une œuvre d'art collective[1] », du fait que les territoires Méditerranéens ont perdu leurs plantes et ont été replantés par l'homme ; et en nous référant, d'autre part, à la pensée d'Iẖwān al-Ṣafā, qui brosse l'évolution de la création, nous avons retracé, dans cette deuxième partie de notre thèse, le paysage depuis la création de la terre jusqu'à l'effondrement du barrage Ma'rib. De ce relais, nous avons atteint le paysage d'Alger à l'époque phénicienne, romaine puis médiévale. L'objet paysager étant éphémère, la lecture croisée des images de jardins du texte coranique, des recherches historiques ainsi que des fouilles archéologiques s'est avérée nécessaire et essentielle. Ne disposant donc pas, ni de l'objet géographique, ni de l'espace physique, cette lecture croisée nous a permis de restituer, des images du paysage passé. Grâce à l'adoption d'une méthode pluridisciplinaire, nous avons mis en exergue la grande maîtrise de l'aménagement du territoire, de l'architecture, des techniques hydrauliques, des techniques de cultures ainsi que de la gestion sociale et juridique.

Rappelons que, selon l'article « 1 » de la convention du patrimoine mondiale élaborée par l'Unesco, le paysage culturel représente « les ouvrages combinés de la nature et de l'homme » sous des influences sociétales, spirituelles et culturelles, nous nous sommes, alors permis de qualifier le premier paysage, celui d'Adam, créé après sa chute, de paysage culturel. Précisons que c'est grâce à son jardin premier naturel, *el-Jenna*, – ayant été l'image nourricière à son imagination – qu'Adam a pu réaliser son premier paysage. Etant le fruit de l'imagination d'Adam et des connaissances apprises, ce paysage, que nous tenons à qualifier de culturel va être transmis d'une civilisation à une autre et enrichi, à nouveau, grâce à l'imagination des différentes générations.

Selon les images rapportées par les exégètes de l'islam, nous avons déterminé, dans cette deuxième partie de notre thèse, quatre importantes structures paysagères composant ce premier paysage culturel : le champ de blé, le verger, le bois, et enfin, la prairie aux plantes aromatiques. Ces cultures d'utilité marquent la relation de l'homme avec son environnement, une relation économique, sociale et culturelle qui structure le territoire. Grâce aux premières structures

[1] Benzi et Berliocchi, 1999 : 10.

paysagères culturelles, l'homme rehausse également sa relation spirituelle et affirme sa raison d'être. Son bonheur perdu est retrouvé par la réalisation de son premier paysage qui comprend le travail de la terre et les jardins créés. En d'autres termes empruntés à l'Unesco, le paysage culturel n'est qu'« une relation intime que l'homme entretient avec son environnement ».

Par ailleurs, ce parcours historique de l'évolution du paysage à travers les images, nous a permis de souligner l'extraordinaire maîtrise du voyage et l'acclimatation des plantes lors du déluge à l'époque du prophète Noé. Leur replantation a permis de réaliser un paysage « culturel » grâce à une grande maîtrise des cultures et de l'hydraulique. Ce développement technologique était si important au temps de *'Ad,* que l'homme a voulu défier son créateur et réaliser son propre paradis sur terre. De même, le peuple de Thamūd a réalisé une architecture exceptionnelle, qui joignait la sculpture à la construction et à l'hydraulique. Nous avons, également, décelé, un aménagement astucieux et ingénieux, celui de l'implantation de jardins fruitiers très rapprochés, le long de la route de commerce existante depuis la haute antiquité, appelée *Riḥlat al-Šita' wa al-Ṣayf* (voyage d'hiver et d'été) ou route caravanière de l'encens, afin de faciliter et de sécuriser le déplacement jour et nuit.

Nous avons, ainsi, déduit que, grâce à l'image de l'aménagement de cette route, les Phéniciens, les Romains, puis les musulmans développèrent des routes sur le littoral méditerranéen africain et les routes transsahariennes. C'est ainsi qu'Alger s'introduit dans l'importante histoire de l'évolution du paysage, bien qu'elle ait connu l'agriculture, depuis le néolithique. Des jardins, formant des couronnes autour des villes, sont constatés à toutes les époques. Ils sont destinés à alimenter la ville et à assurer le plaisir de l'homme.

A l'époque romaine, le territoire littoral occupé est tracé sur la base de la mesure de la parcelle agricole, et les grands axes sont ponctués par les fontaines distributrices des eaux. Certaines demeures avec jardin ont le privilège d'être implantées le long des voies de commerces et possèdent des façades qui donnent sur la mer. Elles permettent à l'homme de conjuguer le commerce et le plaisir. Le travail de la terre qui a aidé Adam à renouer avec son créateur et à créer son nouveau paysage, a été particulièrement tracé, à l'époque romaine, sur de belles mosaïques, qui décorent la maison. Les scènes de chasse ont été également choisies par ces écoles africaines de mosaïques, pour célébrer la relation que l'homme entretient avec la nature.

A l'époque médiévale, la nature a été si bien contrôlée et maîtrisée, grâce à la science, que de nouvelles routes transsahariennes ont été réalisées pour développer le commerce vers l'intérieur de l'Afrique et le grand Sahara. Nous avons insisté dans cette deuxième partie de notre thèse, sur le développement particulier du paysage de l'époque médiévale : des usines d'eau, des forêts fruitières et des usines de salaison sont réalisées dans tout le territoire maghrébin. Le paysage transcrit les échanges commerciaux considérables intérieurs et extérieurs. Toutes sortes de plantations sont destinées à la population locale et aux commerces, si bien que le jardin fruitier soit nommé : « forêt » et le stockage des eaux : « usine ». Les structures paysagères telles qu'*al-robth* (l'enclos bâti), et les systèmes hydrauliques tels que les grands bassins, les citernes et les aqueducs ont été des éléments empruntés aux civilisations antiques pour se voir dotés d'une nouvelle technologie De même, les grandes réalisations hydrauliques antiques, conservées sur site, ont été réutilisées et intégrées au système de l'époque médiévale. Enfin, dans ce grand territoire productif, Alger sera peinte de beurre, de miel et de figues.

En définitive, c'est grâce à la transmission puis au développement des sciences et des techniques qu'un paysage aussi fécond a été réalisé à l'époque médiévale islamique. A la fin de cette deuxième partie de notre thèse, nous souhaitons avoir démontré que le paysage est l'image perçue et appréciée d'un territoire, d'une ville et de ses alentours, mais c'est surtout l'objet « territoire, ville, campagne » conçu, structuré et réalisé, selon les besoins socio-économiques de la société et le respect de l'environnement. Les mesures et les distances sont, effectivement, d'une grande importance au bien-être de l'homme. Plusieurs enclos verts ou bâtis écologiques, regroupés permettant des activités variées, sont préférés à une extension illimitée de l'espace. L'eau, essence de la vie doit être disponible, et la création d'usines d'eau est indispensable. Aussi, le jardin fruitier est la marque d'une civilisation et de sa richesse. L'apogée ou le déclin du paysage se révèle fortement lié non seulement, au travail de l'homme, et à la science, mais aussi, à son lien spirituel. Enfin, nous arrivons à notre étape finale, Alger à l'époque ottomane. Interrogeons son histoire pour dévoiler son paysage.

PARTIE III

PAYSAGE D'ALGER À L'ÉPOQUE OTTOMANE

Fig.10. Rumker, C. (1830). *City of Algiers.* [Peinture]. Musée national des beaux-arts d'Alger.

Fig.11. Otth, A. (1839). *Sur la route de Constantine.* [Lithographie du livre Esquisses africaines].

Figu.12. Otth, A. (1839). Palmiers en éventails. [Lithographie du livre Esquisses africaines].

1. Le *Fahs* d'Alger, un don divin

> « La ville est placée comme au milieu d'un immense jardin ; car, de chaque côté, on aperçoit des massifs d'une verdure toutefois un peu sombre, et au milieu desquels brillent et se détachent, d'une manière très apparente, de petites maisons blanches, qui font un fort bon effet dans la perspective »[1].

Le paysage en islam étant l'image d'un lieu et le lieu élaborés, selon une méthode scientifique, rappelons-le. C'est notre définition de base que nous avons appliquée à la lecture de tous les paysages que l'art, la science et la nature nous offrent, depuis l'antiquité au monde islamique en général, et que nous adopterons, aussi pour le paysage algérois de l'époque ottomane. La méthode adoptée des grands paysagistes de l'époque médiévale islamique a été reprise par les auteurs modernes européens ainsi que les peintres, à l'instar d'Adolph Otth, de Lessore et de Wyld. Présenter le paysage d'Alger, c'est rapporter l'image de la ville et de ses alentours, en une composition de plusieurs images de routes, de limites, de portes, de principaux monuments, de jardins et de plantations, d'eaux et de techniques hydrauliques. La méthode scientifique des paysagistes arabes adoptée, nous allons parcourir le paysage d'Alger en le décomposant, à travers ces éléments constituants : l'eau et le végétal habillés de leur architecture pour révéler la science et la spiritualité de l'homme, et pour permettre la construction de l'image mentale d'Alger.

Selon les paroles de Kaab[2], « Dieu a béni '*fahs El Ordon*' et '*fahs Rafah*' ». *El-Ordon et* Rafah sont deux fleuves, et leur *fohos*[3] sont les terres qui s'étalent autour[4]. Selon le dictionnaire '*'Lissan El Arab''* *el-fahs* est une terre habitable, également, qualifié en terme arabe d'*el-bassitha* qui découle d'un des noms de Dieu *El-Bāssith,* qui signifie le donneur des bienfaits, des bénédictions et des moyens de subsistances, sans limites[5]. *El fahs* est donc une terre prospère. Cette appellation est attribuée à certains lieux comme *fahs Ishbillia* (Séville), *fahs El-Sham*

[1] Bolle, 1939 : 10

[2] Abi Ibn Kaab, narrateur du hadith du prophète et compilateur du Coran

[3] Fohos est le pluriel de fahs

[4] Muhammed Murtadha al-Husseini al-Zubeidi, 1965.

[5] Ibn Mandhour, 2007.

(Syrie ancienne) et *fahs Tholaithila*. Et à partir du 16e siècle, c'est dans ce type de terre, *el-fahs* que les jardins d'*El Djazair El-Mahroussa*[1] se sont développés dans un environnement naturel riche et sain, caractérisé par ses reliefs et ses eaux.

Comme nous l'avons vu précédemment, Alger a été occupée par plusieurs civilisations. Depuis l'antiquité, le développement de la ville s'est effectué graduellement sur la colline qu'occupe la médina, actuellement. Face à la mer, l'homme a implanté son bâti successivement dans le temps, en s'intégrant au relief en pente, en profitant des ruissellements des eaux et en respectant les principes architecturaux, liés à la culture, à l'art et aux conditions socio-économiques et climatiques de chaque époque. Ce qu'on peut distinguer c'est que l'art urbain et paysager, adopté par l'homme a conservé toutes les terres fertiles et les forêts qui entourent la Médina « *El-Djazair El-Mahroussa* » « Alger la bien gardée » par son enceinte et ses forts. La culture des jardins d'utilité était florissante au niveau *des fohos*. Ces zones riches se situaient en dehors de l'enceinte de la Médina et étaient désignées par trois portes principales de la ville. Tout au long de la période moderne, jusqu'à la période contemporaine, l'image de cette ville et de ses *fohos* a été présentée tel un paysage pittoresque par les peintres et écrivains.

L'espace naturel d'Alger se composait de collines, de coteaux, de vallons, de plateaux et de plaines, un ensemble de structures naturelles constituant la bande du Sahel algérois, qui s'étale du littoral jusqu'à la plaine de la Mitidja et d'El-Harrach à Sidi Fredj. Ce paysage est qualifié de terre fertile, abondante en eaux et en récolte, et de lieu de détente, et de ressources économiques, avoisinant la mer. Vers la fin du 16e siècle, Diego de Haedo le présente comme « abondamment pourvu de tout ce qui peut servir à l'existence et plein de dons que la nature avait libéralement répartis »[2], ce qui rejoint la définition d'*al-Fahs*, et rappelle la perception des historiens, des géographes, et des botanistes médiévaux arabes, ainsi que la description de Jean Léon l'Africain. Outre les maisons de campagne *al-Jenna, al-fahs* était ponctué par des monuments publics, des moulins à vents et des norias, des mosquées et des *zaouïas*, des cimetières, des forts, des batteries, des fours à chaux, des magasins à poudre, des écuries, des aqueducs, des fontaines et des

[1] « *El Djazair El-Mahroussa* » est une expression arabe utilisée dans les actes juridiques de l'époque ottomane et qui se traduit par « Alger la bien gardée »

[2] De Haedo, 1612 :14.

cafés. Tous ces monuments participaient à la construction et l'ornementation du paysage d'Alger[1].

La présentation logique d'un lieu débuterait par son aspect naturel, cependant dans notre cas d'étude les toponymes importants sont les portes de la ville. En effet, ces fohos, composant le paysage, étaient groupés en trois zones identifiées, par rapport aux trois portes principales de la ville : la porte Bab Azoun, la porte Bab El Oued et la porte Bab El-Djedid. Ces fohos étaient liés socialement et économiquement à la médina d'Alger, et l'entouraient spatialement comme une couronne verte. Dans ce chapitre, nous allons tout d'abord, identifier les portes d'Alger, puis découvrir ces fohos, à travers les eaux, les plantations et les monuments principaux qui les composent.

1.1. Des Paysages D'Entre Deux : Des Portes Vers Les *Fohos*

On entre à la médina d'Alger par des portes, situées au niveau de la double muraille de l'enceinte qui arrive jusqu'à la mer. A la fin du 16e siècle, ses portes sont évaluées à neuf par l'ecclésiastique Diégo De Haedo[2]. Au 19e siècle, Albert Devoulx[3], dans son étude topographique d'Alger, élaborée à partir d'actes anciens, en relève cinq et suppose même une sixième : *Bab El-Djenan*, prétendant permettre l'accès de *Haret El-Djenan* (se trouvant à l'intérieur de la médina, un peu plus haut que *Bab El-Oued*) au *fahs El- Djenan*. Ces portes blindées situées dans le mur d'enceinte fortifié, sont à la fois des limites et des ouvertures spatiales, dans l'image mentale de la société, mais aussi des repères clé à la géographie et pour l'orientation de l'espace, nécessaires à l'élaboration des actes juridiques d'Alger, à l'époque ottomane.

L'architecture de ces portes[4] est militaire et complexe, afin d'assurer la protection de la ville de toute incursion. Elles se présentent en compagnie de leurs tours et de leurs batteries, afin de protéger la ville et ses eaux. Elles sont doubles, et parfois triple et même quadruple, située chacune dans une muraille de l'enceinte, dont elles suivent l'architecture. Un pont ou un terre-plein traverse le fossé pour les relier à l'extérieur. Dans les actes juridiques ottomans, il est souvent fait référence aux trois portes principales *Bab Azoun*, *Bab El Oued* et *Bab El- Djedid,* pour situer un lieu.

---

[1] Tabari, 2009 : 139.
[2] De Haedo, 1612 : 24.
[3] Devoulx, 1875 : 301.
[4] Voir Sakina Missoum, 2003. Leur architecture a été analysée par Sakina Missoum.

1.1.1 La Porte De La Rivière

Bab El-Oued ou la porte de la rivière se situe au nord et permet l'accès vers *fahs El-Djenan*, et les *fohos de Bouzaréah*. Selon les témoignages de De Haedo : « Près de l'extrémité droite de l'arc que nous avons dit être située au nord-ouest, se trouve une porte, appelée Bab el-Oued, s'ouvrant à peu près dans la même direction[1] », atteste De Haedo. Adolph Otth précise que « la porte *Bab El-Oued* en elle-même n'a rien de remarquable »[2]. Sakina Missoum relève un important descriptif d'un manuscrit de la bibliothèque de Madrid que nous jugeons essentiel de reprendre pour détailler le paysage de cette porte et de son pont en pierre qui permet de traverser le fossé. Cette porte complexe est composée de quatre portes dont l'architecture est exceptionnelle, et dont l'entrée possède un bastion avec deux petits canons. La porte cache, malgré sa simplicité apparente attestée par le peintre Otth, une complexité architecturale : « L'une [porte], celle du contre muraille près du pont de pierre, une autre, celle de la muraille de la partie du dehors ; une autre au milieu du jambage de la muraille, et l'autre de la partie de dedans, et celles qui sont les plus fortes de la ville »[3], tel noté dans le manuscrit cité par Sakina Missoum.

1.1.2 La Porte de L'Île

Bab El-Djzira, ou porte de l'île, se situe à l'est, sur la muraille du front de mer et communique avec le môle, elle est appelée Bab El-Djihad ou Bab El-Marsa. Elle fait partie d'un ensemble complexe renfermant un chantier de construction de galères, qui n'a aucune ouverture avec la ville, et dont la communication est plutôt avec la mer aux moyens de deux portes en formes d'arceaux bâties en pierre : l'une pour les galères et l'autre comportant à sa partie supérieure une porte en bois cadenassée et contrôlée, qui ne s'ouvre que pour les ouvriers de l'arsenal[4].

---

[1] De Haedo, 1612 : 111.
[2] Otth, 1839 : PL. X16.
[3] Ms, n° 3227 : chap.2, lignes 205-210. Cité par Missoum, 2003 : 133.
[4] De Haedo, 1612 : 25.

1.1.3 La Porte De La Mer

Bab El-Bahr ou porte de la mer se situe au sud-est, elle donne sur la plage des pêcheurs. De Haedo témoigne qu' : « à Quarante pas du chantier de Bab El-Djzira, sur une extension d'enceinte postérieure à l'ancienne, pour joindre la ville à la mer, se trouvent deux petites portes distantes de 50 pas. La première donne sur la mer et s'appelle porte de la douane, la deuxième veille la garde. Elle est très fréquentée du matin au soir[1] ».

1.1.4 La Porte Du Jardin

Cette porte est citée par Devoulx à la suite de ses recherches archivistiques, plus précisément les titres de propriété contemporains à l'établissement des Ottomans. Il y trouve mentionné le nom de « *Haret el-djenan* » correspondant à la voie de communication « Zenkat Lallahoum[2] ». Devoulx suppose que cette rue donnait sur *fahs El-Djenan*[3], avant de devenir une impasse, elle devait aboutir à une porte aménagée dans le mur d'enceinte. Aussi « *Hara* » signifie entrée étroite dans un ensemble de maisons ou quartier, selon le dictionnaire numérique *Mu`jam al-ma`any*[4]. Cette porte, si elle existait, aboutissait au célèbre marabout *Sidi Abderrahmane El-Tha'albi* qui se trouve dans un grand jardin en pente.

1.1.5 La Nouvelle Porte

Bab El-Djedid ou porte neuve se situe au sud-est de la Casbah. Elle est constituée de deux portes, celle de la muraille intérieure et celle de la muraille extérieure. Son qualificatif *el-djedid*, qui signifie nouveau, situe sa date d'édification à l'époque ottomane, remarque Devoulx. La contre-muraille s'interrompt à ce niveau pour reprendre au niveau de la Casbah[5]. Il est également constaté sur l'illustration de Lessore et Wyld[6] qu'il n'y a pas de fossé apparent à son niveau, ce qui laisse penser que des canalisations sont aménagées en dessous de ce terre-plein pour

[1] De Haedo, 1612 : 26.
[2] Devoulx, 1875 : 513.
[3] Campagne du jardin du Dey.
[4] Mu`jam al-ma`any, 2010.
[5] Devoulx, 1875 : 510.
[6] Lessore et Wyld, 1835 : PL. X16I.

l'évacuation des eaux. Ces deux artistes notent l'architecture du dôme du pavillon qui cache la porte :

« Nous nous trouvons, ici, presque sous les murs de la Casbah, château fort, habité, autrefois, par le Dey ; c'est le point par où les Français sont venus prendre possession d'Alger en 1830. L'armée a commencé à pénétrer par la porte neuve, qui se trouve au second plan à gauche du dessin, près d'un pavillon carré, surmonté d'un dôme »[1].

1.1.6 La Porte De Liaison

Bab 'Azoun se situe au sud, elle s'ouvre sur la rue principale qui l'oppose à la porte *Bab El-Oued.* Elle est très fréquentée par la population pour le passage des vivres et pour la promenade. D'ailleurs, le terme arabe *'Azoun* signifie correspondance ou liaison. Selon Otth, la porte est composée d'une porte située sur la muraille extérieure ombragée d'un majestueux platane, et d'une seconde porte, située sur la muraille intérieure, alors que la troisième muraille, celle du fossé n'en possède pas. Un pont en pierres permet la liaison entre la ville et l'extérieur, tel que cité par Adolph Otth :

« Depuis cette porte, d'une construction si singulière et surmontée du croissant, les blanches maisons étagées sur les murs de la triple enceinte s'élèvent en amphithéâtre. Les deux murs intérieurs sont munis de crénelures bizarres et de meurtrières. La porte elle-même, à laquelle aboutit un pont de pierre, avec des arches jetées sur de larges fossés qui en défend l'abord, est ombragée par un majestueux platane qui étend au large ses branches touffues sur les murs, dont elle est flanquée »[2].

L'ecclésiastique, Diego de Haedo en effectuant le tour de la Casbah, à partir de la porte de *Bab al-Oued* jusqu'à la porte de *Bab Azoun*, son opposée, et tout en en repérant la totalité des portes, ainsi que l'avant-dernière nommée *Bab al-Djedid*, restitue les détails suivants :

« En suivant la pente du terrain, on arrive à 400 pas plus loin devant une grande porte très fréquentée qui se nomme la Porte Neuve, et fait face en plein au midi. L'inclinaison du terrain continue, et quand on a franchi une distance de 400 pas encore, on rencontre une autre grande porte dite Bab Azoun regardant le sud-est ; elle s'ouvre sur une rue longue d'environ 1 260 pas et

[1] Lessore et Wyld, 1835 : 11.
[2] Otth, 1839 : PL. I

correspond à la porte opposée de Bal el-Oued, par laquelle nous avons commencé cette description »[1].

1.1.7 Les Portes De L'Ancienne Casbah

La description de la ville par De Haedo, permet de localiser deux autres portes en haut de la citadelle : la première nommée *Bab El-Casbah El-Qdima,* située au sud-ouest de l'ancienne Casbah, puis à vingt pas, dans la même direction se trouve une seconde porte.

« A partir de cette porte[2] en suivant (à l'extérieur) le mur d'enceinte que l'on se trouve avoir à main gauche, on gravit la montagne et après un parcours de 800 pas, on atteint le sommet de la ville (milieu de l'arc) où s'élève la Casbah, ancienne forteresse dans laquelle est percée une petite porte dite de la Casbah, et regardant à peu près le sud-ouest. A vingt pas de là environ, sur la même ligne, existe une autre petite porte dépendante également de la Casbah et orientée de même que la précédente »[3].

Les deux portes sont destinées aux passages des janissaires et soldats qui y habitent, atteste De Haedo : « Ces deux portes sont réservées exclusivement au passage des janissaires et soldats qui habitent et gardent cette forteresse[4]. »

1.1.8 La Porte Du Passage Et La Porte Du Fossé

Par ailleurs, Devoulx relève, selon des écrits officiels sur les impôts prélevés sur les dattes, deux appellations de portes : *Bab El-Deriba* et *Bab El-Khouihha*[5] ou probablement *El- Khouayya* خُوايَة: la porte du vide ou du creux. Elles étaient situées au niveau de la Casbah, du côté extérieur. Devoulx reprend quelques passages d'un acte officiel :

« D'après une décision, rendue par l'armée victorieuse, les propriétés acquises par nos enfants, antérieurement à ce jour, sont exemptées de l'impôt

---

[1] De Haedo, 1612 : 111.

[2] L'auteur fait référence à la porte de Bab al-Oued.

[3] De Haedo, 1612 : 111

[4] Ibidem.

[5] *El-Khouihha ce mot* semble mal translitéré car il n'a pas de signification. Toutefois, il parait proche du mot خُوايَة qui a plusieurs significations, dont les plus proches du sens du texte, sont en relation avec le creux ou l'eau. Nous ne pouvons confirmer l'exactitude du sens.

sur les dattiers […]. La présente page est destinée à faire connaître cette décision. Entre la Casbah et le fort, du côté de Bab El Deriba, il existe un endroit appelé Harara, et qui renferme huit dattiers ; le produit de ces arbres appartient aux maîtres-maçons ; quiconque devient maître-maçon doit participer à la jouissance de ces dattiers »[1].

Selon un autre écrit officiel, sur l'entretien de la Casbah, signalé par Devoulx, il est cité un propriétaire nommé Karra Kouz, ayant un terrain proche de cette porte :

« En mil soixante-dix, le nommé Karra-Kouz possédait, à Bab El-Deriba, un terrain sur lequel est actuellement le fossé de cette porte ; il arriva, à cette époque, un écrit émané du pouvoir élevé, siégeant dans la ville bien gardée d'Alger, et qui ordonnait de réunir ce terrain aux biens du beylik. L'Agha loue ce terrain et en affecte les loyers à l'entretien de la Casbah et de son mobilier. Inscrit pour ce que de besoin »[2].

Selon un autre écrit officiel, sur le chaudron de l'Etat, placé à la Casbah, que l'auteur relate, il est mention d'une porte dans la partie supérieure du fossé, proche d'une rigole, une porte dite *Bab El-Khouihha* :

« Il est alloué mensuellement cinq quarts et un huitième à la personne qui est chargée de réparer et d'entretenir en bon état le chaudron de l'État, placé dans la Casbah. Dans cette allocation sont compris rétamage et la réparation de tous les objets en cuivre, tels que marmites et autres. Il existe une rigole dans la partie supérieure du fossé de la porte dite Bab El Khouihha ; celui qui en pratiquerait une autre dans la partie inférieure encourrait des peines très sévères. Inscrit pour ce que de besoin »[3].

Si on analyse tous ces écrits officiels, la rigole de *Bab El-Khouihha* pourrait avoir été le premier tronçon de l'aqueduc qui alimente la Casbah et auquel on donnera le non de l'aqueduc de *'Ayn Zeboudja* à l'époque française. Quant à *Bab El-Deriba,* on remarque sur la fig. 20 intitulée « Al-Djazair restitution de la structure urbaine de la médina d'Alger[4] » que le quartier proche de *Bab El-Djedid* comprend des rues dont l'appellation est *Derb* Qoussayr, sachant également que

---

[1] [Acte officiel de la periode ottomane] cité par Devoulx, 1852 : 111.
[2] Ibidem.
[3] Ibid : 114.
[4] Missoum, 2003 : fig20.

Derb signifie ouverture, entrée ou passage. Il se pourrait qu'il y ait eu un ancien passage avant la réalisation de la porte de *Bab El-Djedid*, et précisément au niveau du terrain dont le propriétaire est nommé, Karra Kouz, surtout qu'il est mention de dattiers se trouvant entre le fort, qui ne peut être que Fort l'Empereur, et la porte *Bab El-Deriba*. On pourrait dire que *Bab El-Deriba* n'est autre que *Bab El-Djedid.* Alors que *Bab El-Khouihha* ne serait que la porte supérieure de la citadelle par où pénètre la rigole qui deviendra plus tard *l'aqueduc de Ayn Zeboudja.*

En définitive, toutes ces portes, dont les appellations respectives sont significatives, racontent l'histoire du paysage. Celle de *'Azoun* rappelle que ce lieu d'échanges de vivres et autres produits est aussi un lieu d'échanges et de liaisons sociales. La porte de la mer indique la proximité de la mer d'une part, et le trafic portuaire, d'autre part. La porte de l'île n'est autre que la frontière de l'arsenal pour la production des galères. La porte de l'ancienne Casbah prouve qu'il y avait une Casbah avant l'arrivée des Ottomans. La porte du jardin révèle la proximité du jardin célèbre de Sidi Abderrahmane. Alors que la nouvelle porte retrace l'histoire du lieu qui abritait un passage, puis s'est transformé en une importante porte qui reçoit l'aqueduc du Télémly. La porte de la rivière souligne la présence du cours d'eau lors de l'implantation de la ville.

Les portes de la Casbah orientent l'homme dans l'espace et ordonnent l'espace mental de l'homme. Elles marquent et limitent son parcours sans, toutefois, créer un dehors et un dedans opposés. Elles provoquent une « continuité sécurisée ». Autrement dit, que l'homme, soit dans la ville ou dans la campagne, la sécurité est assurée. La lithographie d'Adolph Otth nommée « Bab Azoun » représente si bien les scènes d'échange social dans l'espace d'entre deux de Bab *'Azoun.* Et le peintre de citer :

« La porte appelée *Bab 'Azoun*, est située à l'extrémité méridionale de la ville, une des parties les plus animées d'Alger. Elle est la promenade favorite des Algériens. Dès l'aube, jusqu'à la nuit on y rencontre une cohue singulièrement variée et bigarrée, composée pour la majeure partie d'Arabes. Chaque matin et de tous côtés, et surtout de la plaine, des milliers de ces derniers accourent vers le marché de la ville pour y vendre leurs produits, pour s'y divertir ou poussés seulement par la curiosité »[1].

[1] Otth, 1839 : PL.20.

En effet, la porte est un espace d'accueil, un paysage d'eau, car l'eau représente l'élément essentiel de la vie et sert à rafraîchir l'homme durant son déplacement. Fontaines, abreuvoirs, bassins, toutes ces structures hydrauliques ponctuent ces entrées. Toutes les portes citées articulent deux entités : la ville et la campagne ; en d'autres termes, la grande maison et le grand jardin qui se complètent sans, toutefois, pouvoir être dissociés.

1.2. *EL-FOHOS*

Une liste de ces *fohos* a été établie par l'administration française en 1834[1]. Selon les actes juridiques, Mahakim al-shar'iya[2], les fohos se répartissent suivant les trois principales portes de la Casbah. La mention « en dehors de la porte » *kharidj bab est* présente dans tous les actes mentionnant les *fohos* et autres localités. Nous remarquons lors de notre lecture des actes juridiques, que certaines localités ne portent pas le nom de fahs. El-Hamma, par exemple, n'est pas qualifié de fahs, cette localité, située au fahs Khanis, ne pourrait recevoir, logiquement, le qualificatif de fahs, car un fahs peut contenir plusieurs localités, sorte de quartier. Reclasser tous les fohos et les localités qui leur sont attribués demanderait une longue recherche et un classement des localités, du point de vue juridique et administratif. Cependant, pour notre recherche, nous citerons les trois listes des *fohos* et leurs localités élaborées par Naceredine Saidouni[3] qui a initié et mené l'étude du paysage économique rural de la période ottomane. Nous pouvons constater la fréquente qualification des toponymes des fohos, de noms des puits, des cours d'eau et des sources d'eau, vu la nécessité de la présence de l'eau à la sédentarisation de l'homme.

En dehors de *Bab-Azoun,* on distingue *El-Hamma*[4], *Ras Tafoura, fahs 'Ayn El-S'med, fahs Ouchaihia*, fahs *El-Nssour*, fahs *El-Rayhania, El-Harrach, fahs Tixeraine, fahs El-R'bouth, Sidi Saheb El-Thriq, El-Qaddous, El-Qouba, Bir Mourad Rais, 'Ayn El-Sultan, fahs Khanis, 'Ayn El-Zerqa*, etc.

En dehors de *Bab El-Djedid,* se trouvent *fahs Oued Roumane*, *'Ayn El-Roumane*, *Kef El-N'ssour*, *fahs Tadjarat*, *fahs Talaoumy*, *fahs Beni*

[1] [Archives du Ministère de Guerre.H.734, 1834]. Cité par Saidouni, 2001 : 18

[2] Les actes juridiques d'Alger à l'époque ottomane.

[3] Saidouni, 2001 : 18.

[4] De notre lecture des actes juridiques, nous remarquons que certaines localités portent le nom de fahs, et nom pas toutes. El Hamma par exemple n'est pas qualifié de fahs.

Messous, fahs Bir Trilia, fahs Hydra, fahs Khandeq El-'Amiq, fahs El-Abar, 'Ayn Zeboudja, fahs Ben-Sahnoun, etc.

En dehors de Bab el-Oued, on distingue *fahs 'Ouyoun El-S'khakhna, fahs Bouzaréah, Bouskour, Mers El-Debban, fahs El-Sed, fahs El Djenan* (*aguenan*), *fahs Sidi Ya'koub, Bir El- Seman, Zeghara, Sidi Bennour, El-S'nandja*, etc.

Lessore et Wyld rappellent l'image du paysage de fahs El-Djenan, proche de la porte de Bab-el-Oued, avant sa transformation profonde :

« Bab-el-Oued ou la porte du ruisseau, est située au nord d'Alger ; autrefois, elle conduisait à un faubourg très long qui est maintenant ruiné. On a fait une grande place d'armes sur tout le terrain qui borde la mer, emplacement d'un ancien cimetière mahométan qui s'étend jusqu'au Fort des vingt-quatre heures, situé à peu de distance »[1].

La peinture de Rumker C. (1830) « City of Algiers » dévoile ces structures paysagères : *les fohos* que nous avons déjà présentés dans la partie II. L'image ainsi perçue permet de lire les limites strictement végétales. Le *fahs* est comme un grand jardin qui englobe plusieurs jardins, et la campagne est tel un grand jardin qui englobe plusieurs *fahs.* On dessinerait l'image d'Alger comme une succession d'enclos de végétaux ou jardins accolés l'un l'autre pour former un fahs. Puis, plusieurs fohos se juxtaposent alors pour créer une grande couronne végétale qui encercle l'enclos bâti : la ville. Aussi, chaque jardin, couronné par une ceinture végétale, possède une maison. Ainsi, l'explication de Bolle se rapproche de notre constat :

« La ville est placée comme au milieu d'un immense jardin, car, de chaque côté, on aperçoit des massifs d'une verdure toutefois un peu sombre, et au milieu desquels brillent et se détachent, d'une manière très apparente, de petites maisons blanches, qui font un fort bon effet dans la perspective »[2].

L'emboitement astucieux et esthétique des enclos est assuré par le végétal, matériau naturel. Pour cela, les ceintures végétales sont l'élément indispensable à l'allure du grand fahs. Nonobstant, malgré leur apparence naturelle respective, le fahs dans sa globalité, ainsi que

[1] Lessore et Wyld, 1835 : PL.VI.
[2] Bolle, 1939 : 10.

le jardin, respectent tout deux les conditions topographiques, d'irrigation et d'ensoleillement.

Fig.13.Lessore, E. et Wyld, A. (1835). *Vue de la baie prise à la porte neuve.* [Lithographie du livre Voyage Pittoresque dans la Régence d'Alger].

2. Le Relief

C'est au bord de la Méditerranée, par une grande baie circulaire qui s'étend de Cap Matifou, à l'est, au Cap Caxine ou Rais Hamidou, à l'ouest que se centralise le rivage d'Alger, dont le contour périphérique est de 42 km, pour s'étendre à l'ouest jusqu'à Sidi Fredj, par une petite langue de terre rocheuse qui avance dans la mer[1]. A partir de la porte de Bab Azoun se succèdent des collines comme celle de Mustapha supérieur de 110 m d'altitude, celle de Bir Mourad Raïs de 165 m, celle d'Hydra et celle de Qouba de 120 m, traversées par de petits cours d'eau et des ruissellements, le long des ravins, qui descendent au nord, vers la mer, traversant la plaine côtière d'une largeur moyenne de 600 m[2].

Cette plaine, remarquable par sa fertilité et son abondance en eau, s'étale en longueur du côté sud à partir de la porte de Bab Azoun et de la baie de l'Agha jusqu'à El Hamma, puis d'Hussein Dey dont l'altitude est à 50 m, pour arriver au plateau d'El Harrach de 150 m d'altitude. Les plus importants cours d'eau qui la traversaient étaient Oued Khanis, Oued Mizab et Oued El-Harrach, sans compter l'ensemble des ruissèlements. Pas moins de dix ravins étaient visibles dans le paysage au début de la colonisation entre le fossé Nord[3] de la médina et la baie de l'Agha qu'on peut remarquer sur le plan d'Alger et ses environs, dressé, sous la direction du Général Pelet[4].

De la porte Bab El-Djedid, une autre série de collines, plus élevées et plus étendues que les précédentes dominent Alger. Très riche en ressources d'eau, elles sont caractérisées par une topographie accidentée. A partir du plateau d'El-Biar (El-Abar[5]) se trouvant au sud de la médina, et plus précisément de Birtraria (Bir trilia) ou Fontaine fraiche d'où descend l'affluent de l'Oued Maghsal, appelé Oued Lazzhar, chemine une ligne de crête d'une altitude de 240 m. Le relief est marqué par deux autres plateformes, celle du Fort l'Empereur à 216 m d'altitude, et celle de la Médina, plus basse, à 120 m d'altitude, ainsi que le récif de Sidi El-Kettani. Une autre série de collines et de plateaux viennent s'adosser aux précédentes comme la colline de Ben Sahnoun

[1] Peyssonnel et Desfontaines, 1838 : 197-198.
[2] Lespès, 1930 : 43.
[3] Le fossé entoure la médina, la Casbah d'Alger.
[4] Lespès, 1930 : 41.
[5] Mot arabe qui signfie puits dont le singulier est *al-bi'r*.

ou Ben Aknoun[1], qui est à 270 m d'altitude, Ouled Fayet qui est à 250 m d'altitude, Dely Ibrahim dont l'altititude est de 278 m ...etc, qui descendent en cascades, vers l'ouest.

De la porte de Bab el-Oued du côté nord et nord-ouest, le plus important relief appelé massif de Bouzaréah s'impose par son envergure de 16 km de longueur de l'est à l'ouest et de 5 km de largeur du nord au sud, avec une altitude dominante de 407 m. Sa richesse en eaux est considérée comme la plus importante d'Alger. Son versant est très accidenté et traversé par des ravins profonds dont le principal forme le bassin de l'*Oued 'Ouyoun El-S'khakhna* ou *Oued Maghsal*, devenu route de Frais-Vallon. Le massif possède des contreforts qui descendent au nord vers la mer en formant les zones connues comme la pointe de la Salpetrière, celles des consuls ou du Fort des Anglais, la Pointe Pescade, le Cap Caxine et le *Ras El-Knater*[2]. De son versant sud, le massif rejoint les collines du Sahel par le plateau de Dely Ibrahim. Et par un ensemble de mamelons arrondis et des pentes ravinées, il s'abaisse jusqu'au plateau de Baïnem, qui longe le littoral à une altitude de 100 m.

Au sud des collines et des plateaux d'Alger, en dehors des fohos d'Alger, dans *El-outhans* de *Dar El Sultan*, se situe la plaine d'Alger nommée la Mitidja. « Toute la côte, depuis *Tefessad* jusqu'à Alger, est soit montagneuse, soit très boisée ; ce qui fait que les belles plaines de *Metidjiah*, qui sont au-delà, se trouvent par ce moyen, abritées du vent du nord[3] », atteste Dr Shaw. Cette plaine s'étend sous forme d'une coulée de quatre-vingt-dix km et une profondeur de quinze km, selon une direction ouest, sud-ouest et est, nord-est[4]. Des monts de l'Atlas tellien qui la limitent au sud, s'y déversent trois oueds qui la traversent : *Oued Mazafran*, *Oued El-Harrach* et *Oued El-Hamiz* et aboutissent au rivage de la mer Méditerranée. C'est une zone particulièrement agricole, comprenant les *haouchs* du Beylik (Etat), elle ne fait pas partie de notre étude, mais nous la mentionnerons si nécessaire.

---

[1] Ben 'Aknoun a été l'appellation française d'un fahs existant depuis l'époque ottomane sous le nom de Ben Sahnoun, actuellement c'est le nom de Ben 'Aknoun qui est maintenu.

[2] Liautaud, 1872 : 6-7.

[3] Shaw, 1830 : 277.

[4] Sogréah, 2009 : 4.

3. L'EAU, SOURCE DE LA VIE

Parvenus à ce stade, nous rappellerons, ici, notre point de vue sur la science comme un ensemble de connaissances qui se transmet d'une civilisation à une autre. La science de l'hydraulique était maîtrisée depuis l'antiquité. Elle fut encore développée à l'époque médiévale, en s'appuyant sur les savoirs antiques. La nature de l'eau, sa qualité, sa provenance ainsi que les procédés et les techniques permettant de la repérer ont fait l'objet d'une recherche minutieuse. Plusieurs manuscrits traitent des méthodes pour extraire et canaliser l'eau. Dieu a créé toute chose vivante, à partir de l'eau ; l'eau est la vie nous apprend le texte coranique[1]. Pour le maintien et l'accroissement de la vie, il faut préserver l'humidité primitive des êtres humains. « Cette humidité est le véhicule de la chaleur animale *(al-harâra al-gharîziyya),* laquelle n'est autre que la vie elle-même », selon un traité des eaux[2].

Nombreux savants ont été soucieux de connaître les signes de la présence de l'eau et ont développé plusieurs méthodes. Mohamed El-Faiz a revivifié les traités des scientifiques de l'époque médiévale et moderne islamique. Il souligne que parmi les techniques de repérage, on peut faire appel aux cinq sens, en observant la rosée sur les flancs des montagnes ou les plantes ; en écoutant le bruit dans les montagnes, en sentant l'odeur des terres et en évaluant la saveur des terres, selon Al-Karajî, savant arabe de l'époque médiévale[3]. Al-Karajî se base sur un classement des anciens qui lient la présence des eaux souterraines aux couleurs des roches et à la configuration extérieure des sols, souligne El-Faiz :

> « La présence de l'eau, est également repérée par la présence des roches tendres et noires, lorsqu'elles se trouvent disposées en strates dans les zones désertiques ; par la rocaille ayant une couleur blanche, des formes acérées, et qui se trouve dispersée sur la surface du sol en particules nombreuses et hétérogènes »[4].

Ces montagnes rapprochées séparées par des vallées, ayant des sommets élargis, un couvert végétal abondant et de grands arbres,

---

[1] *Al-qūr'ān al-karīm,* 1983 : sūrat al-anbiyya, aya 30.
[2] El-Faiz, 2005: 45, (Un traité des eaux, manuscrit cité dans El-Faiz)
[3] Ibid: 45.
[4] Ibid: 148.

constituent un paysage qui montre l'abondance des eaux, selon Al-Karajî. Ce scientifique rajoute que toutes les terres en aval proches de ces montagnes renferment également cet élément précieux, par contre, les montagnes isolées indiquent sa rareté[1]. Qûtâmâ, autre chercheur de l'époque médiévale islamique, précise que la nature et les actions des eaux sont changeantes. Ceci est dû à la constitution des sols du lieu d'origine de l'eau, de son parcours et de son embouchure[2]. Al Karâji précise que l'eau des terres, où coulent des rivières et qui ont des ressources hydrauliques abondantes, peut être potable, à condition de ne pas subir l'altération causée par la salinité du sol[3].

Se basant pareillement sur les manuscrits des hydrauliciens arabes, El-Faiz, énumère une liste de plantes dont la présence peut aider au repérage de l'eau, et précise que cette méthode peut être insuffisante et qu'il faut l'accompagner d'autres techniques. Parmi ces plantes repères, nous distinguons l'ellébore, le souchet, le rumex, la mauve sauvage, le lyciet, la bourrache, le papyrus, le basilic sauvage, les vérités de roseau (roseau canne et roseau commun), le chiendent, le cardon, l'arche aquatique, le concombre sauvage, la vigne noire, l'adiante capillaire, la renouée, la ronce sauvage, la réglisse, la camomille sauvage, le mélilot, etc. Pour compléter cette méthode astucieuse, El Faiz indique le procédé de la pelote de laine qu'il juge très efficace, car il permet de déterminer à la fois la présence et la quantité de l'eau[4].

3.1 Des Chateaux d'Eau Naturels

> « Nous fîmes de Jésus et de sa mère un symbole et nous l'installâmes dans un lieu élevé, paisible et arrosé de sources »[5].

Les études récentes[6] ainsi que les sciences arabes de l'époque médiévale[7] se rejoignent pour affirmer que les importants cours d'eau prennent leur source dans les hautes terres, l'eau douce s'accumule dans les zones montagneuses qui sont de vrais châteaux d'eau. Les bienfaits des montagnes et leur rôle dans la création de la pluie et le maintien de

---

[1] Ibidem.
[2] Ibid : 147.
[3] Ibid : 148.
[4] El-Faiz, 2005 : 52.
[5] *Al-qūr'ān al-karīm,* 1983 : sūrat al-mū'minin, aya 50. [Trad] dans Ibn Kathir, 2013.
[6] Liniger et Weingartner, 2007 ; Calder, Hofer, Vermont et Warren, 2007.
[7] El-Faiz, 2005. Dalloni, 1928.

l'eau dans leurs réservoirs naturels comme les grottes, les gouffres et les galeries internes sont mentionnés par le savant Al-Qazwini[1]. Par ailleurs, le végétal et sa gestion ont une grande influence sur l'accumulation des eaux et leurs qualités.

Les cultures dans le monde sont élaborées en respectant les ressources naturelles, et en évitant de détruire leur équilibre. Les modifications de l'utilisation des sols et de la végétation ont une incidence, non seulement sur le ruissellement, mais aussi sur l'évapotranspiration[2]. Il y a une nette influence des forêts dans l'écosystème des bassins versants. La forêt protège par son couvert le sol contre l'érosion pluviale, et préserve l'eau potable contre la pollution[3]. D'ailleurs, les conséquences du changement de l'occupation du sol des terres pentues, ont été très vite ressenties durant les débuts de la colonisation française, dans deux quartiers d'Alger : au *fahs Bab El Oued* et au *fahs El Abar* (au niveau de la falaise St-Raphaël). Ce qui a provoqué respectivement des inondations de l'*oued Maghsel* et des éboulements graves de la falaise St-Raphaël[4].

3.2 La Colline Et L'Arrosage Naturel

> « Ceux qui distribuent leurs biens en vue de plaire à Allah et par conviction propre, font penser à un jardin perché sur un coteau. Une pluie abondante l'arrose et sa récolte est double. A défaut de pluie, la rosée le rafraîchit. Allah voit ce que vous faites »[5].

Ce verset coranique, mis en exergue, révèle les bienfaits des eaux de la colline sur les récoltes. Durant la haute antiquité, la colline était si importante avec ses plantations qu'elle fût l'objet de représentations artistiques et probablement mythiques. Comme il a été cité plus haut, la butte du Dieu d'Osiris de la civilisation égyptienne, au sommet duquel est représenté un arbre, est, une représentation sur papyrus, et un beau témoignage, une image révélatrice de l'importance de cette structure naturelle. La colline a été le lieu naturel qui a hébergé le premier jardin naturel d'Adam, selon Iẖwān al-Ṣafā. Aussi, le choix du peuple d'Ad

[1] Al-Qazwini, 1971 : 163.
[2] Liniger et R.Weingartner, 2007.
[3] Calder, Hofer, Vermont et Warren, 2007.
[4] Sol Expert International, 1973.
[5] *Al-qūr'ān al-karīm,* 1983 : sūrat al-baqara, aya 265. [Trad] dans Ibn Kathir, 2013.

pour leurs jardins qui devaient égaler les jardins éternels du Paradis, s'est porté sur des collines[1]. Ce choix astucieux ne pouvait que persister dans le temps, et c'est ainsi que tous les jardins des hauts dignitaires de l'époque ottomane se situaient sur des collines, en raison aussi de la morphologie collinaire d'Alger et de sa situation exceptionnelle, jouissant des perspectives orientées vers la mer et recevant, continuellement, la brise marine, ce qui rappelle, également, l'image des demeures romaines à Tipasa et à Hyppo Regius, très proche de la mer.

Le scientifique Zaghloul Annajar explicite, à travers ce verset cité plus haut le cheminement de l'eau au niveau d'un paysage collinaire. La colline est le plus souvent bien exposée au soleil et aux vents. Entre 300 m et 600 m, l'eau ne l'inonde jamais, si elle tombe en averse, elle s'écoule par gravitation, après avoir irrigué les plantations et s'être infiltrée dans les réserves du sol, le surplus descend vers la vallée et les plaines. Ces réserves utilisées, ultérieurement, évitent à la terre des vergers la sécheresse, alors que la pente évite l'inondation. Le taux de condensation de la rosée dans les collines est supérieur à celui des plaines et des vallées encaissées. Enfin, les collines sont favorables aux arbres fruitiers et autres tels que l'olivier, l'amandier, le conifère, le châtaigner… spécifiquement aux végétaux des vergers[2].

3.3 Les Jardins Dans Les Forêts

Dès le 7e millénaire avant notre ère, les vastes forêts de la Méditerranée ont subi des incendies pour libérer des terres de cultures[3]. Lors de l'époque ottomane, l'on était conscient de l'importance de l'équilibre du système complexe forêt, colline, sources d'eau, d'où la préservation du couvert végétal méditerranéen a été l'un des points cruciaux pour préserver cet équilibre naturel avant d'implanter les jardins sur les collines. Les photos aériennes nous indiquent la présence d'un important couvert végétal autour de chaque *djenan*. Il est, essentiellement important, de rappeler que le relief d'Alger est particulièrement une succession de collines et de vallons dont les forêts l'occupaient.

---

[1] *Al-qūr'ān al-karīm*, 1983 : sūrat al-Shou'ara', versets 129-131.
[2] Annajar, 2010.
[3] Benzi et Berliocchi, 1999 : 43.

Les montagnes et les plaines mentionnées par Ibn Hawqel[1] et Al-Idrisi[2] permettaient la production du miel et le pâturage, ce qui sous-entend la présence de prairie et de bois, à l'époque médiévale. Ces bois d'utilité ainsi que les jardins ont été perçus par De Haedo comme des réserves naturelles permettant la chasse :

« Durant les fêtes religieuses, les deux aïds, les Algérois pratiquent la lutte dans le champ de prière spéciale et font la course de chevaux deux à deux et jouent les cannes. En dehors de Bab Azoun et en dehors de Bab el-Oued, il y a respectivement des arènes pour l'exercice de lance des flèches destinées aux janissaires. Quelques-uns se livrent à la chasse des perdrix, des tourelles, des colombes, des lièvres, et mêmes des sangliers dans la campagne ou dans la montagne à trois ou quatre lieues d'Ager en usant de l'arquebuse »[3].

Plus tard, Desfontaines et Peyssonnels rapportent leurs sensations lors de leur exploration botanique au 18e siècle :

« Dans le royaume d'Alger, on incendie les forêts pour découvrir le terrain et le cultiver, et pour avoir de gros bois qui ne se consomme pas par les flammes [...] Je côtoyais les bords de la rade. Les vagues venaient baigner les pieds des mules, nous passâmes l'Arach sur un pont de dix arches assez bien bâties ; il est à environ deux lieues au sud-est d'Alger. Nous déjeunâmes auprès d'une fontaine en attendant les bagages. Nous laissâmes les bords de la mer, et après avoir marché dans un terrain montueux de lentisques et d'oliviers sauvages, [...] »[4].

Ces sources de bienfaits sont gravées dans la mémoire de ceux qui les ont perçues, les aïeux. Ils ont témoigné du nombre des forêts qui existaient à Alger, plus précisément dans des communes qui sont actuellement urbanisées. Des forêts d'arbustes, d'oliviers conjoints aux vignes et aux vergers constituaient le couvert de ces municipalités anciennement *fohos*, un couvert naturel qui a été partiellement déboisé pour laisser place aux cultures des vergers et des potagers à l'époque ottomane.

Selon les archives de la direction des forêts d'Alger et ceux de la Conservation des forêts d'Alger, les forêts sont réparties sur les communes d'Alger qui étaient autrefois des fohos, à savoir Bouzaréah,

---

1 Ibn Hawqel, 1938 : 72.
2 Al-Idrisi, 1836 : 68.
3 De Haedo, 1612 : 71.
4 Peyssonnel et Desfontaines, 1838 : 199.

Ben Sahnoun, Bainem, El-Abar, Hydra, El Hamma, El Qouba, Bir Mourad Rais, El-Harrach comme suit : A Bouzaréah ([se trouve « la forêt de Beni Messous[1] », « le bois de Ben Haddad[2] », « le bois Bouarioua[3] » et « la forêt Village céleste[4] ». A Ben Sahnoun (Ben Aknoun) se situe le bois nommé actuellement « la forêt Cinq-Juillet[5] » et qui fut appelé à l'époque ottomane « le camp des chasseurs », pour sa riche flore et faune. A Hammamet se trouve « la grande forêt Bainem[6] ». El bar (El Abar[7]) comprend « la forêt St Raphaël », « la forêt Bougara » et « la forêt de Tunis ». Le « bois de Boulogne » ou « forêt télégraphe[8] » sont parmi les forêts d'El Mouradia. Pas loin de cette forêt, s'étale « la forêt Hydra[9] » dans la commune de Bir Mourad Rais. En hauteur d'El-Hamma, à Sidi M'hamed[10] on distingue « la forêt d'El Madania », « la forêt du massif Md Gacem[11] », « la forêt Mahhieddine » et « la forêt du ministère de la santé[12] ».

Sur les pentes de Bouzaréah poussaient le palmier nain, le chêne vert, le lentisque, le myrte, le houx, la bruyère, le sainfoin, le genêt, la lavande et le diss. La terre des cours d'eau était couverte partout de lauriers roses, d'épaisses bruyères, de broussailles et taillis[13].

3.4 Valeur Patrimoniale De L'eau

Du fait que l'eau soit un des quatre éléments de la nature, et source de vie, selon les croyances islamiques et source de plaisir dans le paradis éternel, le paysage d'eau devient une image incontournable à la conception du bonheur de l'homme. Dieu a pourvu la terre de paysages d'eau pour l'utilité mais aussi comme source de plaisir à l'homme. Ce sont les archétypes à l'imaginaire de l'homme. A l'époque ottomane, l'eau était très abondante à Alger, nous informent tous ceux qui l'on

---

1 ACFA (Archives de la Conservation des forêts d'Alger), s.d : Dossier 10, 16.
2 Ibid : Dossier 16.
3 Ibid : Dossier 14.
4 Ibid: Dossier 25.
5 Ibid : Dossier 09.
6 Ibid : Dossier 27.
7 Ibid: Dossier 17.
8 Ibid : Dossier 06.
9 Ibid : Dossier 09.
10 Ibid : Dossier 03.
11 Ibid : Dossier 02.
12 Ibid : Dossier 01.
13 Saidouni, 2001 : 45-46.

décrite[1]. D'ailleurs, à la lecture des cartes et des photos aériennes d'Alger, nous décelons les eaux superficielles encore existantes. Le plan de l'ossature de l'assainissement d'Alger réalisé par Safege Ingénieurs conseils, commandé par Seaal) (Pl.02) révèle, par ailleurs, l'existence d'une arborescence de cours d'eau et la mise sous canaux souterrains, des plus importants oueds de la ville d'Alger, à l'époque coloniale.

Les sources d'eau souterraines[2] et les eaux superficielles[3], éléments naturels ayant fortement contribué à la composition paysagère ont donné au paysage d'Alger une valeur patrimoniale, utilitaire, esthétique et psychologique. De ce fait, le démantèlement des importants cours d'eau a détruit le paysage d'antan et son équilibre, et ceci n'a pas évité l'effacement de ce patrimoine de la mémoire collective des Algériens. Leur forte architecture naturelle et le paysage qu'ils soutenaient a presque totalement disparu. Cependant, des empreintes ont été véhiculées dans la mémoire historique, grâce à l'art littéraire et iconographique et les archives administratives. Peyssonnel et Desfontaines témoignent du rôle qu'ont joué les paysages de l'eau pour le bonheur de la population algéroise : « Les eaux, qui y sont conduites et distribuées avec art, y font naître beaucoup de tapis de verdure, sur lesquels ils vont se reposer et respirer le frais pendant les fortes chaleurs de l'été[4]. »

Les principaux cours d'eau (oueds) que Nacereddine Saidouni a répertoriés[5], n'ont pas été évalués en tant qu'éléments patrimoniaux d'Alger, à l'époque coloniale, malgré leur importance dans le paysage et leur rôle dans l'irrigation et l'approvisionnement en eau. Cependant, des études techniques approfondies ont plutôt été menées pour leur démantèlement, car le changement d'occupation du sol aux environs de ces canaux naturels a provoqué des inondations et des éboulements. Contrairement, la lecture des témoignages historiques de l'époque moderne, des cadastres et des actes juridiques ottomans nous révèlent

[1] Shaler, 1830 : 14 ; De Haedo, 1612 : 14.
[2] De Haedo, 1612 : 14 ; Shaler, 1830 : 14.
[3] [SEAAL Actualisation du schéma directeur d'assainissement de la wilaya d'Alger/ Ossature principale du système d'assainissement des de la wilaya d'Alger réalisé par Safege Ingénieurs conseils], 2009.
[4] Peyssonnel et Desfontaines, 1838 : 300.
[5] Saidouni, 2001 : 22, 23, 39.

le rôle indispensable que ce patrimoine a joué dans la vie quotidienne de la société d'Alger[1].

3.5 Conter Les Paysages Des eaux Superficielles

Plusieurs rivières et ruisseaux irriguaient le territoire d'Alger. « Leur cours est en général de direction sud-nord, cependant, leur force ne leur permet pas de porter bateau pendant l'été, elles sont grossies par les pluies d'hiver, et elles bloquent quelquefois les voyageurs au passage pendant des mois entiers[2] » soulignent Peyssonnel et Desfontaines. Certains cours d'eau d'Alger prennent naissance dans la montagne de Bouzaréah et dans les collines. En 1516, Jean Léon l'Africain cite un cours d'eau très utilisée : « Non loin d'Alger du côté oriental coule une rivière, sur laquelle se trouvent les moulins : et cette rivière sert aux besoins de la ville, tant pour boire que pour autre chose[3]. » Il a été difficile pour les historiens contemporains de l'identifier. Federico Cresti a pensé à *Oued Khanis*[4] en s'opposant à la proposition d'André Raymond qui le situe du côté de l'occident[5]. En effet, la confusion des noms des cours d'eau, rend difficile leur répertoriation et leur situation. Sur la base d'une énumération des oueds d'Alger entamée par Nacereddine Saidouni[6] nous avons mené une recherche bibliographique et cartographique sur les cours d'eau et développé leurs paysages.

3.5.1. Oued *'Ouyoun Al-S'Khakhna* Et Oued *Maghsal*

« Oued 'Ouyoun Al-S'khakhna » et *« Oued Maghsal » qu'on* pourrait traduire successivement, en « rivière des eaux thermales » et « rivière du lavage », est un cours d'eau qui prend sa source du village de *Bir Al Seman*, recueille les eaux thermales *« 'Ouyoun Al S'khakhna »* et les eaux du versant sud-est[7]. Il longe la vallée très accidentée entre le massif de *Bouzaréah* et la colline d'*El Biar*, traverse les *fohos* de *Bab El Oued* pour sortir vers la mer. Des petits jardins en terrasses, protégées par des murets en pierres sèches, longeaient les rives en pente

[1] Tabari, 2009 : 87-88.
[2] Peyssonnel et Desfontaines, 1838 : 263.
[3] Ramusio, 1837 : 112. Cité dans Cresti, 1992 : 42-53.
[4] Cresti, 1992 : 42-53.
[5] Raymond, 1985 : 163.
[6] Saidouni, 2001 : 22, 23, 39.
[7] Liautaux, 1872 : 15.

de l'Oued[1]. Au 16e siècle, De Haedo remarque que les galiotes étaient « à terre en deux parties réparties : les unes, à l'intérieur du fossé de la ville, à cette porte de la muraille qui unie à la porte de Babalouete (bab-el-oued), se met dans la mer, où est maintenant le bastion de Rabadan Baja (Ramdan Pacha), et d'autres, plus au-devant, sur la plage de la fiumara (ruisseau) qui descend des montagnes[2] ».

Dans le premier quart du 16e siècle, selon Sakina Missoum[3], J. Mascarenhas constate des fontaines proches de bassins à *Bab El Oued* : « Près d'elles [les fontaines], sont des bassins de pierre alimentés par un conduit où les pauvres lavent leur linge[4] », d'où probablement le qualificatif arabe de *Maghsel* qui signifie lavoir.

De ce fait, cette deuxième appellation *Oued Maghsel*[5] est probablement due au paysage de sa deuxième embouchure qui fut animée par les bassins des lavoirs. En effet, arrivée à Bab el Oued, la structure de ce cours d'eau prend la forme d'un delta pour créer deux embouchures, l'une proche du Jardin du Dey, et l'autre proche du fossé et des lavoirs. En 1874, ce cours d'eau a été enseveli à cause de ses crues non maîtrisées ; cela est dû à un changement d'occupation du sol par les nouveaux locataires. Cette rivière a été tellement importante dans l'image de la ville que l'une des portes qui donne sur l'oued fut nommée Bab el Oued. Les deux embouchures sont actuellement visibles sur les photos aériennes, les plans, les cartes ou repérables sur le plan d'assainissement de la Seaal (Pl.02), elles correspondent aux axes Colonel Lotfi et Saïd Touati.

Au début du 19e siècle, Mrs Broughton présente ses impressions de l'embouchure proche du jardin du Dey :

« Après avoir quitté le palais[6], la chose qui était ensuite digne d'intérêt était la *Rivière* (depuis que j'avais quitté la Tamise), c'était la seule rivière que je me souviens d'avoir vue, à l'exception bien sûr, du limpide Papyrus en Sicile et assurément notre *Rivière* ne ressemblait à aucune d'elles. Pendant la saison des pluies abondantes, elle avait la prétention de mériter son nom durant le reste de l'année, le mot écossais *burn* lui convenait mieux »[7].

---

[1] Pouget, 1998.
[2] De Haedo, 1612 : 1998.
[3] Missoum, 2003 : 100.
[4] Mascarenhas, 1993 : 87.
[5] On le trouve dans les documents contemporains sous le nom de M'kacel.
[6] Palais du jardin du Dey
[7] Mrs Broughton, 1839 : 207.

Une sorte de pont qui, au tout début, semblait à l'auteure, pas assez résistant pour la supporter, elle et son cheval, permettait le passage de la rivière. La paysagiste britanique commente :

« Un plancher de bois est jeté par-dessus ce cours d'eau, que l'on appelle pompeusement, le Pont, et selon le vieux proverbe *let every man praise the bridge that carries him over*, j'ai toutes raisons d'en dire du bien, car il nous a toujours parfaitement supporté mon cheval et moi »[1].

3.5.2. Oued *Lezzhar* ou Oued *El-Sedd*

Du plateau d'El Biar vers le cimetière d'El Kettar descendait l'Oued *Lezzhar*[2] ou Oued *El-Sedd*, cours d'eau qui signifie ''rivière des fleurs'' ou ''rivière du barrage''. C'est un affluent d'Oued *Maghsal,* un cours d'eau intermittent qui ne coule qu'en saison hivernale, entre les quartiers de Beau Fraisier et Climat de France. Un pont enjambait l'oued au niveau du Climat de France. Au-dessus se trouvait un barrage, réalisé pour créer une chute d'eau, afin d'actionner un moulin. Ce cours d'eau est également marqué par une poudrière gardée par une sentinelle et une végétation qui le longeait et lui a donné une fraîcheur particulière. Tout proche se trouvait un cimetière et une écurie pour les mules qui nettoyaient les rues étroites de la médina. On peut le distinguer sous l'appellation *Lazerge* sur le plan Seaal.

3.5.3. Oued *Mīzāb*

Dans la langue arabe, le mot *Mîzāb* signifie une conduite, une sorte de gouttière qui coule du haut vers la terre, probablement une chute d'eau coulait dans ce ravin comme l'eau d'une gouttière. René Lèspes le situe parmi les dix ravins du versant oriental, compris entre le fossé nord de la fortification turque et le fond de la baie de l'Agha, qu'il énumère comme suit : « Le fossé nord de l'enceinte turque, le fossé sud (ravin du Centaure), les deux ravins qui bordent le petit éperon de la Poudrière, les deux ravins qui formaient l'Oued *Mîzab*, le ravin des Sept Merveilles, celui du Serpent, celui de la Robertsau et celui des Sept Sources (qui descend par l'Église écossaise et l'ancienne usine à gaz) »[3].

---

[1] Ibid.
[2] Lespès, 1930 : 36.
[3] Lespès, 1930 : 41.

Diego de Haedo distingue « une terre fortement creusée par l'eau du côté de Fort l'Empereur[1] ». Nous pensons donc à ces ravins cités par Lespès, et particulièrement à *Oued Mīzab*[2] ; ces ruissellements sont visibles sur le plan d'Alger de Boutin. Au 20e siècle, Henri Klein le situe, pas loin du fort Bab Azoun et indique que plus tard, il sera déchu au rang d'égout[3].

3.5.4. Oued Beni Messous ou Oued Tarfa

C'est un cours d'eau qui n'excède pas douze kilomètres de longueur. Il prend naissance au massif de Bouzaréah, à Sidi Youcef[4]. Il descend vers l'ouest, donc du côté opposé à *Oued Maghsal,* en direction de Cheraga, puis tourne à droite pour terminer sa course entre Aïn Benian[5] et Staoueli, au milieu des sables, dans une forêt de roseaux et de lauriers roses, avant de se jeter dans la mer. Dans la partie haute de son cours, il traverse des vergers, des vignobles et des jardins maraichers. Sur les pentes des collines, l'eau est abondante et de belles maisons mauresques, bien abritées par les végétaux des jardins, se trouvent installées le long de ces rives. Pour l'irrigation, plusieurs barrages ont été construits pour desservir les propriétaires de ces jardins.

Du haut des collines, il est possible de saisir l'imprenable paysage des plaines ouest et du mont Chenoua[6]. Enfin, cet oued a taillé un ravin profond de plus de 50 m, sur les versants duquel on a découvert des dolmens[7] et des vestiges d'anciennes constructions hydrauliques romaines[8]. Jusqu'en 1898, il portait le nom d'Oued Tarfa (rivière du tamarix) et était attribué aux communes suivantes : Baïnem, Aïn Benian, Cheraga, puis on lui a attribué le nom de la tribu qui, anciennement, occupait le nord de Cheraga : Beni-Messous.

Parmi les affluents qui parcourent les fohos d'Alger : Oued al-Fouara "rivière de la fontaine", qui constitue actuellement avec Oued Beni-Messous un sous-bassin versant à l'est d'Alger ; il est utilisé modérément pour l'irrigation[9].

---

[1] De Haedo, 1612 : 31.
[2] On peut le reperer sur la carte.11.
[3] Klein, 1910 : 41.
[4] Liautaux, 1872 : 14.
[5] On peut le voir dans le plan Cadastral de Ain Benian.
[6] Pouget, 1998.
[7] Camps, Chamla et Dastugue, 1991.
[8] Liautaux 1872 : 14-17.
[9] Anrh/Sogreah, 2009 : 4.

D'autres affluents prennent leurs sources dans la montagne de Bouzaréah et descendent le long de ses versants. Parmi ces cours d'eau qu'on peut voir sur le plan (02) : oued Sidi Medjbar, oued Baranès, oued de la carrière Jaubert et d'autres qui se déversent dans *oued Maghsal* (Pl.02). Oued Baïnem, Oued *Doukarah*, Oued *Foul Hallouf*, Oued *Bou Amar*, Oued *Mellah,* Oued *Lagharès*, Oued *Ftenes*, Oued *Djerbah*, Oued *Khihasr*, Oued *Aïn Baïnem* sont des oueds qui traversent la forêt domaniale de Baïnem.

Un document manuscrit du 15 Janvier 1882, notifié et approuvé par décision ministérielle le 15 février 1885, décrit les cours d'eau en tant que limites de propriété[1]. Les bassins côtiers traversent le versant nord du massif et se jettent dans la mer, ils sont secs pendant les deux tiers de l'année. Au niveau de Baïnem, des ruissellements déposent des bancs de poudingue, supportent une terre siliceuse à moitié desséchée, au-dessus d'une couche argilo-marneuse qui maintient en toute saison les eaux pluviales à très peu de profondeur[2].

3.5.5. Oued Khanis

Khanis est un mot arabe dont le verbe est *khanassa* qui signifie "s'absenter", "disparaître", "être en retard", selon le dictionnaire *Al'Ma'any*, ce qui semble dire que le cours d'eau était intermittent ; autrement-dit, l'eau coulait suivant les conditions atmosphériques. *Al-Khanis* est un petit ruisseau qui descend des hauteurs qui couronnent la côte et se jette dans la mer à une lieue d'Alger[3]. Il prend sa source du Château neuf, au plateau d'al-Biar au sud-ouest de la médina ; autrement dit, au *fahs al-Abar*, traverse un ravin profond, sous l'aqueduc du *fahs* Hydra. Dans une vallée plus large, il longe au nord le bois des pins, actuellement appelé bois de Boulogne. Puis il descend vers Bir Mourad Rais pour arriver à la rive du Hamma avant de se jeter à la mer.

Sur sa rive sud, face au bois de Boulogne, ont été découvertes des grottes préhistoriques sur les flancs du coteau[4]. Les berges de l'oued étaient verdoyantes et fleuries, avec des touffes de roseaux, des lauriers

---

[1] ACFA Dossier 27, Décision ministérielle du 15 Février 1885

[2] Liautaux, 1872 : 15,17.

[3] El-Tilimsani, 1841 : 94.

[4] Roffo, 1935 : 346.

roses, des hibiscus, des bougainvillées aux fleurs jaunes, rouges et violettes, des fleurs bleues, et une variété infinie de fleurs indigènes[1].

Oued *Khanis* qui, aujourd'hui, est partiellement enterré sous des conduites, arrosait autrefois, plusieurs jardins du Hamma et alimentait les citernes et les bassins. Son eau était qualifiée des plus pures par l'auteur "*des fleurs illuminées*"[2] et dans l'acte juridique N°15[3]. Elle était « canalisée et dirigée vers la fontaine d'al-Hamma[4] » et la fontaine nommée « al-Bakoura » qui signifie le figuier[5]. L'Oued *Khanis* ainsi que l'Oued El-Harrach ont été témoins de plusieurs batailles[6]. Ils ont été protégés, comme tous les cours d'eau, par des batteries nommées *toupkhana*[7]. L'auteur des "*Des fleurs illuminées*" nous décrit les scènes de batailles qui se sont déroulées à l'embouchure d'Oued Khanis et à l'embouchure du Hamma, entre les Algériens et les Espagnols[8]. Ce qui

---

[1] Pouget, 1998.

[2] El-Tilimsani, 1841 : 110 .

[3] ANA, Mahakim al-shar'iyya, carton 45, acte N°15, *Du al-Qi`da* 1101Hg (Sur les actes les dates sont hégiriennes. L'acte a été établi durant l'année 1689.

[4] Dalloni, 1928 : 6.

[5] ANA, Mahakim al-shar'iyya, carton 45, acte 15], *Du al-Qi`da* 1101Hg.

[6] El-Tilimsani, 1841 : 104-105.

[7] Toupkana, signifie batterie, bastion. Cette dénomination est formée du mot turc *toup*, qui signifie canon, et du mot persan *khna* (khanéle) qui signifie maison.

[8] Voir El-Tilimsani, 1841, p.104-105 « Les journées des 5, 6 et 7 se passèrent sans hostilités de part et d'autre, sans même aucune démonstration extraordinaire ; seulement on pût aisément se convaincre que l'ennemi se préparait à débarquer prochainement ; tout l'indiquait, et le rapport des estafettes qui arrivaient à toute heure de l'*Aratch*, confirmait ces appréhensions. Au dire de ces mêmes agents, l'ennemi était mouillé très près de terre, et on faisait un si grand bruit à bord de l'escadre, qu'on aurait pu facilement soupçonner que déjà l'armée entière était débarquée. Cependant il n'en était rien et nous ne demandions que quelques jours de répit pour que le succès de notre cause fût certain. Les contingents arrivaient de toutes parts et à chaque instant de nombreux corps de Kabyles venaient encore renforcer nos rangs.
Le jeudi huit *djoumad-el-ewel*, deux heures avant le coucher du soleil, un des plus forts vaisseaux de la ligne ennemie, s'approcha de terre en se touant sur ses ancres, et couvrît d'un feu bien nourri toute la toupkhana du khenis. L'obscurité de la nuit mit fin au combat. Le nombre de boulets lancés dans ce court espace de temps fût évalué à quinze cents, chiffre énorme sans doute, mais que l'on sera loin de croire exagérer lorsqu'on saura qu'une seule mèche faisait partir six canons à la fois. La toupkhana riposta à son tour par un feu continu, et bien qu'elle n'eût que sept pièces seulement à opposer à son formidable adversaire et que contrairement aux résultats obtenus par les Espagnols, on ne pût que tirer deux pièces à la fois, cependant le mal fait à l'ennemi fût considérable.
Pendant ce temps le peuple algérien adressait de ferventes prières pour cette poignée de braves renfermés dans la batterie, et qui faisaient preuve d'une persévérance et

permet de conclure que cette rivière se termine en delta avant de se jeter dans la mer. Ce delta est repérable sur les photos aériennes. Une embouchure se dirige directement vers la mer alors que l'autre traverse le Hamma jusqu'à l'actuel Jardin d'essai, autrefois jardins des hommes du pouvoir, à l'époque ottomane.

3.5.6. Oued Mazafran

Mâ zâafran, signifie « eau du safran ». Probablement, ce nom est dû à la présence du safran sauvage ou safran planté sur les terrains qui longent l'oued. Cette rivière pérenne prend sa source au niveau de l'Atlas Blidéen, arrose la plaine de la Mitidja, traverse les outhans d'Alger, puis débouche vers la mer au sud-ouest d'Alger. En plus de l'appellation citée ci-dessus, Desfontaines lui attribue une autre : el-ouâger (ouedjer) et le considère comme une petite rivière avec un grand nombre de contours, qu'on traverse douze fois en moins de deux heures. Il cite :

« Ses bords sont agréablement ombragés par plusieurs arbres et arbustes parmi lesquels domine le laurier rose ; un charmant arbrisseau couvert de fleurs ; la couleur vive de la fleur offrait un beau contraste avec le vert foncé de l'olivier, des lentisques et des cyprès qui s'élèvent beaucoup ; une très belle espèce d'iris à fleurs jaunes, le spartium et une belle espèce de ciste à tige ligneuse et à feuilles très étroites [...] »[1].

Aux alentours du Mazafran, en dehors d'Alger plusieurs bois s'étendaient sur une surface de 9000 ha[2].

---

d'un courage au-dessus de tout éloge. Grâces en soient rendues à Dieu ! D'un nombre aussi prodigieux de boulets lancés contre la batterie, quelques-uns seulement arrivèrent jusqu'à ses murailles, et ne causèrent que quelques légers dommages. Toutefois il était urgent de les réparer ; aussi à l'instant même, Ali-Agha fit demander à Alger des maçons qui se jetèrent sans délai dans une embarcation, côtoyèrent le rivage (le trajet était ainsi plus court) et procédèrent immédiatement à la réparation du parapet de la toupkhana. Le lendemain tout était rétabli et remis dans son état primitif ; il fut même possible de recommencer le feu pendant la nuit. Dans ce nouvel engagement on lança près de cinq cents »

[1] Peyssonnel et Desfontaines, 1838 : 143-144.

[2] Lacroutes, 1848 : 36.

3.5.7. Oued El-Harrach

Harrach est un mot arabe qui signifie plante qui se trouve dans les champs et dans les plaines. El-Harrach est une rivière pérenne, elle prend sa source au niveau de l'Atlas Blidéen, arrose la vaste plaine de la Mitidja, passe par Birtouta et le fahs El-Harrach et débouche vers la mer, à environ trois miles sud-est d'Alger[1]. Son débit est très important[2]. C'est la plus importante rivière d'Alger, cependant, de nos jours, elle est en restauration, car elle est très polluée, et de ce fait, elle ne sert pas à l'irrigation. Maison Carré qui compte parmi ses environs a été le théâtre d'innombrables combats durant les tentatives de conquête[3]. Dr Shaw situe ce cours d'eau, puis remarque qu'il se réunit à Oued *al-Kermez*, Oued *al-Kerma*, ou la rivière des Figues :

« Elle est plus considérable que le Mazafran, et on la passait, autrefois, sur un pont qui n'était pas éloigné de la mer. Marmol et quelques historiens plus modernes disent que l'on trouve sur ses bords les ruines de Sasa, autrement appelé le vieux-Alger ; mais je n'ai jamais pu découvrir ces ruines, ni n'en ai même entendu parler dans le pays. Cette rivière ou le Hamise, qui se jette dans la mer, à deux lieues et demie plus loin, au nord-est, peut-être le savus de Ptolémée. Quoique ni l'une ni l'autre ne soit dans la position qu'il indique, c'est-à-dire à vingt minutes au nord d'Icosium »[4].

Comme son nom arabe l'indique *Bordj-El-Kantara* expose un paysage marqué par deux monuments importants : le fort *El-Bordj* et le pont *El-Kantara*. Le vaste bordj, remarquable par son architecture, surplombe le *fahs*. Bien implanté sur une plate-forme, et percé extérieurement par des meurtrières, il s'organisait autour d'une grande cour, entourée d'une galerie ouverte qui communiquait avec les salles des soldats. Quant au pont à dix arches d'ogive, construit en pierre de taille, il réunissait les deux rives d'El-Harrach. Une épigraphie en marbre se trouvait au milieu du pont. C'était un lieu très animé ; en effet, les gens de l'Atlas et de la plaine y transitaient pour aller aux marchés d'Alger ; sa végétation était particulièrement différente des autres lieux d'Alger, témoigne le peintre Adolph Otth :

[1] Shaler, 1830 : 67.
[2] Dalloni, 1928 : 6.
[3] Otth, 1839 : PL. 20IV.
[4] Shaw, 1830 : 308.

« Aucun arbre n'offre ni abri, ni ombrage au voyageur. D'épaisses broussailles de lentisques et de genêts couvrent les collines et les rives, mais ce qui donne du charme à **ces** dernières, ce sont les beaux lauriers roses, dont les fleurs bordent toutes les rivières de ce pays, et le mélange d'énormes roseaux avec une infinité de fleurs brillantes appartenant pour la plupart aux familles des liliacées et des iridées »[1].

Les hauteurs d'El Harrach, qui s'étendaient jusqu'à oued al-Hamiz, étaient couvertes de broussailles au milieu desquelles on trouvait parsemés des pacages[2].

3.5.8. Oued El-Kerma

La rivière du figuier prend naissance à Dely Ibrahim, passe par l'actuel complexe olympique, traverse Ben Sahnoun, nommé de nos jours Ben Aknoun, avant de descendre, entre les deux fohos, Bir Khadem et S'haoula, en direction sud-est, le long de Djenan S'fari, pour enfin, se jeter dans le lit de Oued El Harrach. Cette rivière reçoit les eaux d'Oued Bousnina. Ben Sahnoun était nommé, à l'époque coloniale, le quartier des chasseurs d'Afrique, pour l'abondance de la végétation et des animaux qui y vivaient. Il faut rappeler que les Africains étaient réputés pour la chasse à l'époque antique, l'Algérie y participait. D'ailleurs, Stephan Gsell et les historiens de l'antiquité, Pline et Salluste évoquent la robustesse des Africains, des Numides et des Maures, et leur habilité à la chasse, et ils soulignent que Rome alimentait ses cirques grâce aux lions, aux panthères et aux éléphants d'Afrique[3]. Enfin, Ben Sahnoun est, de nos jours, une réserve naturelle, où sont aménagés des enclos pour les animaux.

Nombreux étaient les cours d'eau d'Alger, à l'époque ottomane (Pl.03). De la montagne de Bouzaréah descend l'Oued *Bridja*, dont le ravin parcourt Ouled Fayet et Cheraga, puis Douéra et Staouali, avant de se jeter dans la mer[4]. Plusieurs traces de ruissellements[5] descendent également de Bouzaréah vers les Fohos de Bab El-Oued et arrivent jusqu'au littoral (Cap Caxine, au niveau de Hammamet). L'Oued Baba Ali[6] traverse Birtouta ; le ravin de l'Oued *Boukara* divise les deux

[1] Otth, 1839 :PL. 20IV.
[2] Gaillad, 1837 : 8.
[3] Gsell, 1920, T5 : 169-170.
[4] Cadastre Ouled Fayet
[5] Cadastre Hamammet
[6] Cadastre Bir Touta

communes Cheraga et Staouali avant de déboucher vers la mer[1]. L'Oued *Bouchbouk*[2] traverse Dely Ibrahim, plus exactement, fahs Ben Sahnoun (complexe olympique 5-Juillet), il prend, probablement, sa source de Bouzaréah et descend vers Ouled fayet. L'Oued *Kef El-Rih El-Kebir*[3] suit un chemin proche à l'Oued *Bouchbouk.* A Douéra, coulent l'Oued *Ben Amar*, l'Oued *Bou Haek* et l'Oued *Ben Drana*[4]. L'Oued *El-Achour* traverse Draria et Baba Hassen et reçoit l'Oued *Guergour,* le ruisseau des carrières, l'Oued *Rhoula*, l'Oued *Ben Sairi*[5]. L'Oued *Bousnina*[6] longe les deux communes : Oued El Roumane et El-Achour, il se déverse sur l'Oued *El-Kerma,* au niveau du marabout et la fontaine du camp des chasseurs, actuellement parc zoologique, une immense réserve forestière et animalière[7] ; cette liste non exhaustive donne donc une image de la richesse en eaux que possédait Alger.

3.6 Les Sources Et Les Eaux Souterraines

Le Sahel d'Alger et la plaine littorale, avaient une structure hydrogéologique qui regorgeait d'eau, et qui présente des (aquifères alluviaux) monocouches libres, sans liaison avec les cours d'eau, selon le rapport d'une analyse contemporaine[8]. En effet, nombreuses étaient les sources d'eau à Alger, témoignent les auteurs de l'époque ottomane. Les plus abondantes se dispersaient à l'intérieur d'un rayon de 10 km tout autour de la ville[9]. C'est sur ces sources là qu'étaient érigées des fontaines, par les deys, les dignitaires et les hommes de bienfaisance, voulant faire profiter et prospérer les fondations pieuses et participer ainsi à la lourde tâche de la répartition des eaux. Aussi, ces fontaines utiles et agréables, avec leur bassin ou leur abreuvoir, comme nous allons le voir ultérieurement étaient accompagnées de cafés maures. Les puits qui puisaient l'eau souterraine, étaient également nombreux, on les réalisait dans les maisons, dans les jardins, dans les édifices ou le

---

[1] Cadastre Cheraga
[2] Cadastre Delly brahim
[3] Ibidem
[4] Cadastre Douéra
[5] Cadastre Draria
[6] Cadastre El Achour
[7] Voir photo du marabout
[8] Anrh/Sogreah, 2009 : 7.
[9] Halimi, 1972 : 135.

long des cours d'eau. Les plans cadastraux sont des témoins à la présence des puits dans la majorité des jardins[1].

L'eau coulait partout dans les collines, écrit De Haedo, au 16e siècle. Prétendre énumérer toutes les sources d'eau et les puits d'Alger, n'est plus possible vu la rareté des documents et l'urbanisation de la ville. Nous allons exposer les plus célèbres qui ont laissé leur empreinte dans l'histoire. Au niveau du massif de Bouzaréah, il y a un assez grand nombre de *'ouyoun*[2] dont l'eau de certaines d'entre elles était abondante[3]. Selon l'étude du massif de B*ouzaréah* élaborée par Liautaud, toutes ces sources émergentes des couches calcaires sont la richesse du versant nord du mont Bouzaréah. Leurs eaux aussi contiennent une forte proportion de carbonate de chaux, qui se dépose en incrustation sur les parois des canaux de conduites, et le long du frais vallon[4].

Avant de passer à la présentation des sources et fontaines d'eau d'Alger, un retour vers l'histoire de l'hydraulique de l'époque médiévale et plus particulièrement vers les recherches sur les eaux souterraines. Selon El-Faiz, Qûtâmâ introduit une distinction claire entre les eaux qu'il voit couler en abondance dans les fleuves et ceux des forages qui se réfugient dans des couches souterraines tantôt proches, tantôt lointaines. Pour les fleuves, ils peuvent être canalisés pour faciliter leur écoulement ; quant aux eaux souterraines, divers ustensiles et moyens mécaniques doivent être utilisées pour faire monter l'eau et les diriger vers le lieu de destination[5]. Selon le même auteur :

« L'eau éphémère est celle qui ne jaillit pas de bas en haut, mais filtre des côtés. Ses origines sont souvent une concentration des eaux atmosphériques qui se produit au cours du printemps. Mais il suffit que la chaleur estivale persiste pour qu'elle tarisse. Par contre, la source, dont l'eau jaillit des profondeurs, s'écoule continuellement »[6].

Al-Qazwini compare les sources d'eau aux fenêtres d'où sort l'eau après avoir traversé tous les réservoirs naturels de la montagne tels les

[1] Tabari, 2009 : 115.
[2] 'Ouyoun est le pluriel de ayn. Le mot *'Ayn* désigne source ou fontaine
[3] Liautaud, 1872 : 17.
[4] Ibidem.
[5] El-Faiz, 1995.
[6] El-Faiz, 2005 : 44.

gouffres, les grottes et les rigoles[1]. À Alger ce sont ces sources qui ont beaucoup aidé à la culture des plaines et des collines des fohos. Parmi les sources qui ont laissé des images dans la mémoire historique, notons les sources du Fort l'Empereur, les sources du Hamma, celles de *'Ouyoun El-S'khakhna*...et bien d'autres que nous allons découvrir habillées de leur parois architecturales et mécaniques, dans des paysages pittoresques où elles deviennent monuments repères et parfois lieu et point de transition entre la ville et ses *fohos*.

Fig.14. Otth, A. (1839). *Pont d'El-Harrach et la maison carrée. Bord Al-Qantara.* [Lithographie du livre Esquisses Africaines]

[1] Al-Qazwini, 1971 : 163.

4. LES SYSTEMES HYDRAULIQUES

L'approvisionnement, l'adduction, le stockage, le pompage de l'eau sont des techniques ancestrales qui se transmettent et se développent d'une civilisation à une autre. Selon ses recherches sur la mécanique arabe, Ahmed Djebbar précise que « la question de l'eau a été centrale dans la vie des populations de l'empire musulman »[1].

Les scientifiques de l'époque islamique ont repris les sciences de l'hydraulique antiques, les ont développés et ont conjugué les efforts théoriques avec les efforts pratiques, afin d'arriver à des résultats performants[2].

Les citernes, les roues, les aqueducs ont fait l'objet de beaucoup d'écrits et d'études scientifiques à l'époque médiévale. À l'époque ottomane, ce sont les pompes qui ont le plus été développés. Parmi les scientifiques célèbres, Taqî al-Dîn qui « fut stimuler, à la fois par le mécénat des sultans ottomans et par le contexte de la renaissance culturelle et scientifique en Europe[3] ». Il se distingue par l'étude et la fabrication des horloges mécaniques, des montres, des appareils servant à déplacer de lourdes charges, des élévatrices qui portent l'eau, des fontaines, divers automates et mécanismes amusants, et surtout l'invention de quatre prototypes de pompes à eau dont chaque modèle comporte une note succincte. On distingue la pompe aspirante et foulante à deux cylindres opposés et la pompe hélicoïdale (en forme d'escargot ou de limaçon, halazun en arabe, cholchea en latin) bien décrite par l'auteur des maîtres de l'eau[4]. Il explique le fonctionnement de la pompe à corde et balle en tissu (ou pompe à chapelet)[5].

Aussi la pompe foulante et aspirante, à six cylindres monobloc, a été parmi les réalisations performantes de Taqî al-Dîn, selon El-Faiz :

---

[1] Djebbar, 2012 : 1-16.
[2] El-Faiz, 2000 : [notes de séminaire]
[3] El-Faiz, 2005 : 267.
[4] Ibidem.
[5] Voir El-Faiz, 2005 : 271. « On prend un long tube creux et on le dresse verticalement dans l'eau à la profondeur d'un empan. On place dessus une barre transversale, fixée à ses deux bouts par des pitons en fer. A une extrémité de la barre, juste au-dessus du tube, on place un moulinet en forme de cage (dawlab qafasi) et à l'autre extrémité une roue dentée (verticale). Au-dessous de cette roue, accrochée à une barre verticale fixée par des crochets et des pitons, on enclenche les dents d'une roue horizontale [...] »

« Cette pompe constitue la révélation de Taqî al-Dîn. L'auteur lui-même la considère comme le modèle le plus performant, parmi tout ce qu'il avait décrit ». Ahmad Yahya al-Hassan « voit dans cette machine la réalisation la plus importante du mécanicien arabe »[1].

Chaque élément du système hydraulique de l'approvisionnement en eau a une fonction bien précise[2], que nous allons présenter dans les lignes qui suivent.

Fig.15. *Iconographie historique de l'Algérie.* (1570-1571). [Gravure italienne] dans Esquer,G.(1929).

[1] Djebbar, 2012 :1-12.
[2] Tabari, 2008 :106.

4.1. LES TOURS A SIPHON, *SAWMA`AT AL-QASSABA*

Rappelons-le, les tours à siphon à eau n'ont pas vraiment été repérées par les traducteurs des œuvres des historiens et géographes arabes de l'époque islamique médiévale, bien qu'elles soient descendantes des systèmes hydrauliques romains. Aux deux premiers siècles de l'époque ottomane, les tours à eau sont indiquées par les auteurs européens. Diego de Haedo remarque une tour au centre de bordj Hassan nommé Fort l'Empereur où se trouvaient les eaux qui alimentaient Alger :

« C'est au centre de cette place que se trouve l'ancienne tour construite autrefois par le fils de Barberousse, mais on y a ajouté un terre-plein, et comme elle est plus élevée que les quatre bastions, d'environ 12 empans, elle figure là, comme le cavalier de la fortification »[1].

Certes, l'ecclésiastique ne spécifie pas que c'est une tour à eau cependant, il présente la richesse en eau remarquée sur cette terre et ses alentours. Alors que, Federico Cresti précise que c'était la gardienne des eaux des sources qui naissaient sur cette colline[2]. En 1550, Nicolas de Nicolaÿ[3] indique cette forteresse éloignée d'un mile d'Alger, composée d'une grosse tour. En son milieu était creusé un puits. Elle fut dotée de deux moulins à vent : l'un en haut de sa muraille et l'autre à l'extérieur de sa porte.

Federico Cresti cite : « Dans une gravure d'école italienne de l'atlas de Braun (dont l'auteur est inconnu), un aqueduc enjambe un ravin du Fort l'Empereur (Sultan Qalasi). L'aqueduc prend l'eau de sa source qui se situe proche du fort[4] ». La gravure bien détaillée par Federico Cresti montre bien la fontaine proche du Fort l'Empereur, l'aqueduc aérien et une succession de tours qui le suivent, se dirige vers la Médina. Cet aqueduc sera nommé à l'époque coloniale l'aqueduc de Télémly. Toutes ces informations ne peuvent que prouver que cette grosse et haute tour a joué le rôle de gardienne et de régulatrice des eaux qui s'amenaient vers elle. En effet, ces tours étaient nécessaires pour réguler la pression des eaux dans un site vallonné.

Au 17e siècle, Mascarenhas témoigne de la permanence de ce dispositif qu'il nomme château d'eau et qu'il situe à l'extérieur de la

---

[1] De Haedo, 1612 : 35.
[2] Cresti, 1992 : 42-53.
[3] De Nicolaÿ , 1568 : 26.
[4] Cresti, 1992 : 42-53.

porte de Bab Azoun. Il précise que c'est un élément composant la fontaine de Bab Azoun, qui se situe à côté de son grand réservoir. Ce qui laisse penser qu'on utilisait encore le système des tours à eau au niveau des aqueducs et au niveau des réservoirs des fontaines à l'époque ottomane. Enfin, tous ces récits démontrent que les tours à eau ont été utilisées aux deux premiers siècles de l'époque ottomane, au niveau des systèmes hydrauliques, en général, plus précisément au niveau des réservoirs et des aqueducs.

Fig 16. Lessore, E. ET Wyld, A. (1835). *Abreuvoir près de Mustapha Pacha.* [Lithographie du livre]. Voyage Pittoresque dans la Régence d'Alger

4.2 CITERNE *EL-DJEB*, BASSIN *EL-SAHRIDJ*, PUITS *EL-BI'R et* NORIA *EL-NA'URA*

4.2.1. CITERNES RÉSERVES SÉCURISÉES

Al-sahridj bassin et *al-djeb* citerne, sont deux réservoirs qui ont pour fonction le stockage de l'eau. *Al-sahridj* est un bassin découvert alors qu'*al-djeb* la citerne est couverte et le plus souvent souterraine. Les citernes ont été utilisées depuis la haute antiquité. A Hegra, elles se présentent telles des chambres rupestres sculptées à même la roche[1]. En Mésopotamie, pour l'approvisionnement des eaux, on ne se limitait pas à l'exploitation des eaux souterraines et des eaux de surface, mais on avait recours à l'utilisation des citernes qui servaient à recueillir les eaux de pluie[2]. Les bassins peuvent être de formes gémétriques de base rectangulaires, circulaire, comme elles peuvent adopter des formes originales. Les citernes ont généralement la taille d'un espace habitable, dont le volume est semblable à celui d'une chambre ou d'une cour et peuvent prendre des formes variées et originales, telles les citernes des villes grecques de Sicile du 5e au 3e s. av. J.-C[3]. La citerne ressemble en certains points aux puits par les éléments qui lui sont associés, la margelle, l'entourage, le mortier hydraulique et le dispositif de puisage[4].

Les citernes sont indispensables en cas de pénurie d'eau ou de coupure d'eau ; lors des batailles. Chaque équipement militaire : fort, batterie ou caserne est pourvu d'une citerne. Les mosquées et autres équipements ont été également équipés, vu la nécessité de l'eau pour les travaux les plus communs ou pour ceux spécialisés. Les citernes de la ville et de ses *fohos* durant toute la période ottomane étaient alimentées par des sources et des cours d'eau. « Les citernes étaient alimentées par une belle source près du Fort l'Empereur, à une demi-lieue de son enceinte », affirme Dr Shaw au 18e siècle. Cette source a été probablement une nouvelle source, à laquelle on a joint l'aqueduc de Fort l'Empereur qui alimentait initialement la Casbah, à partir de la source du fort. Les eaux de ces sources ont été conduites par un nombre considérable d'aqueducs. L'alimentation en eau de ces réservoirs particuliers s'est faite également par les eaux de pluies.

[1] Dentzer, 2008 : 5-17.
[2] El-Faiz, 2005 : 49
[3] Bouffier, 2017.
[4] Mashinek, 2009 : 586-605.

Chaque maison avait une citerne et la majorité des citernes se trouvait au-dessous de la cour, selon De Haedo et Dr Shaw. Ce dernier atteste : « Au bout de l'escalier est une porte que l'on tient fermée, afin d'empêcher que les animaux domestiques ne salissent la terrasse, et par conséquent, l'eau qui en découle, se rend dans les citernes qui sont sous la cour[1] ».

Sur les précautions à prendre pour alimenter la citerne d'eau propre, El-Faiz précise les recommandations des spécialistes :

« Et si on veut alimenter la citerne avec les eaux de pluie, alors il faut suivre les méthodes anciennes et procéder comme suit : nettoyer les toits des maisons, le deuxième jour d'octobre ou peu de jours après, en les balayant bien et en les vidant de toutes choses. Puis, on pose des tuyaux en bois qui conduisent les eaux de pluie jusqu'aux citernes aménagées pour en accueillir : elles y restent claires et pures »[2].

L'étanchéité d'une citerne doit être performante sinon toute la construction sera soumise à de gros risques, comme l'inondation et les remontées capillaires. Dans toutes les constructions, le mortier et le ciment employés, surtout pour les ouvrages durables, sont aussi résistants que ceux des romains[3]. Dr Shaw décrit avec précision la réalisation de l'étanchéité des terrasses :

« Voici comment les maures font leur ciment. Ils prennent deux parties de cendre de bois, trois de chaux, et une de sable fin, qu'ils passent au tamis ; après quoi, ils mêlent intimement le tout ensemble, et battent ensuite ce mélange avec des maillets de bois pendant trois jours et trois nuits consécutifs, en y jetant alternativement, et à des intervalles déterminés, de l'eau et de l'huile, jusqu'à ce que le ciment ait acquis la consistance requise. Ils s'en servent principalement dans la construction de leurs voûtes, de leurs citernes et de leurs terrasses »[4].

A l'époque coloniale, certaines citernes découvertes lors des fouilles archéologiques ont été assimilées à des constructions antiques. En effet, à l'époque islamique médiévale et ottomane, la réhabilitation, le recyclage et la réutilisation des matériaux et objets anciens étaient très fréquents. Les citernes étant des constructions en sous-sol, les

---

[1] Shaw, 1830 : 97.
[2] El-Faiz, 2005 : 49.
[3] Shaw, 1830 : 104.
[4] Ibidem.

constructeurs étaient plus soucieux d'assurer l'étanchéité que l'esthétique.

Devoulx indique l'existence d'une citerne de l'époque romaine dans la ferme Fougeroux, appelé « *Haouche béni Messous* » :

« M. Martin Desplas, ancien propriétaire de ce haouche, que les Européens appelaient jadis, ferme Fougeroux, assurait que, dans la partie de cette propriété-là plus rapprochée de la route d'Alger à Dély Brahim, il existait une citerne très profonde, qu'il croyait de construction romaine et qui serait remplie de statues, d'après la tradition locale »[1].

A l'emplacement de la fontaine du Hamma, lors des travaux du Jardin d'essai, Devoulx présente également des citernes qu'il juge antiques :

« Voici ce qu'on a trouvé dans ce canton, sur l'emplacement du Jardin d'essai… Il y a encore aujourd'hui, à l'angle sud-est de ce jardin, le bassin de la Fontaine des platanes repose sur une base antique, traçant un carré d'environ 5 m de côté : elle se compose de deux pièces voûtées, accolées, que je n'ai pu mesurer, ni même examiner d'assez près, à cause de la végétation parasite trop vigoureuse qui en défend les abords. C'est un endroit à explorer plus amplement »[2].

Ces deux pièces voûtées dont parle Devoulx sont les deux réservoirs de la fontaine. Une fois remplie, la fontaine pourra, grâce à son système mécanique, desservir l'eau aux différents propriétaires, selon les *quotes-parts* inscrites dans l'acte juridique, établi, selon les lois juridiques islamiques. La description des deux voûtes accolées rappelle celles de la cour du palais du Dey.

Une photo d'une salle souterraine du palais Hassan du Jardin du Dey (ex-hôpital Maillot), prise par un photographe, était considérée comme crypte ; elle aurait très bien pu être une citerne, car les citernes sont indispensables et nécessitent une grande vigilance. L'histoire de Dar al ma, située sur une colline de Grenade, en témoigne. En effet, le calife, qui y résidait, ordonnait de mettre une tortue dans la grande citerne, afin de tester l'eau et éviter un éventuel empoisonnement.

La citerne Jama`Ali Madfa` et la citerne du môle comptent parmi les plus importantes. Selon le témoignage de Diego De Haedo, l'aqueduc

---

[1] Devoulx, 1861 : 435.

[2] Ibidem.

venant du Fort l'Empereur, nommé, plus tard aqueduc du Télemly ramène l'eau vers la porte de Bab al-djedid, à une altitude de 85 m, à travers des canalisations, en partie souterraines et en partie à l'air libre. Sakina Missoum[1] relève les précisions de Devoulx et de De Haedo, concernant cette eau qui est déversée dans une citerne de la corporation des eaux qui se situe dans la rue de la Girafe, au-dessous de Jama 'Ali Madfa'[2] puis est distribuée à sept fontaines à l'intérieur des murailles :

« Et c'est tellement le volume d'eau de ces sept fontaines, qu'il suffit à donner à boire à un nombre infini ; toute cette eau provient d'une très grande source, dont la naissance est à une demi-lieue d'Alger vers le midi (entre certaines montagnes que là-bas il y a), et par des conduites par moments et en d'autres parties à découvert, passe au pied de la montagne où est le Fort l'Empereur, ou de Hassan Pacha édifié, et vient à rentrer dans la ville par en-dessous de la nouvelle porte, qui regarde directement le midi. Et de là, elle se répartit entre les sept parties ou fontaines que nous avons dit »[3].

Au bout du môle se trouve un grand réservoir alimenté par les quatre aqueducs. Ce réservoir approvisionne les navires. Dr Shaw précise au 18e siècle : « Tous ces tuyaux qui alimentent les fontaines publiques, se terminent à un réservoir commun qui est au bout du môle, et où les navires font leur approvisionnement[4] ». Il remarque aussi que la gestion des eaux usées est également assurée par des conduites qui sont orientées vers une grande fosse située près de la marine :

« A chaque fontaine, il y a, pour la commodité des passants, une tasse qui est scellée. L'eau qui se perd, soit en la buvant, soit en la tirant dans les vases destinés à cet effet, se réunit, et est conduite par d'autres tuyaux dans les égouts et des cloaques où se rendent les ordures des maisons, et qui communique à une grande fosse située près de la marine »[5].

[1] Missoum, 2003 : 98.
[2] Devoulx, 1870 : 225.
[3] De Haedo, 1612 : 197.
[4] Shaw, 1830 : 296.
[5] Ibidem.

Fig.17. Guiauchain, G. (1905). *Maison ordinaire dans le quartier populeux de la Casbah.* Photo du [livre Alger].
-Toit grillagé de la citerne souterraine au centre du patio-

4.2.2. Les Bassins, Réserves Et Plaisirs

Les bassins sont nombreux, qu'ils soient bâtis pour l'agrément ou pour l'irrigation, ce sont des réserves d'eau découvertes, de tailles diverses et le plus souvent décorés de marbre ou de céramiques ; ils doivent également être résistants et étanches comme les citernes. Ils animent et agrémentent les jardins, les cours, les fontaines ainsi que les espaces publics. Selon les actes juridiques, chaque jardin possède, au moins, un bassin rempli d'une mesure d'eau précise et durant un temps déterminé. Le poids, les mesures et le temps sont inscrits dans un acte juridique, géré le plus souvent par les institutions religieuses.

En 2010, lors de notre visite de l'ancien palais du *fahs,* devenu musée du Bardo, la directrice du musée attire notre attention sur le deuxième niveau du bassin de la cour en marbre, ainsi que l'aménagement de quelques marches qui se trouvaient à l'intérieur du bassin[1]. Ce bassin, en partie enseveli, à cause des transformations que le palais a subies, avait une double fonction : celle de l'utilité, en tant que réservoir et celle du plaisir de se baigner, un plaisir particulièrement apprécié par les femmes qui nécessitent un espace abrité pour leurs baignades. Diego De Haedo a bien remarqué que la campagne et ses palais étaient un lieu de plaisir pour les femmes :

> « Comme troisième occupation, elles se rendent à toutes époques de l'année dans les jardins des environs pour se réjouir et notamment à la saison des fruits. Il est peu d'hommes mariés, quelque peu à l'aise qu'il soit, qui n'aient au moins un petit jardin. Une fois réunies dans ces lieux, les femmes se livrent à la danse au son des instruments, et font une grande consommation de couscous, de viandes rôties et de beignets. Elles ont besoin de se soustraire aux regards des hommes [...] ; puis quand elles ont ainsi bien rempli leur journée, elles regagnent le soir leurs demeures respectives »[2].

Le plaisir des baignades des femmes dans des bassins situés dans les cours des palais a été représenté par les peintres de l'époque islamique, à l'instar de la toile du peintre Behzad, intitulée « Femmes aux bains[3] ». La baignade fut une des activités très fréquentes et appréciées dans le monde islamique. Au 20e siècle, Mohamed Racim, influencé par la

---

[1] Ce deuxième niveau a été découvert lors de la fouille archéologique et la restauration du musée

[2] De Haedo, 1612 : 133.

[3] Grabar, 2009 : 110.

miniature islamique et l'histoire algérienne, représente les baignades des femmes dans un paysage édénique, des scènes qui reflètent le bonheur que procure l'eau aux femmes, quelle que soit sa température chaude, dans des bassins construits, ou fraîche dans des bassins naturels.

Ce plaisir était assuré par un système hydraulique composé de deux bassins et d'une fontaine. En effet, un deuxième bassin plus petit est perceptible sur la coupe de la cour du musée du Bardo. C'est le bassin de décantation. Les bassins sont reliés à la fontaine qui a pour rôle de répartir l'eau, vers le hammam, la cuisine et éventuellement le jardin, car ce dernier possède un puits à sa partie supérieure. Cette fontaine se situe à l'opposé du bassin dans la cour en marbre. Enfin, chaque fontaine doit disposer d'un bassin ou d'une citerne comme on peut le constater visiblement à la villa Abdellatif. Ces bassins sont surtout mentionnés dans les actes de *Mahakim al shar'iyya.* Ils permettent de conserver et mesurer l'eau achetée du Beylik et des propriétaires voisins.

Sur les routes qui environnent Alger, on rencontre un grand nombre d'abreuvoirs construits par les maures, tels que cités par les deux peintres Lessor et Wyld. Ils ont laissé une belle image d'un de ces abreuvoirs :

> « L'abreuvoir de Mustapha Pacha était un des plus beaux, il se situait à peu de distance de la ville, au bord de la mer, au-dessous de la vallée de Mustapha-Pacha. Derrière cette fontaine, on découvre une maison assez considérable qui était autrefois un lavoir de laines. Tout le littoral de la mer qui se trouve dans cette partie, est cultivé avec soin et couvert de maisons de campagne »[1].

4.2.3. Puits

« Chaque maison a généralement son puits, et beaucoup ont aussi en même temps une citerne[2] » raconte De Haedo. Les plans cadastraux indiquent des puits dans la plupart des terrains cultivés. Le puits est indépendant des adductions d'eau, contrairement à la citerne qui n'est qu'une zone de stockage et est dépendante de ces derniers. Le puits puise son eau d'une nappe d'eau souterraine. Sa construction est une opération difficile et périlleuse qui nécessité une technique que les musulmans ont bien acquise depuis le début des recherches

[1] Lessore et Wyld, 1835 : 13.
[2] De Haedo, 1612 : 39.

hydrauliques, menées par les frères Banu Musa[1]. Des appareils spécialisés ont été inventés pour le forage et la construction des puits, « en plus de l'invention de fontaines aux mécanismes élaborés. Les frères Banu Musa ont conçu d'autres appareils qui ont joué un rôle important dans l'entreprise de construction et de forage des puits[2] ».

Les eaux souterraines sont répandues presque partout à peu de profondeur. Pour cela, de nombreux puits se situent sur les pentes et les fonds des ravins, comme remarquait Dr Shaw :

« Les puits de ces contrées ne sont pas généralement très profonds, excepté ceux de ouadreag (oued righ), et de quelques autres endroits du Sahara. J'ai souvent remarqué, lorsqu'on creusait, qu'après avoir enlevé la première terre, on rencontrait des couches de gravier, puis quelquefois de la terre glaise, mais rarement ; et enfin, une espèce de pierre tendre sous laquelle on trouvait toujours de l'eau [...]. Dans quelques districts, comme aux environs d'Alger et de Bona, où il n'existe ni terre ni gravier, cette pierre se trouve immédiatement à la surface du sol ; elle est souvent parsemée de paillettes que l'on dirait d'or et d'argent »[3].

Dr Shaw précisait qu'on arrosait les plantations soit, en pratiquant des conduits à partir de rivières et ruisseaux du voisinage, soit en creusant des puits proches des champs semés. Desfontaines explique que l'eau est tirée avec un chapelet (noria) ou de grands seaux de cuir sont attachés, à l'extrémité d'une corde de la poulie mobile, suspendue dans l'angle. Cette poulie est formée de deux grosses perches, placées obliquement de chaque côté du puits et se croisent à quelques pieds au-dessus de son ouverture. Une bête de somme accrochée à la corde fait des allers et retours face au puits pour tirer ou remettre les sceaux aux puits. Ces sceaux sont versés dans un réservoir, d'où elle (l'eau) est partagée et dirigée vers les champs[4].

---

[1] El-Faiz, 2005 : 109.
[2] El-Faiz, 2005 : 109.
[3] Shaw, 1830 : 33.
[4] Peyssonnel et Desfontaines 1838 : 283-284.

4.3. Fontaines Principales Et Cafés, Des Paysages D'Eaux Et D'Arômes

> « L'eau des puits est lourde et saumâtre ; on ne boit que celle des fontaines, qui sont belles et nombreuses au-dedans et au-dehors de la ville »[1].

Au 16e siècle, Alger a connu d'importants travaux hydrauliques, dont les commanditaires furent le plus souvent les pachas et les dignitaires. La plupart des travaux étaient considérés par leurs propriétaires comme un acte de bienfaisance. L'eau est une des offrandes les plus fréquentes dans les sociétés musulmanes, car considérée comme un culte. Pour cela, beaucoup de dignitaires, non seulement, construisaient ces fontaines et suivaient leur gestion et leur entretien, mais aussi léguer, partiellement ou totalement, leurs bénéfices aux fondations pieuses. Diego de Haedo remarque la beauté de ces fontaines et la qualité de leur eau : « L'eau des puits est lourde et saumâtre ; on ne boit que celle des fontaines, qui sont belles et nombreuses au-dedans et au-dehors de la ville[2] ».

Mrs Broughton, originaire de Grande-Bretagne au climat froid, signale le rôle des fontaines édifiées à Alger, au climat chaud en été :

« Dans tout le voisinage comme aussi dans tout le pays, on trouve de nombreuses fontaines semblables, bien que de dimensions moindres, car employer ou léguer une partie de ses biens d'ici-bas pour en édifier une, est considéré comme un acte très méritoire par un mahométan. Dans ces pays, les nombreuses références des Ecritures aux bienfaits découlant du rafraichissement, procuré par l'élément pur et liquide, deviennent alors bien plus compréhensibles qu'elles ne peuvent l'être aux habitants des régions nordiques où règnent la bruine, la neige, le froid et le brouillard »[3].

Les plus remarquables de ces nombreuses fontaines ont été très vite repérées par les historiens européens de l'époque moderne. Nombreux peintres du 19e siècle ont représenté ces paysages d'eau particuliers d'Alger, qu'ils ont animés d'une ambiance vivante et abritées (les fontaines) par les ombres des riches plantations d'Alger[4].

---

[1] De Haedo, 1612 : 39.
[2] De Haedo, 1612 : 39.
[3] Mrs Broughton, 1839 : 209.
[4] Tabari, 2001 : 7-10.

Les fontaines avaient des appellations très significatives, liées aux couleurs, aux plantations ou au lieu, comme celles qui se situaient proches de Oued El Kerma, à Ben Aknoun, à l'instar de *'Ayn Es'sefra* (fontaine jaune), *'Ain Al-kahla* (fontaine noir), *'Ain Al-Berraka* (Fontaine brillante) et *'Ain Al-kerma* (fontaine du figuier). On les distingue au niveau du plan proposé, en annexe, par Guiauchain, dans son œuvre intitulée *Alger*[1]. Les fontaines d'Alger ont été certes, très nombreuses, cependant, beaucoup d'entre elles ont disparu. En effet, il faut noter qu'un Djenan peut en posséder plusieurs. Les fontaines de la ville ne font pas l'objet de notre étude, nous citons toutefois les fontaines de Dar al-sultan et celles des casernes, afin de préciser le rôle des citernes et fontaines principales[2].

Sur une gravure de l'Atlas de Braun publié en 1575, Federico Cresti observe une importante information *« Fontana grande e altre fontane picole »* qui signifie une grande fontaine et d'autres plus petites ; elles sont représentées à l'intérieur de la ville[3]. Ceci laisse entendre qu'il y a des fontaines principales et des fontaines secondaires.

En effet, la fontaine principale, en plus de son rôle ornemental possède un système hydraulique qui a pour fonction la régulation et la distribution de l'eau vers d'autres fontaines, bassins ou citernes. Il faut noter que toute fontaine nécessite une amenée d'eau et une citerne pour sa réserve d'eau. En Turquie, ce système est appelé *Maxem*. Grâce à un aqueduc, la fontaine est reliée à une source ou un cours d'eau pour être alimenté en eau. Cette eau est conservée dans une citerne ou un bassin. La fontaine va redistribuer cette eau grâce à un répartiteur suivant les quotes- parts déterminées et inscrites dans des actes juridiques.

A Dar al-Sultan (palais royal) ou Jenina, qui se situe sur la route principale de la médina, existent plusieurs fontaines dont la principale a un rôle distributeur vers le palais lui-même et les palais voisins, comme l'indique De Haedo : « Son eau contenue dans un bassin de marbre sert aux usages de ce palais et des maisons voisines » ; puis il indique une seconde fontaine située sur la petite place face au palais

[1] Guiauchain, 1905.

[2] Sur la base du travail de Dalloni, Federico Cresti et Sakina Missoum ont répertorié celles de la Médina. Federico Cresti et Nacereddine Saidouni ont, de leur part, cités certaines des fohos d'Alger. En 2000 nous avons présenté respectivement celles qui se trouvent à l'intérieur de la citadelle, (complexe palatin) (Tabari, 2001 : 13-24), et en 2009 nous avons enrichi la recherche des fontaines des fohos entamé par Saidouni (Tabari, 2009 : 115-118).

[3] Cresti, 1992 : 42-53.

royal dont la construction fut entamée par Jaffer Pacha en 1580 et finit le 20 avril de cette année : « Cette fontaine contient un très beau réservoir qui déverse l'eau dans un bassin de marbre bien ouvragé. » De Haedo remarque une autre fontaine qui alimentait la maison de Ramdan Pacha, qui a gouverné Alger et Tunis. De même en 1550, De Nicolaÿ décrit les cours et les fontaines de ce palais qui semblent être disposées à des niveaux différents.

L'accès du palais se fait directement sur une cour, puis on arrive au patio au centre duquel se trouve un vivier carré, entouré de bancs revêtus de céramiques émaillées. Deux fontaines sont aperçues par l'auteur, l'une murale se trouvant au sud et à l'angle et l'autre, petite et octogonale à jet d'eau spectaculaire se trouve au milieu d'un bassin, qui s'y trouve au centre d'un pavé émaillé, à un niveau supérieur[1]. Cependant, les modifications profondes que cette maison du Dey a subies, au début de l'époque coloniale, ne permettent pas de situer toutes ces fontaines et ces belles cours, fait remarquer Devoulx.

Selon le même principe, tous les édifices publics des janissaires possédaient au centre de leur cour, très spacieuse, des fontaines ; de même le grand bagne avait une grande citerne au centre de sa cour[2]. De ce fait, les trois casernes réservées aux logements des janissaires possédaient chacune une fontaine distributrice dans leur cour respective. Ces fontaines principales avaient pour rôle l'alimentation des casernes et des espaces environnants extérieurs[3]. Chaque fontaine pompait l'eau de la citerne qui se trouvait bien cachée en sous-sol.

4.3.1. *'Ayn Bab Azoun*

Parmi les belles fontaines principales qui « *ornent l'intérieur de la ville, ou qui se trouvent à proximité de ses murailles* » ou qui ponctuent les routes de ces fohos, distinguées par les historiens et les peintres, la fontaine de Bab Azoun qui fut édifiée par le pacha Arab Ahmad, en dehors de la porte de Bab Azoun ; elle donne de l'eau sans interruption[4], elle repose en haut d'un terrain sinueux et en pente, pour dominer le principal marché de la ville[5]. Spatialement, elle marque la transition entre le dehors et le dedans de la ville, grâce à un moment important :

---

[1] De Nicolaÿ , 1989 : 60.
[2] De Haedo, 1612 : 203.
[3] Ibid : 206.
[4] Ibid : 420.
[5] Lessore et Wyld, 1835 : 12.

le rafraichissement corporel de l'homme et de l'animal. Au 16e siècle, Mascarenhas précise que cette fontaine est principale puisqu'elle alimente toutes les autres fontaines de la ville, et que ces canaux sont découverts :

« En sortant vers la campagne par une porte qu'il y a là (Bab Azoun), [...] on voit aussitôt un beau réservoir d'une eau excellente, avec sa fontaine et son château d'eau, qui alimente toutes les autres fontaines de la ville. Toute cette eau coule par des canaux découverts qu'il serait facile de prendre »[1].

Au début du 19e siècle, Lessore et Wyld l'analysent comme suit :

« Elle est disposée d'une manière très ingénieuse, comme presque toute celle qu'on rencontre dans la campagne. Au milieu de la façade est un petit avant-corps, d'où l'eau tombe dans un bassin et se déverse ensuite de chaque côté dans deux bassins plus grands, qui servent d'abreuvoir aux animaux. Au-dessus du corps en saillie, on lit une inscription arabe, qui prescrit aux fidèles d'entretenir et de conserver la fontaine avec un respect religieux »[2].

Certains auteurs contemporains ont supposé que cette fontaine n'ait pu être uniquement relié à la source qui lui était proche, mais qu'elle était jointe à une conduite d'eau, qui provenait du sud, et se terminait non loin de la porte[3]. C'était à cette hauteur que se terminait l'aqueduc connu à la prise d'Alger sous le nom de l'aqueduc du Hamma. Elle fut probablement reliée qu'à sa source d'origine au tout début de sa réalisation, puis au fur et à mesure que la source périssait, d'autres sources plus lointaines lui ont été raccordées. La demande croissante en eau a poussé les gouverneurs à utiliser la source du Hamma en 1788. La fontaine, ayant pour rôle la distribution de l'eau, ne pouvait que cumuler toute amenée d'eau.

De Haedo remarque une deuxième fontaine, à 100 pas, « en dehors de la porte *Babazone*, par le Midi ; ensuite en sortant, sur la droite, est un bon volume d'eau, mais elle est très dure et peu de personnes se servent d'elle, et elle a aussi là sa naissance et son origine[4] ». Nous ne pouvons préciser l'exactitude du rôle de cette fontaine. Bien qu'elle n'ait pu être directement utilisée, par les passants, elle pouvait très bien

[1] Mascarenhas, 1993 : 87.
[2] Lessore et Wyld, 1835 : 9.
[3] Cresti, 1992 : 42-53 ; Lespès, 1930 : 176.
[4] De Haedo, t1, 1927 : 31. Cité par Missoum, 2003 :100.

être fonctionnelle, en tant que fontaine principale, distributrice d'eau grâce à l'abondance et la proximité de son eau.

4.3.2. *'AYN* BAB EL-OUED

De Haedo déclare qu'une fontaine dite *'Ayn Bab al-Oued,* qui fut édifiée par Arab Ahmed, collecte plusieurs sources pures et fraiches des collines voisines d'Alger[1]. En 1834, Otth perçoit à l'extérieur de la porte *Bab el-Oued*, une fontaine mauresque, ombragée par un dattier et animée par des groupes d'indigènes ; il paraît qu'elle doit son existence à un vœu du sixième dey, qui a survécu à une journée meurtrière[2]. C'est à cette fontaine que se raccorde "l'aqueduc de Birtraria". Elle distribuait son eau aux maisons et aux édifices proches de Bab el-Oued. Sakina Missoum[3] relève l'histoire relatée par J. Mascarenhas, au premier quart du 16e siècle. Cet auteur fait l'éloge des eaux de cette fontaine, avant de préciser que « près d'elles sont des bassins en pierres alimentés par un conduit, où les pauvres lavent leur linge ». Aussi « une autre très belle fontaine publique. » se situe proche de la première[4].

4.3.3. *'OUYOUN AL-S'KHAKHNA*

Les eaux de Bouzaréah sont de qualités variées : minérales, ferrugineuses, salines, froides ou thermales, ce qui donne une richesse à cette localité. Dans le bassin de *'Ouyoun al-S'khakhna*, plusieurs se trouvent sur les berges de l'oued *'Ouyoun al-S'khakhna.* Une source connue se situe à côté du "Marabout Sidi Medjbar", une autre proche de la poudrière et plusieurs autres se trouvent dans des propriétés privées. L'une des plus importantes, *'Ayn al-S'khakhna* (Fontaine de Beau Fraiser) se situe, en dessous du hameau maure[5], et a été construite par le Dey Hussein Pacha en 1823-1824, pour capter les eaux de l'oued *'Ayoun al-S'khakhna* et de l'*Oued al-Sedd.* Elle avait un débit journalier de 2520 m^3 et était destinée à l'alimentation des abreuvoirs et des lavoirs des habitations avoisinantes[6]. A la même période, le Dey Hussein édifia la fontaine dite *Sab'a 'Ouyoun* (fontaine de Sept

[1] De Haedo, 1612 : 420.
[2] Otth, 1839 : PL. X16.
[3] Missoum, 2003 : 100.
[4] Mascarenhas, 1993 : 87.
[5] Liautaud, 1872 : 6-7.
[6] Saidouni, 2001 : 68 ; Bertherand, 1856 : 8.

Sources) près de la *Qubba* de Sidi Yakoub. Elle compte parmi les fontaines principales.

Après avoir dépassé le jardin du Dey, Mrs Broughton vit une splendide fontaine. Cette fontaine retenait toujours l'attention des chevaux souligne l'auteure :

« De chaque côté de l'édifice, il y avait une longue citerne qui recevait l'eau provenant de la fontaine proprement dite. Cette fontaine formait le centre de cette construction et était scrupuleusement réservée au rafraichissement des humains qui voyageaient. Deux tasses de cuivre, attachées par des chaines de chaque côté de la fontaine, leur permettaient d'étancher leur soif, tandis que de chaque côté, je crois qu'au moins deux chevaux pouvaient être abreuvés en une seule fois »[1].

4.3.4. *'OUYOUN BAB AL-BAHR*

De Haedo remarque une fontaine distributrice d'eau, en dehors de Bab al-Bahr proche de la mer, « elle sert d'aqueduc aux bâtiments de toute nature », ce qui signifie qu'elle distribue l'eau aux bâtiments du port[2] et de ce fait elle fut principale. À l'époque médiévale, Al-Bakri la nomme Ain al-Marsa[3], et à l'époque coloniale on la nomma la fontaine de l'amirauté. Selon un écrit officiel de l'architecte conservateur du Gouvernement général d'Algérie, Henri Klein[4], il est mention de son commanditaire ou plus exactement de son embellisseur *Oukil al-Hardj* Ali Pacha et de l'inscription turque gravée en relief sur une tablette, l'architecte ordinaire cite :

« Au-delà du Kiosque des Amiraux algériens avec ses galères et sa petite coupole contre un local affecté jadis à l'*Oukil al-Hardj* ...Bab *al-Dzira* au ministre de la marine, est plaquée une jolie fontaine historiée en marbre, au-dessus de laquelle se lit l'inscription turque ci-après gravée en relief sur une tablette de même manière[5]. »

---

[1] Mrs Broughton, 1839 : 208.

[2] De Haedo, 1612 : 206.

[3] Al-Bakri, 1963 : 136.

[4] Écrit officiel de l'architecte ordinaire des monuments historiques du bureau du Gouvernement général d'Algérie intitulé "Fontaine en marbre de l'Amirauté", s.d.

[5] Demande manuscrite du président du Comité du Vieil Alger, Henri Klein, adressée au Gouverneur d'Alger, pour protéger la fontaine mauresque, située en contrebas de l'escalier de l'amirauté], 27 Déc 1934.

Ce qui se traduirait ainsi, d'après Mohammed ben Osman Khodja :

« Ali Pacha, ayant médité profondément sur ce monde périssable et examiné comment il pourrait consacrer ses richesses, à son salut, reconnut que ce serait en les affectant à des constructions, il fit en conséquence couler dans les fontaines, en lui donnant la limpidité, ce qui produit la vie. Il espère en son cœur des éloges sincères. Que Dieu soit satisfait et qu'il (le Pacha) soit admis sans jugement dans le paradis le plus élevé. Année 1178 »[1].

L'architecte conservateur Henri Klein poursuit ses propres observations :

« Cette fontaine est des plus anciennes et peut-être la seule de ce genre qui subsiste encore à Alger. Elle est très remarquable par la variété de ses sculptures, et l'agencement de ses faïences [...]. Elle se situe en contrebas de l'escalier de l'amirauté, à l'entrée de la voûte C.F.R.A. Cette fontaine, que décorent d'exquises arabesques d'inspiration persane et que dédia, à Alger, le Dey Hussein, en 1820, a subi les dégradations les plus regrettables »[2].

Une deuxième fontaine nommée, fontaine de la calle aux vins fut édifiée ultérieurement, étant donné que les deux peintres Lessore et Wyld relatent, qu'à côté des batteries élevées, sur le môle, au bas de l'hôtel dont l'architecture est remarquable et qui a servi au ministre de la Marine, sont deux belles fontaines : « [...] à côté, plusieurs bâtiments destinés au service de la marine : c'est près de là que sont amenés les bâtiments qu'on radoube ; c'est aussi l'endroit où viennent aborder les embarcations des navires. Sous le règne du Dey, la foule des curieux et des marchands s'y rassemblait lorsque quelques corsaires rentraient dans le port ramenant une riche capture[3] ».

4.3.5. *'Ayn Lazraq Et 'Ayn Al-R'Both*

A partir de Mustapha supérieur, on descend vers la fontaine *'Ayn Lazraq* (Fontaine Bleue), à travers le chemin pittoresque nommé *Kablé*[4]. Elle fut édifiée, par le Dey Baba Ali Nekkis (Bou Seba') en 1765-1766 et pourvue d'un abreuvoir, proche d'une batterie qui se

[1] Ibidem.
[2] Ibidem.
[3] Lessore et Wyld, 1836 : 13.
[4] Guiauchain, 1905 : 115.

trouvait enclavée dans le camp de Sidi Hassan El-Khazenadji[1]. Plus bas, à *Menzel al-Mahala*, sur la route royale d'Alger qui mène vers Al-Hamma, on trouve la fontaine nommée *'Ayn al-R'both.* Notons que, selon le traducteur de "Fleurs illuminées", Albert Devoulx, *'Ayn al-R'both* fut nommée "Champ de Manœuvre de Mustapha-Pacha"[2]. Enfin, la belle fontaine était composée de trois fontaines et deux grands bassins. Ses eaux servaient au rouissage des chanvres nécessaires à la marine[3].

4.3.6. *AYN AL-HAMMA* DE LA CAVERNE

'Ayn al-Hamma a été une source importante qui a alimenté la fontaine du Hamma. En effet, une note rédigée en 1173, sous le règne de Sid-Mohamed-Pacha, ordonne des recherches sur la source d'eau du Hamma pour y faire des constructions[4]. Cette note révèle son histoire et sa situation : la caverne qui se trouve sur le flanc de la colline du Hamma[5]. Cette note se trouve dans un ancien manuscrit consulté et traduit par Albert Devoulx ainsi :

« En 1788, le Sidi-Mohamed-Pacha décida de conduire l'eau de la source du Hamma à Alger. Pour cela, il consulta les experts, à savoir les maîtres ouvriers et le Khodjet al-'Ouyoun qui lui présentèrent un avis favorable à son projet. Ainsi, des conduites furent creusées et revêtues de maçonnerie jusqu'à Alger »[6].

Le même manuscrit révèle le parcours sinueux de ses eaux que Devoulx décrit comme suit :

« Si l'on recherche, la source de l'eau du Hamma ; l'on reconnaît qu'elle sort de deux endroits : du côté du sud, elle jaillit de dessous la mosquée et du côté de l'ouest, elle sort de dessous la montagne ; ces deux cours se rejoignent dans une caverne, dont la porte est bouchée ; de cette caverne le cours d'eau va à un regard nouvellement construit et rentre de nouveau dans la caverne ; entre le regard et la caverne, il y a une distance de douze longueurs de pied ; dans la caverne se trouvent deux regards : l'un qui est tout à fait au fond et l'autre

[1] Klein, 1910 : 184, 182.
[2] El-Tilimsani, 1841 : 106.
[3] Klein, 1910 : 182-183.
[4] Devoulx, 1852 : 120-121.
[5] Tabari, 2009 : 117.
[6] Devoulx, 1852 : 120-121.

qui donne dans un conduit, près de la coupole (qubba), et entre cette coupole et la caverne, au-dessous du regard est un conduit qui amène l'eau au-dessous de l'école ; ce conduit passe sous le regard et rentre ensuite dans la caverne »[1].

Fig.18. Otth, A. (1839). *Le café des platanes sur la route de Constantine.* [Lithographie du livre Esquisses Africaines].

4.3.7. *'Ayn al-Hamma*, Le Café Des Platanes Et Le Marabout

Cette fontaine fut construite, en 1610-1611, par un Andalou, sur la route royale qui mène de *'Ain al-Er'both* à *'Ain al-hamma*[2], et rénovée en 1759, pour l'amélioration du mode de captation des eaux, sous le règne de Ali Pacha, puis encore une fois rénovée, sous le règne de Mohamed Osman Pacha, en 1788[3]. Elle était proche d'un café maure,

[1] Ibidem.
[2] Tabari 2001 : 9.
[3] Devoulx 1852 :79.

appelé café des platanes, en référence aux majestueux platanes, qui ombrageaient l'espace de détente. Elle était alimentée par la source du Hamma, citée ci-dessus. Grâce à Adolph Otth, une représentation picturale, et une autre littéraire ravivent notre imagination : « Le joli café, réuni à une fontaine mauresque, que cette planche représente, est situé à deux lieues d'Alger sur la route de Constantine. Il est ombragé par un groupe de magnifiques platanes qui lui ont donné leur nom[1]. »

À l'époque coloniale, à son emplacement, lors des travaux du Jardin d'essai, Devoulx note la présence de « deux pièces voûtées, accolées[2] ». Ces deux pièces voûtées, dont parle Devoulx, sont les deux réservoirs de la fontaine. Notons qu'El Hamma regorgeait de sources et de fontaines, et parmi celles qui étaient principales il y a la fontaine nommée *'Ayn al-Bakoura* qui alimentait plusieurs jardins situés au Hamma tel que cité dans l'acte 55[3]. Elle se situait également au niveau de la route principale et, plus exactement, au sud, et par conséquent sur le flanc de la colline.

Le café des platanes, situé au Hamma, sur la route de Constantine, a été un composant du paysage d'eau et d'arôme. C'est une fabrique très originale : une sorte de kiosque ou de koubba implantée sur une surélévation ou plateforme en pierres, plantée de platanes. Nous distinguons que « Cette implantation particulière est similaire à l'implantation du kiosque d'Osman III, avec sa cour pavée de marbre et décorée d'une fontaine en marbre, et ses deux parterres de fleurs, nommée le *namazgah,* [en Turquie], une sorte de plateforme pour la prière, de forme carrée ou rectangulaire, pavée et surélevée de quelques gradins, et plantée d'arbres. C'est une architecture très répandue en Turquie[4]. »

Fromentin, sensible au complexe architectural, surmonté de la coupole, raconte sa composition architecturale :

« Le lieu est assurément fort joli. Le café, construit en dôme, avec ses galeries basses, ses arceaux d'un bon style et ses piliers écrasés, s'abrite au pied d'immenses platanes, d'un port, d'une venue, d'une hauteur et d'une ampleur magnifiques [...] Une longue série de degrés bas et larges, dallées de briques

---

[1] Otth, 1839 : PL.16.

[2] Devoulx, 1861 : 435.

[3] Acte55, Microfiche15 des *Mahakim al-shar''iyya* des Archives Nationales d'Alger, 1689.

[4] Tabari, 2001.

et serties de pierres émoussées, mènent par une pente douce de la route à l'abreuvoir […] »[1].

Lessore et Wyld remarquent la sociabilité que cette espace assure. En effet, à partir du 15e siècle, la commercialisation de la plante du café a débuté en Egypte et au Yémen puis s'est propagée dans le monde musulman.

« C'est le lieu de réunion où viennent, habituellement, trois ou quatre fois par jour, les indigènes de toute classe et de toutes conditions prendre du café, fumer leur pipe, jouer aux dames, et passer à écouter de la musique, leurs moments de douceur et de paresse. Peuple admirable pour si bien savoir goûter les jouissances paisibles de la vie, faire le moins possible, tenir les sens dans un calme imperturbable et sans jamais subir les atteintes de l'ennui. Là, nulle distinction de rang, ni de fortune ; le pauvre bédouin en haillons vient s'accroupir à côté du riche Maure vêtu de magnifiques soieries[2] » racontent les deux peintres.

4.3.8. *'AYN* BIR MOURAD RAIS ET SON CAFÉ

Ayn Bir Mourad Rais fut érigée par Rais Mourad, au 18e siècle, et rénovée par Hassan Pacha en 1793-1794. Le mot arabe *bir* signifie puits, il y avait un important puits qui a marqué la mémoire de ce lieu. La fontaine et le puits animèrent un morceau du paysage, en se blottissant sous de beaux figuiers, des peupliers blancs, des platanes et des palmiers[3]. Cette fontaine a été représentée autrement, par d'autres artistes peintres, avec d'immenses saules pleureurs, faisant saillie entre les murs d'un vaste café et une galerie d'arcades largement ouvertes sur la campagne.

4.3.9. *'AYN* BIRKHADEM

Située à trois lieues de la ville[4], la fontaine de Birkhadem et son paysage éblouissent tellement les artistes peintres Lessor et Wyld que ces derniers raffraîchissent leurs émotions et leur évocation :

---

[1] Fromentin, 1839 : 84

[2] Lessore et Wyld, 1835 : 2.

[3] Bachrou de Penhoen 1835 : 300.

[4] Collin, 1901 : 148.

« Cette fontaine, placée dans des sites les plus agréables, est aussi une des plus célèbres des environs d'Alger. Les sentiers continuellement bordés d'arbres et de fleurs qui conduisent à cet endroit, en font une promenade délicieuse. La fontaine est à trois lieues environ de la ville. Sous les arcades qui la décorent, est établi un café arabe. De tout temps, sous le climat brûlant de l'Asie et de l'Afrique, les fontaines ont été un lieu ordinaire de réunion. La bible fait souvent mention de cet usage, et grand nombre de contes arabes sont empruntés à quelque événement arrivé près des fontaines »[1].

Elle fut édifiée par le Dey Hassan Pacha en 1798, au milieu d'un café maure. Elle est abritée par un Kiosque à coupole dont les façades sont ornées d'arcades et de colonnettes torsadées en marbre. Une ambiance ombragée était ressentie grâce aux figuiers, aux peupliers blancs, aux platanes et aux palmiers, tel que remarquée par Henri Klein[2].

Les mouvements de l'eau sont divers : jaillissement, écoulement, ruissellement…et ont chacun un rôle psychothérapique. À Alger, seules les fontaines des maisons du gouvernement ou celles des grands dignitaires comme Mustapha Pacha sont jaillissantes et bien exposées. Les fontaines publiques sont actionnées manuellement pour permettre à l'eau de couler pour les besoins seulement. Elles marquent les espaces de haltes et de détente de la zone suburbaine. Destinées à la répartition de l'eau et à la désaltération des passants, elles sont abritées dans des avant corps, adossés à un mur de fabrique, le plus souvent proches d'un café et d'un marabout, comme le souligne Adlph Otth :

« La passion que tous les peuples mahométans ont pour le café se retrouve aussi à Alger et dans ses environs, qui fourmillent de cafés plus ou moins élégants. Le plus souvent ces derniers sont établis à côté d'une fontaine, et c'est là qu'après avoir abreuvé leurs chevaux et leurs chameaux les maures et les arabes s'abandonnent à leurs muets plaisirs, ceux de la pipe et de leur boisson favorite. Même l'Européen ne passe guère auprès d'un de ces cafés, sans y entrer pour se restaurer par quelques tasses de cette liqueur […] »[3].

---

[1] Lessore et Wyld, 1835 : 13.
[2] Klein, 1910 : 182-183.
[3] Otth 1839 : PL.16.

Fig.19. *La fontaine de Bir Mourad Rais.* [Photo] Ogebc

4.4. LES AQUEDUCS

Fig.20. Otth, A. (1839). *L'aqueduc de Bab El-Oued.* [Lithographie du livre Esquisses Africaines].
L'aqueduc de Bab El-Oued est aussi nommé l'Aqueduc de Bir Tryria

Pour canaliser l'eau, on usait des aqueducs construits en maçonnerie ou en poterie ainsi que des ponts aqueducs dont les plus importants étaient au nombre de quatre, car ils alimentaient la ville. On relève même un certain nombre de petits ponts aqueducs au niveau des jardins particuliers. Il faut préciser que l'aqueduc n'est pas uniquement l'ouvrage monumental à arcades qui porte la conduite d'eau, mais une conduite d'eau souterraine ou aérienne qui a pour fonction de porter l'eau d'une source vers sa destination. Ces aqueducs portent des noms arabes différents, selon leur fonction.

Chaque aqueduc était relié à la ville par une fontaine principale qui avait pour rôle la régulation, le pompage et la répartition de l'eau. À son arrivée, l'eau était stockée dans une citerne pour être répartie par la suite aux différentes fontaines secondaires et citernes. Ils sont bien entretenus, précise Dr Shaw : « Les conduits et leurs aqueducs sont lutés avec des étoupes battues, de la chaux et de l'huile, sans y mêler de l'eau. Ces deux ciments acquièrent, en peu de temps, la dureté de la pierre, et sont impénétrables à l'eau[1] ».

Ces grands ouvrages ont été assimilés à des monuments romains, tel que cité par Otth :

« Le grand aqueduc de Bab el Oued, que l'on dit être un monument romain, ne l'est peut-être pas plus que celui de Mustapha, quoique l'architecture de celui-ci rappelle mieux que celle de l'autre, le style des Romains, et que ses arches, une seule des inférieurs exceptés, ne sont point construites en ogive »[2].

Des systèmes ingénieux d'adduction d'eau existaient depuis l'époque médiévale, comme nous l'avons vu précédemment ; aussi, la réutilisation des aqueducs romains et des citernes romaines a été constatée à l'époque médiévale. Alger était une grande ville du Maghreb et ne pouvait que bénéficier des installations des civilisations qui l'ont occupée, comme les Zirides. Toutefois, nous ne disposons pas d'assez d'informations pour pouvoir confirmer l'emploi de ce système hydraulique dans le temps. Depuis l'époque coloniale, les études historiques se sont penchées sur les quatre aqueducs principaux et ottomans qui alimentaient la ville intra muros. Le corsaire Kheireddine en construisit un, dès son arrivée en procédant au recyclage des matériaux d'une fortification occupée initialement par les chrétiens et tombée entre les mains de ce corsaire[3]. Ces aqueducs ont disparu, cependant, quelques vestiges de l'aqueduc d'Oued Khanis et celui de Hydra qui était relié à celui de *'Ayn Zeboudja,* ont résisté aux aléas du temps. Dalloni, André Raymond, Federico Cresti puis Nacereddine Saidouni ont étudié l'historique des quatre aqueducs principaux sur la base de documents historiques et d'archives. Nous jugeons important de mentionner ces constructions, car celles-ci composent le paysage par leur forme et par leur fonction.

4.4.1. L'Aqueduc De Bir Trarya

Long de 1700 mètres, il fut construit en 1573 par Arab Ahmed. Il canalisait l'eau de « la source de Bir-Traria » et celles « des sources de Frais Vallon » vers la partie nord de la ville au niveau de « la fontaine

[1] Shaw, 1830 : 104.
[2] Otth, 1839 : PL. VIII.
[3] El-Tilimsani, 1841 : 9.

de Bab El Oued[1] ». Il a été réalisé pour eviter toute penurie d'eau en cas d'attaques et de siège de la ville. Au 16e siècle De Haedo cite le paysage qui abrite les sources. Il est composé de collines bien jardinées du *fahs* Bab al-Oued, qui font face à la montagne de Bouzaréah :

« Et pour le remède de ceci, Arab Amat, qui fut Roi d'Alger en 1573, fit deux autres fontaines, une très jolie et abondante à 100 pas de la porte Babalouete (dont l'eau coule par quatre conduites et elle est très délicate, claire et fraiche), elle a son origine de quelques petites sources qui naissent à une mille et demi (2778 m) ou un peu moins de la ville, vers le couchant, dans ces montagnettes et collines gracieuses, où il y a beaucoup de jardins, et notamment très près de là où est le jardin de fès. Lesquelles sources, toutes rassemblées en une, font un grand volume d'eau »[2].

4.4.2. L'AQUEDUC DU HAMMA

Long de 4330 mètres, il canalisait l'eau des *fohos* proche de Bab-Azoun, en longeant la route et en traversant le vallon de l'*Oued Mizab.* Moussa l'Andalou, procéda à la construction de cet ouvrage sur l'ordre de Mustapha Koussa vers 1610. Il fut restauré et étendu plusieurs fois à l'instar des autres aqueducs. Il passait par le jardin de l'agha et celui de Mustapha au Hamma.

Plus le besoin en eau se faisait ressentir, plus l'extension de l'aqueduc vers une source plus abondante devenait nécessaire. De Haedo mentionne deux fontaines à la porte de Bab Azoun, alors que, bien avant, en 1516, Jean Léon l'Africain cite un cours d'eau très utilisé, qui se situe non loin d'Alger, du côté oriental : « Non loin d'Alger, du côté oriental, coule une rivière sur laquelle se trouvent les moulins, et cette rivière sert aux besoins de la ville, tant pour boire que pour autre chose[3] ».

En analysant cette information du 16e siècle, l'historien contemporain, Federico Cresti, pense à Oued *Khanis*. André Raymond le situe à l'opposé de l'orientation de Jean Léon l'Africain. Oued *Khanis* a réellement alimenté les fontaines qui irriguaient les jardins du Hamma, selon les actes juridiques ottomans, cependant, nous n'avons pas assez d'informations pour vérifier sa connexion à la Médina, au passage de Hassan al Wazzan. Nous pouvons toutefois, supposer une

---

[1] Raymond, 1985 : 164.
[2] Haedo, I, 1927 : 198.
[3] Ramusio, 1937 : 112.

connexion à Oued *Mizab* ou aux autres cours d'eau beaucoup plus proches, se situant à l'orient. La liaison de cet aqueduc à la source du Hamma, vers 1788, est bien certaine, selon les sources historiques.

4.4.3. L'AQUEDUC DU TÉLEMLY

Federico Cresti remarque, dans une gravure de l'Atlas de Braun publié en 1575, un aqueduc enjambant un ravin, non loin des murailles de Sultan Qalasi (Fort l'Empereur), prenant son origine d'une source d'eau tout près des murailles du fort. Selon l'auteur, c'est le premier aqueduc de l'époque ottomane qui est à l'origine de l'ouvrage qui sera appelé plus tard aqueduc de Télemly (*talaoumly*)[1]. Sa construction se poursuit dans le temps et arriva jusqu'à Djenan Khodjet El-Kheyl pour atteindre la source du Télemly. Il parcourait tout le chemin de Talaouamly, prenant l'eau des coteaux, d'Ouled Adda, du ravin des Cousses, du ravin Chauvot, de la vallée des sept sources et d'autres petits cours d'eau[2]. Il déversait dans un réservoir se situant dans la mosquée 'Ali Madfa', construit à 85 mètres d'altitude au niveau de Bab El Djedid. Cet aqueduc comportait des tours à eau utilisées pour réguler l'eau pour pouvoir traverser un terrain à altitudes variées.

Mustapha supérieur est une zone très riche en eau, ces eaux alimentaient les propriétés du *fahs* ainsi que Mustapha inférieur. Selon Devoulx, dans ce *fahs* existaient d'autres aqueducs :

> « Des vestiges d'un aqueduc monumental existent entre la source de Telemly et l'ancienne campagne de M. Lair, non loin du Sacré-Cœur. Cette construction, qui devait amener l'eau sur un point de Mustafa inférieur, n'a pas laissé assez de traces pour qu'on puisse indiquer sa direction d'une manière plus précise »[3].

4.4.4. L'AQUEDUC DE AIN ZEBOUDJA

Nommé aqueduc de la source de l'olivier sauvage, il fut le plus long des aqueducs algérois, d'environ 11540 mètres. Il collectait les eaux du plateau de Ben Aknoun, et recueillait l'eau de toutes les sources qui se situaient sur son parcours jusqu'aux Tagarins puis la Casbah, à 131,06

[1] Cresti, 1992 : 42-53.
[2] Saidouni, 2001 : 68.
[3] Devoulx, 1861 : 435.

mètres d'altitude[1]. Dans son parcours, il passait par le ravin d'Hydra et contournait une partie du plateau d'El Biar. Tandis qu'une autre partie était en souterrain, sous formes de galeries sur une longueur de 1466m[2]. Il pénètre la ville par son point le plus haut au niveau de la porte de la Casbah, nommé Bab Al-Khouihha, selon l'écrit officiel, cité par Devoulx que nous avons décrit, plus haut. Il alimente ainsi la fontaine de la Citadelle qui desservira l'eau aux bâtiments et citernes de la citadelle. Cet aqueduc existait au XVIe siècle.

4.5. Les Jarres Et Les Bardacas

« Loin des cours d'eau et proches du devoir de l'offrande, les maîtres de maisons d'Alger aménageaient dans quelques rues de la ville, sur les parois des maisons, des jarres remplies d'eau qu'ils encastraient. Elles sont destinées aux passants » [3], témoigne De Haedo.

Cependant, le porteur d'eau comme image historique, rapportée par les peintres et les historiens, paraît paradoxal, face aux systèmes hydrauliques présentés ci-dessus. Il faut préciser que le système hydraulique a, non seulement, subi une évolution technologique, mais aussi toutes les contraintes économiques, climatiques et donc une instabilité probable a poussé les habitants d'Alger à recourir, durant les moments difficiles des pénuries d'eau, au porteur d'eau.

La qualité de l'eau était évaluée, car l'eau compose l'homme, pour cela la valeur de l'eau fraiche est irremplaçable. Aussi, ce sont les attentes spirituelles au-delà de ces offrandes, qui donnent à l'eau portée, aux seuils des maisons ou accrochée à ses murs, une valeur significative dans la culture islamique. La jarre constituée essentiellement de la terre conserve la fraicheur de l'eau dans les rues ombragées de la Casbah. Cette image de fraîcheur fait partie du paysage culturel de l'eau d'Alger autant que les systèmes hydrauliques, car elle raconte une technique de distribution de l'eau porteuse du lien spirituel de l'homme.

4.6. L'Eau Dans Les Fortifications

La protection de la ville contre l'ennemi dépend fortement de ses réserves d'eau en cas d'assaut ou de siège. L'intérieur d'Alger comme son dehors devait être aménagé par un dispositif hydraulique et des

[1] Lespès, 1930 : 176.
[2] Raymond, 1985 : 164.
[3] De Haedo, 1612 : 104.

réserves d'eau au niveau des fortifications, des maisons et de tout autre bâtiment. Le citoyen ainsi que le soldat devaient avoir le moyen de s'alimenter en eau, en cas de contrainte difficile. Comme il a été présenté précédemment, la citerne en sous-sol est le système le plus adéquat pour faire face aux conditions difficiles et extrêmes de pénuries d'eau. Sa position en souterrain protège l'eau, qui est soit amenée par des aqueducs, d'un endroit lointain, ou emmagasinée après la tombée des pluies.

Fig.21. Otth, A. (1839). *La porte Bab Azoun à Alger*. [Lithographie du livre Esquisses Africaines].
Le fossé apparait tel un espace vert en pente qui coupe le dessin en diagonale.

Les fortifications d'Alger furent l'œuvre de plusieurs Pacha qui apportèrent, durant chaque époque, leur contingent de défense à la ville[1]. L'enceinte de la médina pré-ottomane, à base de grandes pierres parait forte au passage de Léon L'Africain[2]. A la fin du 16e siècle, Diego de Haedo mentionne qu'en plus d'un rempart avec des tours et des bastions, il y avait un fossé qui entourait toute la ville. Il contenait une grande quantité de vase et d'immondices, par contre au niveau de la partie qui relie la Porte-Neuve au bastion d'Arab Ahmed, situé au bord

[1] Devoulx,1876 : 73.
[2] Jean Leon L'Africain, 1556 : 346.

de la mer, le fossé est bien entretenu, plus large, de vingt pas environ, sa profondeur est d'une lance et sa longueur de 450 pas. Cet entretien est dû à la restauration faite à l'époque d'Arab Ahmed Pacha, en 1573, constate Diego De Haedo :

« Indépendamment des tours et bastions dont il vient d'être parlé, la ville est entourée de toutes parts du côté de la terre par un fossé de seize pas de large anciennement établi : il est en partie comblé par une grande quantité de vase et d'immondices. Mais à partir de la Casbah et tout le long de la muraille qui, comprenant la Porte-Neuve, va se relier au bastion d'Arab Ahmed, situé au bord de la mer ; ce fossé dans toute cette étendue est large de vingt pas, profond comme une lance et dans un très bon état d'entretien ; [...]. Si ce souverain eut gardé plus longtemps le pouvoir, il aurait certainement réalisé l'intention qu'il avait formée de rétablir dans les mêmes conditions la totalité de ce fossé d'enceinte »[1].

La dimension du fossé est importante et la vase mentionnée indique le passage de l'eau. Son alimentation en eau n'est pas indiquée par l'auteur, l'eau semble être conduite à partir des deux aqueducs principaux venant des sources des *fohos* et alimentant la partie supérieure de la médina. Ce témoignage de De Haedo appui l'analyse de la gravure du 16e siècle, élaborée par Federico Cresti. Ce dernier constate que la ville était représentée, entourée d'une muraille de forme trapézoïdale, rythmée régulièrement par des tours et des forts ou bastions en formes de coin, entourée d'un fossé rempli d'eau[2].

Selon le témoignage du chef du bataillon du génie, Boutin, en 1808[3], contrairement au témoignage du Dr Shaw au 16e siècle, qui présente le fossé comme inutile et presque entièrement comblé[4], le fossé a une profondeur de six à huit mètres environ, creusé en forme triangulaire, délimité par des talus de terre, du terrain jusqu'au fond. En plus du talus, un mur de six à huit pieds de haut, sur douze à quinze pouces d'épaisseur, disposé du côté externe à la ville, longe le fossé, de la Porte-Neuve jusqu'à celle de Bab Azoun. Le fossé semble être renforcé du coté de Bab el-Oued, puisque on y a rajouté un mur surmonté de petits massifs détachés, parallèlement à la contrescarpe, de telle façon à laisser l'espace entre le talus intérieur et le mur plus élevé formant

[1] De Haedo, 1612 : 30.
[2] Cresti, 1982 : 1-22.
[3] Devoulx, 1876 : 74, 349.
[4] Ibidem.

ainsi une fausse braie[1]. En 1876, Devoulx remarque l'interruption du fossé par un terre-plein du côté de Bab El-Djedid, et par un jardin du côté nord-ouest[2].

Diego De Haedo affirme que tout le contour de la muraille faisait 3400 pas, la partie terre fait 30 palmes de hauteurs et du côté mer, elle fait 40 palmes à partir des rochers. L'épaisseur est de onze à douze palmes[3]. Le père Dan aperçoit, en 1634, les tours carrées de la muraille et quelques bastions dont les meilleurs sont sur Bab Azoun[4]. L'enceinte blanche paraissait aussi éblouissante que les maisons blanches en cascades, qu'elle protégeait, déclarait A. Devoulx[5]. Son extérieur était crénelé sur trois faces, dentelé, garnies de merlons et percé de meurtrières et d'embrasures. Elle contournait toute la ville avec une épaisseur variant de 4,56 m à 6,95 m, du côté de Bab El Oued, elle atteignait jusqu'à 16 m du côté de Bab Azoun. On a utilisé pour la construction du mur du rempart, durant les trois siècles de gouvernance par les ottomans, des pierres, des briques, de la terre fortement dallée, et des débris de pierres et de briques. Toutes les batteries et les tours qui la composaient étaient munies de citernes comme les enceintes médiévales.

Au tout début de la colonisation, l'artiste peintre Otth perçoit la ville, du côté de Bab El-Oued, tel un rocher éblouissant, couronné d'un fossé bien verdoyant et d'un mur d'enceinte dont « l'intérieur est interrompu de distance en distance par des tours carrées et crénelées[6] ». Du côté de Bab Azoun, l'enceinte est triple et « les deux murs intérieurs sont pourvus de crénelures bizarres et de meurtrières », le pont en pierre qui traverse le large fossé qui sépare la ville de la campagne et les maisons blanchies qui « s'élèvent en amphithéâtre » attire l'attention du peintre Otth ainsi que les deux artistes Lessore et Wyld. Ces peintres tracent une image littéraire et picturale de ce pont qui enjambe le fossé : « [La porte *Bab Azoun*] à laquelle aboutit un pont de pierre, avec des arches jetées sur de larges fossés qui en défend l'abord, est ombragée par un majestueux platane qui étend au large ses branches touffues sur les murs, dont elle est flanquée[7] ». Quant à la longue muraille qui limite le

---

[1] Devoulx, 1876 : 349.
[2] Ibid : 73.
[3] De Haedo, 1612 : 24.
[4] Devoulx, 1876 : 71.
[5] Ibid : 73.
[6] Otth, 1839 : Pl. X16.
[7] Otth, 1839 : Pl. 20.

fossé les deux artistes Lessore et Wyld notent ces crénelures qui font sa particularité[1].

Nous pouvons déduire que, grâce aux sciences et leurs techniques de fortifications militaires et, suivant les besoins qui apparaissent aux différentes époques, la succession des interventions constructives ont donné une complexité formelle à l'architecture du rempart ainsi que du fossé. L'enceinte a subi plusieurs réaménagements depuis l'avènement des Ottomans à Alger[2]. Le fossé[3] est un canal artificiel qui entoure la ville pour la protéger en cas d'attaque. Ce système hydraulique stratégique, qui exige science et art, a été utilisé dans les villes médiévales et maintenu à l'époque ottomane dans la médina d'Alger.

Fig.22. Otth, A. (1839). *Alger et le Faubourg de Bab Azoun.* [Lithographie du livre Esquisses Africaines]

[1] Lessore et Wyld, 1835 : 12.

[2] Missoum, 2003 : 123-125).

[3] Des portes sont aménagées sous le pont. Fermées, elles permettent le remplissage du fossé. Sur cette litthographie le fossé est à sec, une végétation spontanée l'a envahie.

4.7. Les Bordjs, les Gardiens des Eaux

Les forts, *bordjs* en langue arabe, protègent la ville et l'eau d'une éventuelle attaque. Tout le littoral est ponctué par une série de bordjs et chaque fontaine, source d'eau ou rivière est gardée par un fort ou une batterie. En 1550, Nicolaÿ décrit *Bordj Mulay Al-Hasan*, ou Fort l'Empereur (selon l'appellation des documents européens). Ce fut un des plus importants forts « éloigné d'un mile d'Alger…Cette forteresse avait pour tâche de défendre les sources naissantes sur cette colline, dont les eaux, par des canaux souterrains, étaient amenées à l'intérieur de la ville ». Sa construction avait commencé en 1545 sur le « col qui envoie l'eau à Alger par-dessous la terre » ; comme désigné sur le plan Lafreri, ce lieu était nommé *Kudyat Al-Sabun,* témoigne Federico Cresti[1].

A la fin du 16e siècle, les trois principaux bordjs de la ville d'Alger ottomane, situés en dehors du mur d'enceinte de la médina, représentaient la force principale de sa défense, selon les témoignages de De Haedo : « Trois châteaux ou forteresses que les Maures appellent *burgio* (bordj) constituent la force principale et la défense de la ville d'Alger ; ces ouvrages furent construits, il y a peu d'années par les Turcs à une distance assez rapprochée de l'extérieur du mur d'enceinte[2] ». Alger en possédait plusieurs autres, nous allons cependant décrire les trois Bordjs les plus stratégiques.

4.7.1. *Bordj El 'Euldj Ali*

Bordj El 'Euldj Ali reçut d'autres appellations à l'époque coloniale, nous citons : fort Setti Takelilt, fort Notre dame, fort Bab el Oued, fort des Vingt-quatre heures. Il a été construit durant le pouvoir d 'Euldj Ali. Il est situé à 370 pas à l'ouest de la porte Bab El-Oued. De forme quadrangulaire, il est implanté sur un rocher dont une seule de ses faces regarde la ville. Il est protégé par un parapet, et les trois autres faces possèdent des percées d'embrasure. Sa citerne est établie avec beaucoup de soin, remarque De Haedo. Elle se situe au centre d'une cour de trente pas de diamètre, entièrement terrassée. Cette tour ne possède aucun fossé. En 1860, Adrien Berbrugger se base sur l'épigraphie n°29, pour affirmer que la construction du fort a été

[1] Cresti, 1992 : 65, 42-53.

[2] De Haedo, 1612 : 31.

entamée, en 1567, par Mohammed Pacha, l'un des précurseurs des fortifications, pour protéger le côté nord-ouest[1].

4.7.2. *Bordj Mulay Mohammed, Fort Des Etoiles*

Bordj Mulay Mohammed, nommé fort des étoiles à l'époque coloniale, est un pentagone de 50 pas de diamètre, il se situe sur la colline du *fahs* Tadjaret (Les Tagarins), à 1000 pas au sud du *Bordj El-'Euldj Ali* et à 600 pas au sud-ouest de la Casbah. Il a été construit en 1568, sous M'Hamed Pacha, suivant les plans de Mustapha, renégat sicilien et ancien ingénieur du port de la Goulette. Sa cour mesure 25 pas de diamètre. Il repose sur un terre-plein de 30 empans de hauteur qui garnit sa muraille jusqu'au sommet. Il a des parapets de 20 empans d'épaisseur, et des embrasures sur ses cinq façades. Huit petits logements de garnisons se trouvent autour de la cour, alors qu'une vaste citerne, de forme circulaire, occupe toute la surface de la cour. Le fort ne possède pas de fossé, mais ses fondations sont entourées d'une mine plus ou moins large, laissant le passage d'un homme. Il est dominé au sud et à l'ouest par deux montagnes espacées sur une terre très ravinée qui reçoit beaucoup d'eau en cas de pluie[2]. La vigie de Bouzaréah le mentionnait dans des textes de batailles[3].

4.7.3. *Bordj Mulay Al-Hassan*

Bordj Mulay Al Hassan porte également le nom de Fort l'Empereur, celui de Bordj *El-Thaous* et celui de Bordj *Bou Lilla*. Il se situe au sommet d'une colline, à 216 m d'altitude, à 1100 pas au sud du fort M'hamed Pacha et à 1700 pas de la Casbah. « *Bordj* Mulay Al-Hassan », ou « *Sultan Qalasi* », a été édifié en 1545, sur le « col qui envoie l'eau à Alger par-dessous la terre », comme on peut le lire sur le plan Lafreri, c'est-à-dire sur « *Kudyat Al-Sabun*[4] » (la butte du savon), sous Hassan Pacha, fils de Barberousse à l'endroit où l'empereur Charles Quint planta sa tente (pour cette raison on le nomme couramment Fort l'Empereur). Des légendes disent qu'il est appelé *Bordj Boulilla* (Le fort d'une nuit), car le fort a été construit en une nuit. Entre ces montagnes et le fort, le courant des eaux pluviales a creusé le

[1] Ibid : 31-32
[2] De Haedo, 1612 : 32-33.
[3] Devoulx, 1876 : 303 ; Devoulx, 1784 : 314.
[4] Cresti, 1992 : 65.

sol d'excavations tellement profondes qu'une armée considérable peut facilement s'y mettre à couvert pour attaquer la place, constate De Haedo[1].

Quant à l'appellation *Bordj El-Thaous,* qui signifie tour des paons, elle est liée à l'histoire du déplacement de ces oiseaux d'une résidence du gouvernement vers une autre. Hassan Pacha, fils de Kheir-Eddine Barberousse construisit la grande tour qui se trouve au centre ; en 1580, Hassan Pacha, renégat vénitien, ancien esclave d'El-Euldj Ali fortifia le fort en y rajoutant quatre tours situées au quatre points cardinaux comme le brosse De Haedo :

« C'est au centre de cette place que se trouve une place d'armes de 44 pas de diamètre, plus élevée des quatre bastions de 12 empans. Ces ouvrages sont orientés suivant les quatre points cardinaux ; leur hauteur ainsi que celle des murs qui les relient, est de 28 empans : tous sont munis d'un terre-plein avec des embrasures hautes et basses. Chacune des faces de ces quatre bastions est longue de 20 pas, et percée de trois embrasures : les parapets ont une épaisseur de 10 palmes, et la place d'armes se trouve au milieu a 44 pas de diamètre »[2].

En 1550, Nicolas de Nicolaÿ décrit cette forteresse éloignée d'un mille d'Alger, composée d'une grosse tour au milieu de laquelle était creusé un puits. Elle fut dotée de deux moulins à vent : l'un, en haut de sa muraille et l'autre, à l'extérieur de sa porte. C'était « la gardienne des eaux des sources qui naissaient sur cette colline », ces eaux étaient conduites dans des canaux souterrains vers l'intérieur de la ville, explique Federico Cresti en reprenant les citations de Nicolaÿ[3]. De Haedo remarque : « C'est au centre de cette place [la place des armes du Fort l'Empereur] que se trouve l'ancienne tour construite autrefois par le fils de Barberousse, mais on y a ajouté un terre-plein, et comme elle est plus élevée que les quatre bastions, d'environ 12 empans, elle figure là, comme le cavalier de la fortification[4] ».

Ce *Bordj* présente un paysage particulier, il est dominé par plusieurs collines, l'une située à l'ouest, à une distance de 150 pas, et trois autres se trouvant aux distances respectives de 150 pas, 200 pas et 250 pas du côté sud et est ; d'ailleurs, De Haedo réfléchit sur une éventuelle

[1] De Haedo, 1612 : 36.
[2] De Haedo, 1612 : 36.
[3] Cresti, 1982 : 1-22.
[4] De Haedo, 1612 : 36.

attaque, à partir de ces collines. De plus, l'auteur de « Topographie et histoire d'Alger » constate, entre les collines qui se trouvent au sud et à l'est et le fort, la trace du bassin profond d'un ruissèlement d'eau pluviale et la nature très malléable du sol[1]. Ce qui est certain c'est que ce lieu stratégique a permis d'une part, la collecte des eaux nécessaires à la ville et d'autre part, la protection de la ville et de ses *fohos*.

D'autres *bordjs* sont cités dans les récits et les cartes historiques. Parmi ces *bordjs* le Fort neuf ou *bordj El-Debban,* implanté sur un rocher nu et escarpé. Très proche de ce fort, se trouvaient de vastes ruines de l'ancien fort, nommé Fort des 24 heures, qui relèvent l'effet pittoresque de ce beau paysage[2]. Du coté de Bab Azoun, au bord de la mer est situé le fort Bab Azoun ou bordj Arab Ahmed construit par Arab Ahmed[3]. Muhammad Ibn Muhammad Al-Tilimsânî indique qu'à Ras Tafourah se trouve un autre fort[4]. Il rapporte aussi que Bordj Ras al-Amar et Bordj al-Sardines ont fait face à l'attaque des Danois :

« Le huitième jour du mois de *Rabi-Al-Awel* de l'année 1184 de l'hégire, vers le mois de juin, selon la désignation des Chrétiens, la vigie du Mont-Bouzaréah signala l'apparition de onze bâtiments de guerre battant pavillon danois. Leur ligne d'embossage s'étendait parallèlement au fort des Sardines qui n'ouvrit son feu sur l'ennemi qu'à trois heures et demie du soir, et l'on put même, grâce à la même ardeur, élever à Ras-el-Amar un nouvel épaulement [...] »[5].

Au nord-ouest de la médina, au sommet de la montagne de Bouzaréah à une altitude de 400 m, proche de cette vigie est situé *Bordj Bouzaréah* selon El-Tilimsani[6]. A l'est, à trois lieues de la médina, au point où la rivière d'El-Harrach traverse la chaîne littorale des collines, un fort mauresque assez considérable couronne la hauteur, c'est la maison carrée, dont le nom arabe *Bordj-El-Kantara* signifie « fort du pont ». *Bordj El-Kantara* est vaste, de forme carrée, percé extérieurement de meurtrières et surmonté d'une plate-forme. Sa cour est spacieuse et entourée d'une galerie ouverte qui communique avec les salles des soldats[7].

---

[1] De Haedo, 1612 : 35,36.
[2] Otth, 1839 : Pl. IX.
[3] De Haedo, 1612 : 30.
[4] El-Tilimsani, 1841 : 54.
[5] Ibid : 93.
[6] Ibidem.
[7] Otth, 1839 : PL. 20IV.

Plusieurs batteries sont également situées le long des routes, le long du littoral ou proche des eaux, dont trois batteries célèbres qui se situent au bord de la mer, sous les moulins à vent hors Bab El Oued. Ces batteries sont connues sous les noms *d'El-Tabia*, *Toupkhana El Hamra* et *Sid El-Ketani*. Elles furent construites par Mezzo-Murto pacha, peu après la deuxième expédition de l'amiral Duquesne[1].

Le cabinet des Estampes du musée national des beaux-arts d'Alger conserve une série d'Estampes des importants bordjs qui protégeaient Alger et ses eaux comme le Fort des Anglais ou *Bordj Qalaat al Foul* et la *Torre Chica*, *Bordj Sidi Fredj* qui défendait Alger du côté de l'occident à Sidi Fredj, et le fort de la *Pescade* dit *Bordj Mers Ed-Debane,* très proche de la batterie du même nom. Le fort du phare dit *Bordj El F'nar* « La tour du fanal », situé sur la jetée de Kheïr-el-Din Barberousse, a une forme circulaire très particulière, car en réalité, il s'agit d'un bâtiment réhabilité. Muhammad Ibn Muhammad Al-Tilimsânî atteste qu' « il existait au lieu même où l'on voit aujourd'hui la tour du fanal, deux ouvrages fortifiés occupés par les Chrétiens. Plus tard, lorsque ces forteresses tombèrent toutes deux au pouvoir de Kheïr-el-Din, il n'en conserva qu'une, et fit servir les matériaux de la seconde à la construction de l'aqueduc qui est encore debout. Le fortin conservé est celui qui sert de base à la tour du fanal[2] ».

Fig.23. Guiauchain, G. (1905). *Aqueduc et puits au Hamma.* [Photo du livre Alger].

---

[1] El-Tilimsani, 1841 : 94.

[2] Ibid : 9.

Fig.24. Otth, A. (1839). *Marabout Sidi Yakoub, près des jardins du Dey d'Alger.* [Lithographie du livre Esquisses africaines].

A proximité des sépultures, dans les jardins funéraires, se situent les *Qubba ou zaouïa*[1] (oratoires), des lieux de ressourcement spirituel, occupés et gérés par des marabouts *Al-murabith*[2]. Leur architecture avait pour particularité la coupole qu'on nomme *al-qubba*. Au 19e siècle, Adolph Otth note l'accent pittoresque qu'offrent, au paysage d'Alger, ces *qubba*, au milieu des plantations et des sépultures ordonnées[3]. On a défini et attribué à leurs gestionnaires des histoires nombreuses et extraordinaires. Adolph Otth a voulu énoncer une définition plutôt fidèle :

« Marabout, défiguration ridicule du nom arabe *Al-Murabith*, signifie, chez les mahométans africains, des hommes instruits et dont la plupart ont fait le

[1] Tabari, 2022 : 112-124.
[2] Murabith mot arabe qui signifie l'homme qui se cloitre pour la recherche scientifique et religieuse, suivant des traditions de certaines confréries musulmanes.
[3] Otth, 1839 : PL.III.

pèlerinage à la Mecque. Ils sont pour les musulmans ce qu'étaient pour les catholiques, les ermites… Ils sont honorés après leur mort par la construction de jolis mausolées couverts d'une coupole et regardés comme des lieux saints. Dans ces tombeaux réside ordinairement un marabout qui succède au défunt »[1].

Situés en dehors de la ville, ces lieux calmes sont des complexes architecturaux composés de monuments religieux de recherches, de prière, et de lecture du Coran. On y trouve aussi des latrines, des fontaines ainsi que des plantations. *Al-murabith*[2], le dirigeant ou saint patron de ces petits monuments, avait des serviteurs bénévoles, qui s'occupaient de l'entretien de l'ensemble de ses constructions. Aussi, des lecteurs du Coran et des apprenants en sciences côtoyaient ses espaces de piété.

Au 16e siècle, De Haedo compte environ deux cents *Qubba* ou *zaouïas*, sur les collines qui entourent Alger, d'une demi-lieue environ[3], dont certaines existent, jusqu'à nos jours. À l'époque médiévale, beaucoup de Ribats, bâtiments dont la fonction fut similaire à celles des zaouias, ont été implantés dans le Maghreb. Plusieurs ont été implantés, le long de son littoral tunisien, cependant contrairement aux constructions d'Alger, les ribats avaient particulièrement une architecture militaire, puis ils perdirent peu à peu leur fonction militaire pour abriter des fonctions liées à l'enseignement.

Au 18e siècle, Dr Shaw révèle la maîtrise des sciences de ces marabouts, et traduit quelques notes rédigées par celui qui était également médecin, Sidy Mohammed El-Zerruqi, :

« La vie de tous les hommes est entre la main de Dieu, et lorsque l'heure de chacun d'eux est venue, il faut mourir. Cependant, il a plu à la providence de préserver différentes personnes de la peste, en prenant tous les matins, pendant que l'épidémie existe, une pilule ou deux, composées de la manière suivante : myrrhe, deux parties ; safran, une partie ; aloès, deux parties ; sirop de grains de myrte, quantité suffisante »[4].

---

[1] Ibidem.

[2] El-Tilimsani, l'auteur de « fleurs illuminées » *Al zahrat al-nariyya* désigne par le mot *rabatha*, l'action de combattre militairement l'ennemi de la religion. Il se réfère à l'auteur de Modmarat, commentateur du Kitab El Seir, Sheikh El-Kedouri, pour qui le mot *ribath* ne lui parait applicable qu'à des combats pour la foi (El-Tilimsani, 1841 : 6-7)

[3] De Haedo, 1612 : 102.

[4] Shaw, 1830 : 87.

Les cimetières d'Alger, morceaux de paysage calmes et apaisants, sont situés la plupart sur des collines dans de vastes terrains. Pour chaque famille, y est réservée une place distincte, laquelle est entourée d'un mur comme un jardin. Particulièrement, les dignitaires et certains hommes de science sont enterrés dans des tombeaux, surmontés de petites fabriques carrées ou de coupoles. Les tombeaux sont entretenus avec un soin et une propreté remarquable[1]. De surcroit, les entre-deux des sépultures sont plantés de fleurs, bordés de pierres, ou pavés de briques. La *qubba* ou coupole est l'architecture choisie et préférée dans ces lieux.

Parmi les *Qubba* ou *Zaouias* qui se trouvaient au *fahs Bab El-Oued*, resiste jusqu'à nos jours, la célèbre Zaouïa Sidi Abderrahmane al-Thaalibi. Dans son jardin proche de la supposée porte *Bab Al-Djenan,* sur un terrain en pente, elle surplombe la mer. Selon Albert Devoulx, elle date de l'époque arabe et avait pour *Al-Murabith* Sidi Abderrahmane al-Thaalibi, mort vers 1471. Elle a été restaurée en 1606 par El-Hadj Ahmed El-Euldj El-Athchi, le cuisinier du dey d'Alger, selon une inscription placée au-dessus de sa porte d'entrée, percue au tout début de la colonisation. C'est un complexe de 1400 m² de superficie, remarquable par sa mosquée, embellie d'un joli minaret carré, encadré de plusieurs colonnettes et de carreaux vernis de diverses couleurs. Sa *Qubba,* est assez grande et bien ornée à l'intérieur. Elle renferme quelques tombes dont celle du marabout. Dans ce grand jardin funéraire se trouvent également des locaux de services, des bâtiments d'habitation, une salle de refuge pour les passagers, un cimetière particulier, et enfin des latrines publiques avec fontaines et des lieux d'ablution[2].

Lessore et Wyld ont été sensibles au vert, bien particulier de ses plantations qui embellissaient le monument : « Il est orné d'arbres verts, naguère de palmiers, dont la plupart sont coupés maintenant[3] ». Au-dessous et à gauche du marabout Sidi Abderrahmane, est la zaouïa de Sidi Djami, dont le murabith est mort en 1556.

Plus loin, au sommet d'un des contreforts de la montagne de Bouzaréah, faisant face à la porte Bab-el-Oued vivait Sidi Bennour, un renégat Cordouan, selon le témoignage de De Haedo. Il est mort avant le passage de l'auteur à Alger, et fut enterré dans son propre mausolée.

---

[1] Shaw, 1830, 87.

[2] Devoulx, 5, 1861 : 121.

[3] Lessore et Wyld, 1835 : 7.

Il garda la renommée d'un grand et excellent personnage et a été reconnu pour son adresse[1].

Sur un petit rocher ombragé par un bouquet de beaux oliviers en forme de parasol, à vingt minutes d'Alger, au pied de la montagne de Bouzaréah, près des jardins du Dey, était implantée une zaouïa qui porta le nom d'un des plus vénérés *murabith,* Sidi Yakoub *El Andaloussi*[2]. À l'intérieur du bâti surmonté d'une *qubba* annexé à un cimetière singulier, se trouve la tombe de Sidi Yakoub. Cet édifice, occupé militairement, dès les premiers jours de la conquête, a été associé à l'hôpital militaire de la Salpêtrière[3].

Au *fahs de Bab Azoun,* au-dessus de la porte du dit fahs, à 150 m de la batterie n°07 et à 75 m de la batterie qui se trouve sur le rivage, se trouve la Qubba de Sidi Mansour, protégé par un magnifique platane et un corps de garde[4]. Proche de ce murabith se trouve la Zaouïa sidi *Ali Ezzouawi*, aux eaux fantastiques dont le marabout mourut en 1576[5]. Elle se situait à côté du marché aux moutons, et fut réputée pour ses eaux à vertus particulières, selon le récit de Devoulx :

« Mosquée du cheikh Sidi Ezzouawi, sise hors de Bab Azoun, du côté du marché aux moutons. Cet établissement, administré en dernier lieu par la famille Bou Khedmi, se composait de la chapelle du saint, d'une petite mosquée et d'un cimetière. Il renfermait une source abondante dont les eaux jouissaient, à en croire la superstition musulmane, de vertus particulières fort appréciables, telles que la guérison de la fièvre périodique, la conservation de la fidélité conjugale, la fécondité des femmes stériles […] »[6].

Ce n'est pas l'unique légende qui a accompagnée l'histoire de certains marabouts. Sidi M'hamed Boukabrine s'est vu attribuer une fin mythique. Le marabout Sidi M'hamed a vécu au 18e siècle dans la Qubba du jardin funéraire situé sur l'une des buttes du Hamma. Il fut très célèbre pour ses connaissances. Toutefois, suite à un conflit concernant le choix de son lieu de sépulture, survenu, après son enterrement, entre ses adeptes de sa ville natale, la Kabylie et ceux de sa ville professionnelle, Alger, il fut aperçu, enterré dans les deux lieux. Cet événement a donné à cet homme de science le surnom de

---

[1] De Haedo, 1612 : 103.
[2] Otth, 1839 : PL.III.
[3] Devoulx, 1876 : 248.
[4] Ibidem.
[5] De Haedo, 1612 : 104.
[6] Devoulx, 1861 : 223-232.

« l'homme aux deux tombes » ; une légende ou probablement une astuce qui a, certes, marqué l'histoire de cet homme de sciences, de manière légendaire, en même temps qu'elle a apaisé le conflit de façon définitive.

D'autres zaouias ont marqué l'histoire du paysage d'Alger, telle la zaouia Sidi Abd Al-Aziz située à environ cent mètres, hors de la porte Bab Azoun, à El-Merkad (Marché aux chevaux et aux bestiaux)[1]. Elle comporta une Qubba et une petite mosquée. Son marabout fut accompagné du marabout nommé Sidi Bounoua. Il mourut en 1577[2]. La zaouïa du saint patron Sidi Betka (mort en 1540), située sur une falaise qui surplombait le port[3], comptait également parmi les oratoires célèbres. Il y avait aussi la zaouïa Sidi Ouali, la zaouïa Sidi Bouguedour et la zaouïa « *Setti Meriem* » proche de la porte *Bab El-Oued.* Cette dernière a été reconstruite par la dame de bienfaisance *Setti Meriem,* puis plusieurs fois restauré de 1660 à 1681, et prit plus tard le nom de Masdjid Ben Negro, selon un manuscrit arabe, rédigé vers 1740 par le fils du muphti ; cette mosquée avait eu pour imam vers l'année (1364-1365) Sidi Abou Barakat El Barouni[4]. Enfin, n'oublions pas la zaouia située, au-dessus de Bab al-bahr, appelée Medersa Bouannan, selon l'acte de (1515-1516). Elle fut détruite, et sur son terrain fut construite la remarquable mosquée neuve[5].

[1] Ibidem.

[2] De Haedo, 1612 : 105.

[3] Devoulx, 1861 : 223-232.

[4] Devoulx, 1875 : 519.

[5] Ibidem.

Fig.25. Otth, A. (1839). *Un vallon à Bouzaréah.* [Lithographie du livre Esquisses africaines]

> « Ne s'attendant à voir que des côtes brûlées par un soleil presque tropique et dénuées de végétation, il fut surpris et enchanté de l'aspect de ce pays riche et pittoresque et qui ressemblait bien plus à un jardin fleuri qu'aux déserts décriés de la Barbarie. Les côtes verdoyantes, la végétation vigoureuse, les formes étrangères des arbres et des plantes, le tableau unique que présente la ville d'Alger, les collines riantes, parsemées de charmantes habitations mauresques et de riches bosquets d'orangers et de citronniers »[1].

Des palmiers, des grenadiers, des jujubiers..., des fruits « en abondance » et « mûrs en toute saison[2] », on peut les cueillir à tout moment, mieux encore, « les fruits s'offriront d'eux même[3] » ; ils sont plus savoureux les uns que les autres[4] ; le palmier aura des dattes plus « savoureuses que le miel, plus douces que le lait et sans noyaux »[5], telle est l'image du paradis, selon les croyances islamiques. Le jardin est, à la fois, la première résidence de l'homme et la résidence éternelle, pour les élus, après le jugement dernier, une résidence exceptionnelle dont le matériau essentiel est le végétal, élément nourricier et particulièrement fruitier. Le texte coranique présente ainsi, l'arbre fruitier en tant qu'élément compositeur du paysage du passé et du futur, une source de bonheur et un réveil des sens de l'homme grâce aux goûts, aux odeurs, aux textures, aux formes et aux couleurs de ses fruits, et aux ombres et fraicheurs qu'ils procurent. Cette image du bonheur a beaucoup influencé l'imaginaire du paysagiste du monde musulman ; l'arbre fruitier deviendra la composante clé du paysage culturel islamique.

En proposant leur théorie de l'évolution du paysage et en choisissant les périodes les plus importantes, Benzi et Berliocchi caractérisent le

---

[1] Otth, 1939 : 2.

[2] *Al-qur'ān al-karīm* : Sourate Al-ra`d, verset 25. [Trad du verset par A. Harakat] dans Ibn Kathir, A.F.I. (2013). *L'interprétation du Coran.*

[3] *Al-qur'ān al-karīm* : Sourate Al-insan, verset 14. [Trad du verset par A. Harakat] dans Ibn Kathir, A.F.I. (2013). *L'interprétation du Coran.*

[4] *Al-qur'ān al-karīm* : Sourate Al-baqara, verset 25. [Trad de l'interprétation du verset par A. Harakat]

[5] Parole prophétique citée dans Ibn kathir, 2009, Sourate Al-Rahman, verset 66.

paysage méditerranéen de "culturel", du fait que les villes méditerranéennes ont récupéré, grâce à l'homme et à la Nature, nombreux arbres et plantes perdus, au fil du temps. Ainsi, Alger deviendra un morceau du paysage méditerranéen culturel.

De Haedo[1], De Paradis[2], Dr Shaw[3], Desfontaines et Peyssonnel[4] ont exposé, à travers leurs différentes œuvres topographiques, les paysages islamiques, de l'époque moderne. Plus tard, particulièrement, sensibles aux paysages culturels d'Alger de l'époque ottomane, et dans un style réaliste, affirmé plus tard par l'artiste peintre Courbet, les peintres européens du 19e siècle : Otth, Lessore, Wyld et bien d'autres ont également, représenté des scènes de ces paysages, avec une perception à la fois scientifique et artistique, pour relever, à travers leurs illustrations, le paysage et le patrimoine culturel d'Alger. Telle une archéologie sensorielle, les scientifiques, les littéraires et les peintres voyageurs ont traduit l'imagination et la culture d'un peuple, grâce à de nombreuses représentations du paysage agrémentées par la riche végétation de l'époque. Adolph Otth insiste sur la fidélité qu'il s'est imposée lors de l'exécution de ses dessins :

« Ce qui ajoutera peut-être quelque chose au mérite et à l'intérêt de cet ouvrage, c'est que ces vues ont été esquissées sur les lieux avec une fidélité scrupuleuse, et lithographiées par le voyageur lui-même sur ses dessins originaux, ce qui se rencontre assez rarement ; et tout le monde sait que les meilleurs artistes qui exécutent ce qu'ils n'ont pas vu eux-mêmes, ne sauront imprimer aux objets le timbre de la vérité qu'on reconnaîtra et appréciera toujours un dessin original, quoique peut-être d'une exécution moins parfaite »[5].

Des routes, des limites, des fontaines, des cafés, des fours à chaux, des forts, des jardins…tout ce qui aide à construire l'image d'Alger suburbaine a été exploré avec précision et représenté, embelli par une riche végétation. Carnets, chevalets, pinceaux et peintures à la main, les peintres ont choisi les places idéales où la culture et la nature sont en symbiose. A travers des représentations artistiques, littéraires et scientifiques et surtout réalistes, nous proposerons un parcours

[1] De Haedo, 1612.
[2] Venture De Paradis, 1898.
[3] Shaw.Dr, 1830.
[4] Peyssonnel et Desfontaines, 1838.
[5] Otth, 1939 : 2.

historique et spatial des plantes d'Alger, à l'époque moderne. Sur l'importance de ce réalisme pictural, nous relevons la citation de l'artiste peintre Otth : « Les descriptions les plus parfaites, ni même le style floral d'un Lamartine, ne sauraient donner une juste idée de l'aspect d'un pays, qui ne peut être acquise que par la fidélité d'un pinceau scrupuleux[1] ».

6.1. Quand le Bleu Rencontre le Vert, Vision Romantique

Selon Kevin Lynch, l'auteur de *L'image de la cité*, une limite n'est bien ressentie dans le paysage que si elle assure « la liaison plutôt que la rupture[2] ». La liaison terre-mer, à Alger est forte plutôt que rompue. En effet, le relief naturel de la terre d'Alger, sa structure orographique, son air, constamment purifié par la présence des bois, et son indissociabilité à l'eau de mer, ont esquissé à la ville d'Alger un paysage particulier à fortes sensations. La nature, représentée par ces quatre éléments, chers aux présocratiques et à Bachelard : eau, air, terre ainsi, que le feu figuré par le soleil, a été artistiquement représentée par les peintres réalistes, afin de décrire ce paysage d'Alger à fortes limites physiques. Ses dernières se composent d'une variété de scènes architecturales et sensorielles, qui racontent chacune une histoire de la ville. Chaque partie de la limite est expressive comme une scène théâtrale et une architecture qui réveille les émotions du spectateur. Ce qui nous renvoie au sens du paysage islamique et au sens d'opsis.

Parmi ces scènes[3], la limite « riante », ou « la côte riante », selon la perception fidèle du peintre Otth. Du moment qu'à Alger la limite n'est pas une rupture, nous la nommerons rencontre de la ville avec la mer. Cette scène architecturale sensorielle qui se situe au nord d'Alger sur la route qui longe le golfe vers *Mers al-Debban* (le port aux mouches ou Pointe Pescade) est une limite « riante » avec des prairies, des maisons de campagnes entourées de leurs jardins et de leurs « bosquets d'orangers, d'oliviers et d'amandiers », ainsi que « des promontoires boisés » qui viennent du mont Bouzaréah pour aller vers la mer. L'auteur remarque les forts militaires dans ce paysage plaisant :
« L'effet pittoresque de ce beau paysage » est souligné par une touche de la défense d'Alger : les forts, à l'instar du Fort neuf et de l'ancien fort en ruine, situés tout deux sur un rocher nu, brûlé et escarpé de couleur sombre, qui

[1] Ibidem
[2] Lynch, 1969.
[3] Voir Tabari (2023). Alger au reflet de l'eau.

contraste avec la fraîche verdure des près et les beaux ombrages des habitations des maures »[1].

Mrs Broughton raconte ses promenades romantiques dans la montagne de Bouzaréah. Elle atteste la présence de plusieurs échappées vers la mer, à partir des lieux ombragés :

« Combien je me souviens de buissons, d'arbres, d'échappées sur la mer, alors que nous approchions d'un agréable endroit ombragé où la route qui formait comme un angle, du sommet duquel partait la route qui gravissait la montagne en direction des maisons de campagne de ma chère sœur et du consul américain. Y monter nous donnait alors l'occasion d'une splendide promenade romantique que nous faisions en totalité dans les deux cas »[2].

L'auteure britannique relève le relief naturel en terrasses qui composait avec l'architecture végétal : « Ici et là, au cours de nos randonnées dans la montagne, on rencontrait, parfois, des replats naturels au centre de berceaux de verdure dont les lianes à la senteur sucrée tombaient au-dessus de nos têtes ou pendaient de chaque côté du chemin[3]. » Ainsi s'exclame la fille du consul britannique devant un tableau composé de toutes sortes de fleurs et d'oiseaux :

« Dans un endroit tout spécialement, il y avait une splendide tapisserie faite de fleurs de passion qui devaient avoir une longueur de plusieurs pieds, alors qu'ailleurs prédominaient la vigne vierge, la clématite et le chèvrefeuille et que tout autour, ce n'était que floraison d'églantines, d'œillets, de cistes divers et de narcisses, ces derniers faisant de larges taches jaunes et blanches parfumées. Oh ! Que c'était un bel endroit à contempler tandis que les rossignols, les merles et les chardonnerets chantaient mélodieusement autour de nous »[4].

Du côté sud, une large plaine structurée par des jardins variés, arrosés par Oued Khanis et Oued El-Harrach, ponctuée par les batteries qui sont disposées le long de la route qui relie Ras Tafoura à Bordj al-Qantara (Maison carré) constitue une limite en apparence paisible et pittoresque, elle a cependant, aux siècles précédents, vécu beaucoup de combats, comme celui mené contre Charles Quint, selon le témoignage

---

[1] Otth, 1939 : pl. IX.
[2] Mrs Broughton, 1939 :210.
[3] Ibidem.
[4] Ibidem.

d'Al- Tilimsânî[1]. Derrière cette plaine sont disposées la série de collines riches en sources d'eau et en jardins. Cette série constitue une limite physique agréable et riche en végétation. D'ailleurs, Otth signale que « partout où les vents rudes de la mer ne pénètrent pas, une végétation vigoureuse et variée couvre le sol fertile[2] ». La ville est de ce fait, protégée puisqu'elle « est adossée au versant oriental d'une chaine de collines qui entoure le beau golfe d'Alger, et qui s'abaisse insensiblement, jusqu'à la pointe opposée, appelée cap Matifou, ou Ras el-Temendfus. »

6.2. Sur le chemin de la flore

Le végétal donne un aspect varié aux rues et aux sentiers d'Alger suburbaine. Son architecture, sa forme, ses couleurs, ses goûts et ses odeurs animent le paysage et lui donnent un caractère particulier qui provoque des émotions variées à l'observateur. Les routes suburbaines forment comme un éventail ouvert, dont le point d'attache est Alger, tandis que les branches extérieures sont représentées par les routes du littoral, de l'est et de l'ouest[3]. Elles continuent les rues de la ville. Elles ont, elles aussi, un caractère enchanteur, remarque Otth : « Les jolis sentiers ombragés qui traversent ces riches vallons transportent l'imagination exaltée du voyageur dans un jardin enchanté[4] ».

Contrairement aux rues de la ville, les chemins de la campagne ont une tout autre ambiance, celle de couleurs et de lumière, ils deviennent donc frais et « souriants en hiver » et « plus recueillis et plus sévère en été », distingue Guiauchain :

> « Les chemins de la campagne continuent les rues de la ville. Ils ont eux aussi un caractère bien spécial. Les environs d'Alger étaient et sont très boisés ; la campagne, fraîche et souriante, garnie de fleurs comme pour un jour de fête pendant l'hiver devient plus recueillie et plus sévère pendant l'été. Les arbres ont une tonalité foncée et des reflets presque métalliques (l'olivier, le cyprès, le thuya, le lentisque, l'aloès), le vert feuillage des essences européennes manque totalement. Cependant, la nature arrive, avec des éléments sombres, à colorer brillamment ses paysages en les inondant de lumière »[5].

[1] Al-Tilimsânî, 1841 : 94.
[2] Otth, 1939 : Pl. VIII.
[3] Berbrugger, 1861 : 436.
[4] Otth, 1939 : Pl. VIII.
[5] Guiauchain, 1905 : 109.

Les peintres et les conservateurs littéraires, à l'instar d'Adolph Otth, de Mrs Broughton ou de Guiauchain, malgré leur insistance à produire des œuvres fidèles à la réalité, ils utilisent des expressions empruntées au style romantique comme les termes « pittoresque » et « romantique »[1]. En effet, le paysage islamique doit certes, être productif, mais aussi conçu beau, pour le bien-être et le bonheur de l'homme. Sur la beauté, Ibn Hazm dans un extrait de *Tawq al-Hamam*, dévoile son rôle pour les émotions : « L'âme *al-nafs* aime tout ce qui est beau, et penche vers les belles formes réalisées avec perfection *al-taṣawir al-mutqana*[2] ». De ce fait, l'âme de l'observateur est ravie et heureuse, à la perception d'un beau paysage réel, décrit ou dessiné.

Les paysages relatés dans le texte coranique et ceux décrits par les paysagistes de l'époque islamique, suscitent les émotions de l'homme. Nous insistons et rappelons que les émotions et les sensations sont au cœur de l'imagination de l'homme, selon la pensée islamique et que les images du Paradis ont des effets psychologiques. Cette pensée nous suggère d'évoquer *L'histoire des émotions*[3], un retour aux rôles des émotions dans la vie de l'homme. Par conséquent, nous allons jusqu'à proposer que ces paysages culturels, littéraires et artistiques, conservés, à travers les œuvres littéraires et artistiques, soient considérés comme patrimoine culturel sensoriel.

Tous les chemins des environs d'Alger sont bordés d'oliviers dont le feuillage forme une voûte particulièrement fine, « une véritable dentelle dont le dessin a pour fond le bleu du ciel », l'olivier est accompagné du lentisque[4]. Nous rappelons que l'olivier et le figuier sont deux arbres bénis, selon les croyances islamiques[5]. Pour cela l'olivier, bien qu'il soit sauvage, est présent parmi les arbres fruitiers au niveau de l'ancienne route de Constantine, qui traverse la chaîne littorale de collines pour arriver à la grande route de Mustapha, à une petite lieue d'Alger. En effet, « La riche végétation du premier plan se compose d'orangers, d'oliviers sauvages, de grenadiers et d'énormes figuiers de Barbarie (cactus) entrelacés des tiges grimpantes du rosier, du liseron, de la clématite et de mille autres fleurs brillantes[6] », révèle l'artiste

[1] Voir Rousseau qui associe pour la première fois le terme romantique à la description du paysage dans son œuvre "Les rêveries du promeneur solitaire".
[2] Ibn Hazm, 2016 : 4.
[3] Corbin, Courtine, Vigarello, 2016.
[4] Guiauchain, 1905 : 109.
[5] *Al-qur'ān al-karīm,* 1983 : Sourate al-Tin.
[6] Otth, 1939 : pl. II.

Otth. Dr Shaw qui s'est penché sur la végétation d'Alger au 18e siècle souligne que « les palmiers existent en grande quantité dans les parties maritimes de la régence, ainsi que dans l'intérieur, mais seuls les palmiers du Sahara donnent des fruits d'une qualité parfaite. Leurs boutures ne produisent qu'au bout de six ou sept ans, tandis que ceux que l'on obtient de noyaux ne rapportent qu'à la seizième année[1] ».

Mrs Broughton présente l'utilité du palmier d'Alger, même si ce dernier n'est fruitier qu'au sud : « Partout dans le pays, le palmier aux feuilles en éventail croit spontanément et en abondance ; c'est une plante très utile, car ses feuilles sont employées dans de nombreux usages, pour faire des paniers, des palis, des éventails pour attiser les braises de charbon de bois, etc., et ses racines sont très comestibles[2] ».

La rue principale du faubourg de Bab-Azoun était « ornée par de magnifiques palmiers, aux panaches élevés, arbres favoris des habitants[3] ». De même, « les chemins de Birkhadem[4], sont comme des sentiers continuellement bordés d'arbres et de fleurs, qui en font une promenade délicieuse[5] ». Sur un des chemins explorés par Peyssonnel et Desfontaines, on y trouve la vigne le fruit cher à l'homme, plantée en bord de mer, tel que cité par les deux explorateurs :

« Sur les chemins en bord de mer, les vignes produisent de très bons raisins. Le muscat blanc est l'espèce la plus commune ; elle est séchée en grande quantité chaque année et on en fait un commerce, à l'intérieur et à l'extérieur du pays »[6].

La vision du paysage d'Alger, à l'époque ottomane est tellement pittoresque, que la bordure marine perd sa salinité pour devenir fruitière.

---

[1] Shaw, 1830 : 16-17.
[2] Mrs Broughton, 1939 : 235.
[3] Otth, 1939 : Pl.I.
[4] Fahs d'Alger.
[5] Lessore et Wyld, 1835 : 13.
[6] Peyssonnel et Desfontaines, 1838 : 299.

6.3. Limites Doublées pour la Promenade

L'aloès et la figue de Barbarie sont préférées pour limiter les rues et les jardins, atteste Lessore et Wyld : « Le cactus s'élève, à une hauteur de vingt à vingt-cinq pieds, il sert de clôture au jardin de campagne, le fruit qu'il porte est la figue sauvage, elle est très appréciée par les habitants d'Alger[1] ». Particulièrement les limites des chemins sont doublées pour assurer leur rôle de clôture aux jardins, pour éviter toute incursion, témoigne Mrs Broughton :

> « [...] il y avait une première rangée de plantes appelées figuiers de Barbarie et une seconde d'aloès dont rien ne peut excéder la beauté de ses fleurs géantes dans le paysage. De l'autre côté de ces enclos, il y avait de vastes champs de blé et d'orge qui s'étendaient jusqu'au rebord de la falaise, qui donnait sur la mer. Les champs étaient aussi limités par des haies d'aloès de Barbarie ; la fleur de ces derniers était, sur certains pieds, rose, et sur d'autres, jaune pâle, mais le fruit des deux était également agréable au goût »[2].

Ce qui est « original » c'est que les limites végétales transforment les sentiers, les chemins et les routes en un jardin remarquable, certes non clos, plutôt bordé sur deux côtés et à perspectives variées sur les autres, proposant ainsi des limites, ou de préférence, des ouvertures visuelles. Ce « jardin » original à double haie devient alors une promenade et un espace de déambulation. Lessore et Wyld relèvent également cette double haie des chemins d'Alger :

> « C'est par ces jolis chemins que le Maure se rendait, à califourchon sur sa mule, à sa maison de campagne. En plus de ces nombreux chemins cités, on trouve les sentiers plus nombreux encore, qui mènent à des sites pittoresques, des fontaines, des bois, des cimetières et des refuges calmes et silencieux. Pour se rendre au jardin du Dey, un palais mauresque, entouré d'un très grand jardin fruitier, on traverse une double haie d'aloès et de cactus »[3].

6.4. De la Forêt au Jardin sur les Coteaux

Les Maures qui habitent les villes aiment beaucoup les fleurs, témoignent Peyssonnel et Desfontaines, au 18e siècle :

---

[1] Lessore et Wyld, 1835 : 7.
[2] Mrs Broughton, 1939 :212.
[3] Lessore et Wyld, 1835 : 7.

« [...] leurs jardins sont plantés de myrtes, de lentisques, de jasmins, de grenadiers, d'orangers et de hennés. Ils offrent une variété et une irrégularité qui plaît, leurs orangers fleurissent au printemps et répandent une odeur délicieuse. La couleur rouge éclatant des grenades, les couleurs variées des fleurs contrastent avec le vert foncé des lentisques, des orangers et des myrtes »[1].

Dr Shaw certifie que : « dans ces jardins qui se situent sur les collines et les vallées d'Alger se trouvent des maisons de campagne d'été, blanchies à la chaux[2] ». Selon Peyssonnel et Desfontaines[3], ce jardin n'est ni régulier, ni symétrique, on y cultive les légumes et un grand nombre de fruits particuliers, aux climats chauds, tels les grenades, les oranges de grande qualité, les limons aigres et doux, les figues, les jujubes, les pistaches, les raisins, les pastèques, et d'excellents melons. Cette irrégularité et cette asymétrie attirent l'attention de Dr Shaw qui note :

« Les jardins de ce pays sont forts loin d'être réguliers ; tout y est sans symétrie et sans dessein : c'est un mélange incohérent d'arbres fruitiers, de choux, de navets, de fèves, de garvanços[4], et quelquefois même de blé et d'orge. On n'y connait point des allées, les parterres, les plates-bandes de fleurs, etc., parce que l'on considèrerait comme perdu le terrain que l'on y consacrerait »[5].

Cette incohérence est en réalité, une logique et une maîtrise des cultures héritées de la science agronomique médiévale pour assurer une bonne productivité. Un siècle plus tard, Adolph Otth remarque un paysage semblable qu'il assimile à un jardin naturel où de nombreux palais maures, blanchis à la chaux, sont perchés sur les hauteurs, et doublement couronnés, en premier par leurs jardins florissant en arbres fruitiers, puis par la forêt d'arbres :

« La nature paraît avoir voulu déployer tout son luxe sur ces riants coteaux en leur prodiguant une telle multitude et une telle diversité d'arbres, de fleurs et de verdure, que le voyageur qui s'égare dans ce jardin naturel en est tout émerveillé [...][6] », écrit-il.

---

[1] Peyssonnel et Desfontaines, 1838 : 300.

[2] Shaw, 1830 : 307.

[3] Peyssonnel et Desfontaines, 1838 : 298-299.

[4] L'auteur fait allusion probablement à Garbanzos (pois chiches).

[5] Shaw, 1830 : 21-22.

[6] Otth, 1939 : pl. XIII.

Ce jardin, qui parait naturel, est composé d'une succession de couronnes végétales méticuleusement relevées par l'artiste peintre Otth :

« Les pentes assez escarpées des montagnes sont revêtues d'un épais tapis d'arbrisseaux fleuris, de genêts, de cistes, de lauriers-tin, de grenadiers de lavandes, de myrtes, de cactus et d'aloès. De beaux arbres touffus ombragent ces taillis. Ce sont des caroubiers, des lentisques, des pins d'Italie, des oliviers sauvages, et autour des habitations, divers arbres fruitiers, surtout des orangers et des citronniers »[1].

Les arbres couronnant les taillis, vont recevoir de belles couronnes, au niveau de leurs cimes, remarque l'auteur :

« Ces arbres eux-mêmes sont enveloppés jusqu'à leur cime d'un épais tissu de plantes grimpantes, la plupart à belles fleurs (des rosiers, des clématites, des aristoloches, des liserons, du lierre à grandes feuilles, des bryones, des smilax, des vignes et beaucoup d'autres) de sortes que dans ces majestueuses pyramides de fleurs et de verdures diverses on a de la peine à reconnaitre le feuillage de l'arbre qui supporte cette énorme masse végétale »[2].

Ainsi, la couronne intérieure du jardin est formée d'arbres fruitiers, surtout des orangers et des citronniers, la couronne intermédiaire est composée d'un taillis formé d'arbrisseaux fleuris, de genêts, de cistes, de laurier-tin, de grenadiers de lavandes, de myrtes, de cactus et d'aloès. Cette basse couronne est enveloppée par des caroubiers, des lentisques, des pins d'Italie, des oliviers sauvages. Puis, telle une guirlande des plantes grimpantes recouvre la cime des arbres. Otth compare cette riche végétation aux forêts vierges des pays tropicaux : « Si quelque chose peut donner une idée des forêts vierges des pays tropicaux avec leurs labyrinthes de lianes, ce doit-être cette puissante végétation des environs d'Alger[3]. »

6.5. Au Jardin Fruitier

Parmi ces jardins fruitiers, appelés *al-Jenna*, on remarque le jardin du Dey qui fut créé pendant le règne de Baba Hassen entre 1791 et 1799. C'est un ravissant jardin, en bord de mer, en dehors de Bab el-Oued,

---

[1] Ibidem.
[2] Ibidem.
[3] Ibidem.

près du mausolée Sidi Yakoub[1] et de la poudrière du Dey appelée *dar el Baroud*[2]. Deux rangées de fours à chaux puis des écuries indiquaient le chemin d'entrée. Le seuil était marqué par un superbe berceau de vignes, soutenu par une double rangée de colonnes offrant ombre et fraîcheur, menant à la vaste demeure, à l'extrémité de laquelle s'ouvre le jardin fruitier.

La jolie demeure blanche se composait de salles à voûtes d'une grande beauté, elle était organisée autour de deux cours carrées pavées de marbre blanc, au centre desquelles jaillissaient des jets d'eau entourés de fleurs. Cette composition architecturale se blottissait dans une harmonieuse composition végétale, un jardin de 29.973 m² de surface, qui comprenait : 161 orangers, 81 citronniers, 167 figuiers, 20 abricotiers, 190 poiriers, 5 amandiers, 10 cerisiers, 3 caroubiers, 77 grenadiers, 2 pêchers, 14 oliviers, 6 cognassiers, 21 pruniers, 6 merisiers, 12 arbres inconnus, et de 819 pieds de vigne en treille d'une surface de 18960 m², dont les pampres étaient soutenus par des centaines de piliers en maçonnerie, et enfin d'un jardin potager de différentes sortes de légumes. Lamoricière chargé de surveiller la région à la veille de la colonisation, a résidé dans ce jardin, et a laissé la trace de son image littéraire :

« Le pays où nous sommes est délicieux. L'air est embaumé du parfum, des jasmins, des géraniums et des roses. La maison que j'occupe est à 200 pas de la mer. C'est un lieu de plaisance du dernier Dey d'Alger. Partout, des bassins de marbre, des jets d'eau, des fontaines vives, c'est là au milieu des merveilles de l'art et de la nature et de l'appareil militaire de mon camp que matin et soir, je prends mon café et fume ma longue pipe »[3].

Lamorcière remarque la variété d'images qu'offre cette Jenna, riche en vergers, vignes, potagers et fleurs :
« On s'ennuie, dit-on en Afrique. Pour moi, le ciel du midi est un vrai bonheur. Cette nature si variée dans ses paysages et ses productions si pleines de vie dans ce qu'elle enfante, est une source d'observations qui ne tarit jamais[4] ».

---

[1] La campagne où était ce mausolée et les jardins s'appelée *fahs el-jenain* la campagne des jardins.

[2] La poudrière deviendra à l'époque coloniale la Salpetrière.

[3] Lamorcière, s. d. Cité par Klein, 2012 : 204.

[4] Klein, 2012 : 204.

Les jardins étaient arrosés par des rigoles qui recevaient les eaux des sources de Bouzaréah, à savoir Aïn Banian, Ain Abderrahmane et Ain-es-S'khakhna, selon Naceredine Saidouni[1].

6.6. Le Temps D'Une Plante

Les explorateurs botaniques détaillent le couvert végétal, de chaque saison, en présentant le climat exceptionnel et doux, les températures et les vents qui ont été les conditions nécessaires à la production vive des plantes :

« Les jours d'hiver de toute la côte de la Barbarie sont doux comme les beaux jours de mai de l'autre rive de la méditerranée, précisément lorsque le ciel est bien pur et que les vents sont au sud. Le ciel est toujours pur, du mois de mai lorsque les pluies cessent jusqu'à l'hiver prochain. L'été avec ses grandes chaleurs ne commencent à se faire sentir qu'à partir du mois de juin, jusqu'à la fin septembre »[2].

De ce fait, dès « le mois de janvier, la terre se couvre de verdure, les amandiers, les pêchers et les abricotiers fleurissent et, dans le courant de mars, tous les arbres se parent d'un nouveau feuillage[3] », selon les scientifiques botanistes Peyssonnel et Desfontaines. Les plantes potagères et les fruits, sont non seulement en grande quantité, mais elles se succèdent durant toute l'année, précise Dr Shaw :

« Les navets, les carottes et les choux sont également bons, et abondent dans toutes les saisons. Il y a une espèce de petit panais, appelé *lift-el-hachoure*, assez semblable au navet, et qui a un goût fort piquant fort agréable ; il est aussi très recherché, et se vend au poids. On y cultive également des laitues, de la chicorée, du cresson, du cerfeuil, des épinards, toutes les variétés de betteraves, des artichauts sauvages et autres depuis octobre jusqu'en juin [...] »[4].

Les plantes aromatiques et médicinales sont extrêmement importantes pour la cuisine et les soins. La coriandre est dans plusieurs mets, on l'utilise jusqu'à nos jours même dans les potions. Dr Shaw le signale :

---

[1] Saidouni, 2001 : 68.
[2] Peyssonnel et Desfontaines, 1838 : 264.
[3] Ibidem.
[4] Shaw, 1830 : 15-17.

« […] et pendant le reste de l'été des plantes aromatiques, entre autres le *casbar* ou coriandre, qui entre dans presque tous les mets des Maures. Le cèleri et les choux y parviennent à une grande perfection ; on les sème en juillet, mais on ne les recueille qu'au mois de février ou de mars […][1] ».

Certaines plantes, comme le coton de l'indigo, le safran, le murier blanc destiné à l'élevage du vers à soie, le pavot à opium, la nicotiana tabacum, le nicotiana rustica et enfin la canne à sucre[2] enrichissaient les jardins botaniques d'Alger. Au mois de janvier l'amandier fleurit pour produire des fruits au mois d'avril. Un mois plus tard, on cueille les abricots puis le *sachi*, une variété qui ressemble au brugnon. Au mois de juin ce sont les cerises et les prunes qui viennent décorer le jardin mais elles sont de petites quantités. Du même mois et jusqu'en août, des espèces de mûres, de poires et de pommes « aussi bonnes que celles d'Angleterre » deviennent le dessert des autochtones. C'est au mois de juillet que les pêches et les brugnons repeignent le paysage algérois grâce à leur grosseur et leur odeur remarquables. Le citronnier fleurit et donne des fruits durant les quatre saisons alors que l'oranger n'est fruitier que vers la fin de l'automne[3].

Les grenades, les figues, les raisins et les oliviers sont les arbres fruitiers du paysage coranique. Des arbres particulièrement sacrés et nourriciers. Ils sont omniprésents dans les paysages islamiques. La figue printanière, ou *boccore*[4] noire et blanche, murit au mois de juin ; quant à la figue de Barbarie nommée *Kermous al-nassarah*[5] est très consommée les mois d'août et septembre. Les grenades commencent à mûrir au mois d'août, « certaines pèsent une livre ». Le raisin mûrit vers la fin de juillet, et les vendanges se font au mois de septembre. Il faut également évoquer le coing, la nèfle, le jujube et la corme, qui participent à l'ornement des vergers, sans oublier de citer également, l'inventaire détaillé de Berbrugger qui énumère les plantes d'Alger sous leurs appellations scientifiques[6].

---

[1] Shaw, 1830 : 15-17.

[2] Peyssonnel et Desfontaines, 1838 : 297-298

[3] Ibid : 19-20.

[4] Al-bakour est le nom de la figue en langue arabe, cependant elle a été énoncée par l'auteur sous l'appellation de Boccore.

[5] Les autochtones la nomment figues des chrétiens, et les Européens l'appellent figues de Barbarie, alors qu'en vérité elle a été importée de l'Amérique, et a été connu à travers l'histoire des cultures de l'Alanique noir.

[6] Berbrugger, 1834.

A travers des images artistiques et scientifiques, littéraires et picturales, les plantes introduites à différentes périodes historiques ont été mises en valeur. Toutes les structures paysagères ont été relevées : le verger, le potager, la treille, le bois, le massif, la haie, etc., ainsi que leur organisation spatiale particulière. Ce paysage éphémère, disparu de nos jours, a été préservé grâce aux nombreuses représentations littéraires et picturales. L'art a donc donné à l'arbre fruitier, élément de base de ce paysage, toute son importance, en représentant toutes ces caractéristiques qui peuvent être aisément saisies par les sens et la raison. Grâce à l'archéologie sensorielle des explorateurs voyageurs, transmise par des recréations littéraires et artistiques, ce paysage éphémère est ainsi revivifié de façon individuelle par chaque lecteur.

Fig.26. *Djenan al-Ghazi*. [Photo]. Anpsmh.

7.2. LA GÉOMÉTRIE, LA SPIRALE *AL-HALAZUN* ET LA GLORIFICATION DE LA NATURE POUR L'AMOUR DIVIN

> « Et ceux qui dépensent leurs biens cherchant l'agrément d'Allah, et bien assurés (de Sa récompense), ils ressemblent à un jardin sur une colline. Qu'une averse l'atteigne, il double ses fruits ; à défaut d'une averse qui l'atteint, c'est la rosée. Et Allah voit parfaitement ce que vous faites »[1].

7.1.1. INTRODUCTION

Sans orthogonalité et sans axialité visibles, en apparence, le jardin d'Alger de l'époque ottomane ne suit aucune géométrie, il semble même tel un paysage naturel. Son éclat et son double rôle utilitaire et d'agrément lui attribuent une marque de luxe. Il se présente, avec des fleurs, des légumes et des arbres fruitiers, respectant les techniques et le savoir de l'agriculture et de l'hydraulique[2]. Epousant une architecture sensorielle, il est le plus souvent implanté sur un terrain en pente, et offre une grande sensation de plaisir[3].

L'absence de géométrie apparente donne certes, un caractère naturel au jardin, cependant, c'est sur la base d'une géométrie circulaire et en spirale qu'une hiérarchisation spatiale du jardin est ordonnée pour donner un sens spirituel et mystique à cet espace. Ainsi, c'est de la forêt vers le verger, puis vers la cour et, enfin, vers le patio que le passage de la nature à la culture est ressenti. Ce jardin, qualifié de pittoresque par les historiens, voyageurs et peintres de l'époque moderne, raconte l'amour de l'homme envers son créateur, une relation que les poètes et les peintres de l'époque islamique médiévale et moderne ont admirablement représentée.

À l'époque ottomane, Alger était édifiée suivant une architecture organique. Le tissu urbain occupait le relief le plus favorisé. Ainsi, grâce à une architecture mesurée, une vue sur la baie était offerte à tous

[1] Surat al-Baqara, verset 265.

[2] Tabari, 2001, 11.

[3] Tabari, 2001, 6.

les habitants, à partir de leur terrasse. En dehors de l'enceinte de la ville se développait le *fahs* ou la campagne sur un relief de terrain en pente, enrichi par le climat, la présence de sources et de cours d'eau et le relai des cultures et des sciences des différentes civilisations. Toutes ces conditions très avantageuses ont, de ce fait, enfanté dans ce remarquable *fahs* un très grand nombre de maisons au milieu de jardins appelés *Djenan,* ou plus précisément *al-Jenna* selon les actes juridiques de l'époque ottomane. Ils ont été énumérés depuis le 16e siècle, par différents auteurs, vu leur important nombre[1] qui varie de 10.000 à 20.000, selon les époques.

Al-Jenna comprend le jardin, une maison appelée *Dar* et des annexes, telle la maison du janissaire ou du gardien. Certaines maisons sont contigües à une deuxième plus petite, destinée aux services ou aux invités. Les témoignages des différents auteurs s'étalent sur une longue période du 16e au début du 20e siècle et vu la nature éphémère du jardin, il est extrêmement difficile de restituer son architecture. La majorité des jardins avaient déjà perdu leur allure initiale au tout début de la colonisation. Les témoins oculaires des 19e et 20e dont Mrs Broughton, Berbbrugger, Guiauchain, Henri Klein, Marçais et Golvin, « conservateurs littéraires » de ce patrimoine, ont habilement repéré les traces. Selon Guiauchain, l'architecture des jardins protège l'intimité des propriétaires en raison du choix astucieux du site et de la couronne végétale ingénieusement conçue :

> « La maison de la campagne était toujours dans un site admirablement choisi, ses vastes jardins étaient garantis de l'œil indiscret, avec un soin jaloux... Dans ce jardin, les fleurs étaient peu nombreuses et bien choisies, à couleur vives et odeurs pénétrantes [...] Les arbres étaient principalement l'amandier dont la fleur précède le printemps, le grenadier dont les fleurs et les fruits semblent une explosion de joie ; le figuier à l'ombre épaisse, impénétrable aux rayons de soleil »[2].

Dans ce chapitre, nous allons tout d'abord, repérer la fréquence de l'empreinte de la spirale dans la nature et dans l'art islamique pour ensuite suivre, à travers les précieuses sensations des observateurs du jardin d'Alger de l'époque ottomane, ce tracé géométrique dans *al-jenna* d'Alger en élaborant une lecture des espaces composant ce jardin

---

[1] Voir Cresti, F. (1994) qui a élaboré une évaluation des jardins selon les observations des différents auteurs de l'époque moderne.

[2] Guiauchain, 1905, 59.

et en ponctuant le parcours de l'homme par les « moments spatiaux » importants, à savoir le patio, la cour, les structures paysagères du jardin et le *menzah* ou la *qubba*, un tracé culturel et naturel qui a notamment articulé la hiérarchisation de l'espace du jardin et marqué les sens de l'homme.

7.1.2. La Spirale *Al-Halazun*

La spirale *al-halazun* est une forme de la nature très appréciée par l'homme. Elle a une forte connotation symbolique et peut assurer deux mouvements, la rotation et l'ascension. Dans la nature, elle est présente à toutes les échelles. On la repère aussi bien dans les nébuleuses porteuses des plus belles images de la voûte céleste que dans les végétaux et les animaux. Elle est l'empreinte de l'homme, son identité gravée dans son index. Elle dessine la cause de sa naissance et porte l'image de ses ancêtres dans la structure entrelacée de l'ADN. Elle semble exprimer la relation spirituelle qu'entretient l'homme avec son créateur et reprend la géométrie et le sens du rite du *thawef*[1].

En Orient, la peinture islamique médiévale et moderne a beaucoup puisé de la littérature, de la poésie et de la pensée mystique médiévale. La spirale va être parmi les formes les plus estimées pour soutenir ce mouvement. Elle tracera la forme originale de la mosquée de Samarra. Stylisée, elle fera du prénom d'Ali une œuvre d'art[2]. Elle structurera les peintures de Behzad, de Sultan Mohammed et d'autres. L'illustration de Behzad a été inspirée du Khamse ou "Quintette", de Nizami vers 1141-1217[3]. Elle raconte "*une légende déjà ancienne et souvent illustrée*" [4]: une série de rochers ou de montagnes et un cours d'eau sont tracés sur une base géométrique spécifique, la spirale. Cette forme sépare le monde urbain du monde du vieux sage, et elle crée en son début sous « *un bel arbre au feuillage automnal* » la caverne du sage. Nous constatons que l'espace de recueillement se développe autour du sage pour s'éloigner vers le haut, vers les hauteurs, une direction orientée vers le divin. Cette géométrie transcrit la spiritualité de

---

[1] Rituel islamique qui consiste en une rotation physique autour de Kaaba pour une relation ascensionnelle spirituelle.

[2] Voir la peinture qui illustre le nom d'Ali en rotation géométrique (XVe siècle- Iran) de Murezi hazine à Topkapi Seray

[3] Voir Iskandar et le sage Ascète dans sa caverne. [Peinture]. De Londres British library dans Grabar 2009, 108.

[4] Ibidem.

l'homme. Autrement dit, le parcours de de la vie de l'homme qui débute par la recherche et la construction de soi en entretenant la terre et fini par la rencontre du divin.

7.1.3. Perchés Sur Les Collines

Le jardin nommé *al-jenna* présente des constantes et des variantes. Les constantes sont le patio, la cour, les structures paysagères du jardin et la forêt, ainsi que sa situation particulière, perchée sur la colline. Selon le Coran[1] et les recherches sur l'agriculture élaborées à l'époque médiévale, dont celle d'Ibn al Awam[2], la colline est le lieu idéal pour l'implantation d'une demeure avec jardin. Ces propriétés de plaisance d'Alger offrent un double paysage, hivernal et printanier, grâce à leur situation qui leur procure le soleil, l'eau et la terre fertile, à l'instar de Djenan Kaid El-Bab de Birkhadem, situé proche de la célèbre fontaine et son légendaire puits, comme le cite si bien l'auteur des "Feuillets d'El-Djezair" :

« Aussi, est-ce avec reconnaissance envers le maître de céans qu'on admire ces rares villas, qu'un goût artistique a conservées en leur état premier et meublées à l'avenant de leur caractère. Dans le nombre, je citerai, la connaissant en ces détails, la jolie villa Kaid El-Bab de Birkadem, située non loin de l'élégante Fontaine de marbre, que la munificence d'un dey éleva vis-à-vis du légendaire Puits de la Négresse (*Bir Khadem*) [...] Maison de plaisance, goûter la douceur d'un hiver printanier, quel sort heureux ! Surtout, si cette résidence se trouve être une villa mauresque, solitaire en un verdoyant vallon de la banlieue, toute pleine de silence et de parfums [...] »[3].

Cette promenade qui traverse le bois, le jardin, la cour pour, enfin, atteindre le patio de la maison, suit l'image d'une spirale qui retrace la vie de l'homme. Autrement dit, elle reprend la succession d'actes que l'homme a imaginés et réalisés pour établir son foyer « *Home* » sur terre, un mouvement qui a permis à l'homme d'effectuer la greffe du paysage culturel au paysage naturel[4]. Comme on peut le constater dans *Djenan* Ali al-Rais, la hiérarchisation spatiale dans cette admirable

[1] *Al-qur'ān al-karīm,* sūrat al-Baqara, verset 265.
[2] Ibn al-Awwam, 1864, 4.
[3] Klein, 1910, 52.
[4] Tabari, 2022, 116.

propriété de “cinq mille arbres fruitiers”[1] débute à partir du “bois de pins”, une sorte de forêt naturelle, un enclos au second “bois de citronniers, d'orangers, de mandariniers, aux feuillages constellés de fruits éclatants”[2]. A son tour, ce magnifique verger couronne la maison *al-Dar*, qui clot le patio « le jardin stylisé ». Enfin, cette perspective reprendra son chemin vers la voûte céleste. Cet extraordinaire chemin en spirale naturelle et stylisée est ponctué par l'eau, source de la vie.

7.1.4. Enchanté par la Nature

C'est au bout de l'allée “de cèdres, de cyprès et d'eucalyptus, aux troncs desquels le printemps fait monter l'enlacement des lierres”[3], que se trouve Dar Ali Rais. Cette propriété et ses semblables témoignent de la préservation, à l'époque, des pièces du paysage naturel : le bois, remarqué par les conservateurs, à l'instar d'Henri Klein :

« A l'entrée du vaste parc, dont la magnificence se déploie sur un ensemble de vallons et de coteaux, nous avons l'imprévu d'une curiosité très pittoresque : à nos pied un cirque béant, ouvert dans le tuf d'où émergent des cimes d'une verdoyante colonie de bambous. Nous y descendons, une noria géante s'y trouve alimentée par « un fleuve souterrain ». Quelle fraîcheur, quel décor et quel étrange jour vert en cette profondeur, où la végétation évoque l'idée d'une jungle »[4].

Ce jardin a été doublement remarquable par des paysages d'eau, celui de son fleuve souterrain et celui de son immense bassin dont la grandeur est assez rare à Alger. L'incontournable conservateur du patrimoine témoigne : « Revenus à la surface, nous nous rendons à ''la pièce d'eau'', splendide bassin de mille mètres carrés, profond de douze mètres, où se réfléchissent comme un cristal, les verdures environnantes[5] ». Dans un autre *Djenan* de six hectares et soixante quinze ares, situé à l'entrée du même *fahs*, l'implantation de la belle propriété de la famille Ben Siam répond au même concept. Ces deux corps de bâtiments, son verger, sa vigne et son petit jardin d'orangers,

[1] Klein, 1910, 44.
[2] Ibidem.
[3] Ibidem.
[4] Ibidem.
[5] Klein, 1910, 45.

situé entre les deux pavillons et la noria, sont entourés d'un gracieux bois[1].

7.1.5. Des Talus et des Terrasses sur l'Empreinte de la Spirale

En succession de terrasses, la spirale, naturellement ancrée dans les collines et les montagnes, se révèlera, aux moyens des sciences mathématiques, pour soutenir d'originales structures paysagères esthétiques et utilitaires. Des terrasses sont alors tracées suivant les courbes de niveaux géographiques qui regroupent les points de même altitude. Toutefois, à Alger, à l'époque ottomane, ces terrasses en tant que structure paysagère ne sont pas toujours adoptées, le plus souvent cette spirale limitera des talus qui seront préférés aux terrasses. Les talus permettront ainsi de maintenir plus ou moins l'allure naturelle de la colline sur laquelle est édifié le jardin. En effet, la glorification de la nature dans le jardin d'Alger ottomane, est l'un des principes primordiaux, adoptés pour la conception du jardin. Elle se manifeste en premier par l'entretien subtil d'espaces naturels ; la nature doit primer sur la culture. De ce fait, tout en adoptant le concept de *mimesis*, le paysagiste de l'époque veillait, grâce à l'adoption d'une géométrie subtile, à ce que le jardin semble naturel.

7.1.6. Sous Des Treilles De Vignes, Une Perspective De L'Entre Deux Du Jardin Vers La Mer

Des cours terrasses, sous des formes géométriques irrégulières, servent de seuil à la maison. Les plus fréquentes se composent de trois côtés pour laisser le quatrième ouvert vers la mer. Elles sont plantées de fleurs et de vignes, fréquemment proches de l'orangeraie. La cour n'a pas de forme géométrique définie, elle est la conséquence d'une implantation judicieuse sur un terrain en pente. Elle articule formellement la liaison du jardin et de la bâtisse. Elle comprend des platebandes pour recevoir le végétal exceptionnel de la vigne et des fleurs ; elle est délimitée par des parois ornées de luxueux matériaux composant les ouvertures de la maison. Dans la cour du jardin de l'Agha construit sur un terrain rocheux, entre Ras Tafoura et Aïn El-Robot, par Ali Pacha Ben Slimane qui acheta le terrain de plusieurs parcelles, en

[1] Ibid, 79.

décembre 1789, se trouvait un bassin de douze à quinze pieds carrés et une belle fontaine. « Le bassin à jets d'eau était ombragé de hauts arbres et entouré de treillage de jasmin, de chèvrefeuille et de vigne[1] ».

En général, cette cour terrasse qui prolonge la salle de détente est dallée de marbre. Sa principale paroi n'est que la façade principale de la maison. Ainsi, à partir des ouvertures à arcs d'ogives disposées au niveau des parois extérieures des chambres et des salons, se dessinent, aux admirateurs, des échappées et des perspectives, ingénieusement calculées, plongeant vers la cour, le jardin et l'immensité de la mer. Sur cette façade se trouve l'imposant porche d'entrée aux proportions majestueuses qui, dans la villa Abdeltif, « s'élève sur douze colonnes, et abrite sous ses ogives une porte à clous et à heurtoir de bronze, parée par son encadrement d'une exquise broderie de pierre[2] ». En face de ce porche se trouve la seconde paroi importante de la cour, « une galerie d'arceaux soutenue par d'élégantes colonnettes torses, sur laquelle s'étend une gigantesque vigne centenaire, au tronc évidé par le temps », raconte Henri Klein[3].

7.1.7. Le Patio Et La Caverne

Le patio est le cœur de la maison et son élément organisateur ; un lieu de vie qui préserve l'intimité de l'homme. Sa forme cubique, délimitée par une paroi stylisée, formée de colonnes torses, de balustrades en bois et de revêtement de céramique émaillée, lui attribue un caractère stable. Au centre, d'une fontaine en marbre, disposée dans un bassin recouvert de céramique, jaillit l'eau, symbole de la vie. Les chambres qui l'entourent sont disposées comme une amorce d'une spirale stylisée. Ainsi, c'est dans ce jardin particulier structuré par une géométrie parfaitement calculée, où la représentation de la nature a été abstraite et stylisée dans tous les éléments de décoration comme le bois et la céramique, que s'entrecroisent le parcours en spirale, ponctué par l'eau et l'amorce de la spirale stylisée dirigée vers la voûte céleste.

Cet espace, aux couleurs et textures variées, dépeint la vie de l'homme et sa relation spirituelle avec le divin. Bien qu'en apparence, il semble comme un enclos où la seule perspective est orientée vers son ouverture zénithale, il provoque, grâce à la finesse de son architecture et de ses matériaux luxueux, des sensations de plaisir. Ici, la géométrie

[1] Klein, 1910, 58.
[2] Ibid, 26.
[3] Ibidem.

et les sciences de construction régissent l'architecture du jardin et lui confèrent la beauté, pour imiter la beauté naturelle du jardin offerte par le Divin.

Comme lieu de retraite, énoncé dans le livre sacré de la religion islamique, la caverne[1] représente un lieu de ressourcement spirituel pour l'homme, pour un nouvel essor, ce qui nous rappelle le mythe de la caverne de Platon, selon la pensée des frères de la pureté, traduite par Yves Marquet[2]. De base cubique et recouverte d'une coupole, la *qubba* (coupole) est bien enfouie dans le jardin. Elle abrite l'homme, en évasion des plaisirs de la vie pour retrouver l'essence de l'existence : le bonheur spirituel, selon les croyances islamiques[3].

En définitive, l'eau, source de la vie, ponctue le parcours en spirale, dans *al-jenna*. Fontaines, bassins, abreuvoirs et rigoles, tous les éléments du système hydraulique sont aménagés avec minutie, de telle façon que l'eau reste apparente et, principalement, en mouvement. La géométrie dans ce jardin ordonne l'espace, le structure et vivifie les émotions de l'homme et ses espoirs. Ainsi, la spirale soutient tout le parcours physique et spirituel et le carré marque son départ. A l'entrée de la maison, sur la paroi de la fontaine et ailleurs, l'architecture luxueuse est gravée de belles citations qui expriment que tout l'entretien de ce jardin est réalisé pour atteindre l'amour divin. Marbre, céramique, bois, tous les matériaux naturels et culturels se soumettent à l'art géométrique pour que l'importance de la relation spirituelle que porte le musulman soit transcrite dans l'architecture du jardin à toutes les échelles.

---

[1] *Al-Qur'ān Al-Karīm*, 1983, sūrat Al-Kahf, versets 09-23.
[2] Marquet, 1975, 400.
[3] Tabari, 2022, 122.

Fig.27. Otth, A. (1939). *Maison de campagne Maure à Mustapha près d'Alger.* [Lithographie du livre Esquisses africaines].

Fig.28. Tabari.S. (2009). *Une rigole d'irrigation au Djenan Khodjet El-Kheil.* [Photo].

7.2. PERCEPTIONS FÉMININES DU DJENAN RAHAT EL-DEY

> « Sur le chemin de la maison de repos du Dey appelée *Djenan Rahat Ed-Dey,* bordé de figuiers de Barbarie et d'aloès, on y voyait une succession de villas appartenant aux principaux Turcs et Maures, où, durant l'été, leurs femmes et leurs familles étaient conduites. Des champs de blé et d'orge s'étalaient jusqu'en bordure de falaise[1] ».

Fig.29. *Djenan Rahat El-Dey*. [Photo du livre Mr Broughton (1838). Six years in Algiers].

Djenan Rahat El-Dey a été une ancienne maison de campagne, puis elle devient résidence du consul de Hollande, puis du consul de France, Dubois Thainville, en 1780. Vers 1806, elle sera occupée par le consul d'Angleterre, Blanckley. Son successeur le consul d'Angleterre St John, y résidera, en 1844 et, enfin, c'est au tour du Général Laquière de profiter de cette maison de campagne. Cette *jenna* subit des transformations au 18e siècle pour répondre aux besoins des consuls européens. Mrs Broughton et sa mère Mrs Blanckley, épouse du Consul de la Grande-Bretagne n'ont vécu que six ans à la régence d'Alger, entre 1806 et 1812 et pourtant leur amour pour le paysage d'Alger a fait qu'ils participèrent énergiquement à la culture du jardin et, également,

[1] Mrs Broughton, 1839 : 205-206.

à la conservation littéraire de ce paysage, en laissant un précieux témoignage. Avec une perception de paysagistes, elles présentèrent leur résidence, comme suit :

« La route qui desservait ces résidences[1] était bordée de chaque côté, par de hautes et épaisses haies impénétrables autant par les hommes que par les bêtes. Elles étaient doubles [...] De l'autre côté de ces enclos, il y avait de vastes champs de blé et d'orge qui s'étendaient jusqu'au rebord de la falaise qui donnait sur la mer. Les champs étaient aussi limités par des haies d'aloès de Barbarie ; la fleur de ces derniers était, sur certains pieds, rose, et sur d'autres, jaune pâle, mais le fruit des deux était également agréable au goût »[2].

7.2.1. LA CASCADE D'EAU

Sur le chemin menant à la résidence, la fille du consul explore le paysage du remarquable ruisseau d'eau qui l'escorte. Ce cours d'eau intermittent qui se jette vers la mer, trace un paysage séquentiel, très apprécié par la petite paysagiste qui cite.

« Au bout du dernier champ, la route amorçait un tournant dans une forte pente et nous menait au fond d'un vallon, situé entre deux montagnes. Elles n'étaient séparées que par un cours d'eau qui tombait d'un rebord rocheux en formant une cascade très pittoresque. Quand il touchait le fond, il coulait en un profond ruisseau silencieux au milieu des touffes de roseaux et des ricins qui poussaient en abondance sur ses berges, mais lorsqu'il parvenait tout au bout du vallon et qu'il se jetait dans la mer, sauf après de fortes pluies, il était à peine assez profond pour recouvrir les sabots de nos chevaux. »

Cette eau, après avoir effectué un parcours scénographique : cascade et cheminement silencieux, elle alimentait la fontaine murale du jardin, raconte l'auteure qui poursuit : « Toutefois, il fournissait assez d'eau pour permettre à une fontaine de rafraîchir hommes et bêtes ; la fontaine qui se trouvait tout juste sous le mur inférieur de notre jardin où, après mes digressions nous étions enfin arrivés[3] ».
Nous signalons encore une fois, l'un des principes de l'architecture paysagiste ottomane, à savoir le maintien des scènes naturelles et leur intégration habilement au paysage culturel. Comme, il est si bien démontré par le relevé littéraire de Mrs Broughton.

---

[1] Il y avait d'autres résidences proches de la résidence de l'autrice.
[2] Mrs Broughton, 1939 : 212.
[3] Ibid : 213-214.

7.2.2. AU SOMMET DE LA FALAISE

Comme la plupart des Djenans d'Alger, *Rahat El-Dey* était perché sur la colline et plus exactement « sur le point le plus élevé de la falaise dominant la mer, à l'endroit où la montagne commençait à s'élever, à partir de l'étroit replat, situé entre le rebord de la falaise et la montagne[1] », souligne Mrs Broughton. L'olivier marque l'entrée de la maison, et invite à monter la pente raide de l'entrée. En un point le plus élevé « se trouvait la grande porte extérieure ombragée par un vénérable olivier. Il poussait à l'intérieur de la porte et était soutenu par un remblai, entouré d'un muret de briques, il fallait grimper un raidillon très escarpé pour atteindre la seconde porte de la maison et la chambre du janissaire », atteste l'auteure[2].

Nous évoquons l'élément marqueur de l'entrée des résidences : l'arbre fruitier. Ici, c'est l'olivier, au jardin du Dey, rappelons-le c'est le berceau de vigne qui a été proposé à l'entrée.

7.2.3. LA PERSPECTIVE : DE LA COUR TERRASSE VERS LA MER

La distribution intérieure de la maison est identique à celle des maisons des villes. L'organisation spatiale se développe autour du patio. Des chambres en longueur, luxueusement décorées, possèdent des alcôves qui donnent sur le jardin et offrent de belles perspectives. L'entrée de la bâtisse se faisait par un porche, après avoir traversé « d'abord une grande cour d'une forme très irrégulière, qui était entourée sur trois côtés par des bâtiments de hauteurs diverses », cite la petite fille du consul. Toutefois, cette maison a subi des transformations pour répondre au mode de vie de ses locataires, ce qui a donné une architecture différente de celle locale en quelques parties, tout en maintenant l'allure globale : « Certains d'entre eux avaient trois étages, d'autres deux et une salle à manger d'un étage seulement occupé une place considérable dans l'un des coins de la cour ; une montée de cinq ou six escaliers conduisait à un kiosque, ouvert en façade et supporté par deux colonnes[3] », poursuit l'autrice.

De cette salle d'architecture ottomane, une vue sur le jardin et sur la mer, s'offre aux résidents. La cour-jardin, rappelons-le, sert

---

[1] Ibid : 214.

[2] Mrs Broughton, 1939 : 214.

[3] Mrs Broughton, 1939 : 214.

d'articulation entre le jardin et la maison, et ouvre, également, des vues vers le jardin et la mer. Elle est souvent ponctuée par une fontaine à eau jaillissante.

« […] Une fontaine à deux vasques, se trouvait à l'extrême limite de la cour, juste en face de la salle à manger qu'elle rafraichissait grâce à son jet d'eau, qui quand il s'élevait au maximum, aspergeait de brillantes gouttelettes la partie du sol de cette pièce qui était la plus proche de la porte. Cette pièce semble suspendue au-dessus de la plage »[1].

Proche des cours-jardins, on trouve souvent des orangers et un jardin fleuri, c'est ainsi que du côté mitoyen, à la cour-jardin du consul d'Angleterre, faisant face au '' kiosque'', se trouvait un bosquet d'orangers. Sur les autres limites de la cour se trouvaient des plates-bandes fleuries, atteste Mrs Broughton :

« Sur le côté de la cour à l'opposé du kiosque, il y avait un très joli jardin de fleurs, où il y avait cinq très grands orangers donnant les meilleurs fruits du pays, à la fois pour leur grosseur et leur goût remarquable. L'eau débordait d'une vasque à l'autre dont la seconde contenait de nombreux poissons dorés ou argentés…Le long des trois côtés de la cour étaient des plates- bandes de fleurs maintenues par des murets de briques de 3 ou 4 pieds de haut qui, aussi bien que ceux qui entouraient la cour étaient blanchis à la chaux[...] »[2].

Les cours des jardins et les patios des résidences de la médina et de la campagne étaient blanchis à la chaux.

7.2.4. Sous Les Treilles De Vignes : De La Cour Vers Le Patio

De la porte d'entrée, on est dirigé vers la cour puis vers le patio, couverts, tous deux de treilles de vignes, selon Mrs Broughton :

« En face de la porte qui conduisait vers les appartements de la maison (distribués presque exactement sur le plan de notre maison de ville que j'ai déjà décrite) la cour menait vers une autre cour plus petite autour de laquelle s'ouvraient la salle des domestiques, la cuisine et les offices. Cette dernière, aussi bien que la plus grande était couverte d'un treillage qui soutenait les

[1] Ibidem.
[2] Mrs Broughton, 1939 : 215.

branches de magnifiques vignes qui prenait racine dans les plates-bandes que j'ai mentionnées[1]. »

La présence de la vigne et des figues ainsi que l'olivier dans les maisons de campagnes, est constaté depuis l'antiquité, tel qu'il a été énoncé dans les chapitres précédents, surtout qu'ils ont une signification symbolique, du fait que ceux sont les fruits du paradis. Mrs Broughton dont le père s'occupait personnellement des plantations, décrit précisément la qualité de ce raisin :

« Le beau plafond » (en français dans le texte) s'élevait à environ vingt pieds du sol dallé de la cour et il s'en échappait à profusion de grappes de raisin, dont certaines étaient d'aux moins trois pieds de long. Les raisins étaient d'une qualité très rare. En fait, je n'en n'ai jamais vu de pareilles. On les appelait « Dita de Dama » ou doigts de dames, car chaque raisin en avait la longueur, quoique certainement, ils fussent plus replets que ne l'auraient exigé la stricte élégance ».

Le Consul exportait ses propres figues séchées en Europe, témoigne sa fille : « Ces raisins étaient tout à fait propres à notre jardin comme l'étaient les figues vertes que l'on envoie sèches en Europe. Elles avaient été, avant notre arrivée, envoyées régulièrement au Dey[2]. »

7.2.5. Du Bois Naturel *Al-Hadiqa* Au Verger *Al-Bustan*

On retrouve des structures paysagères variées dans ce Djenan, à l'instar des treilles et du jardin fleuri qu'on a vu plus haut. Il y aussi les terrasses jardinées, les arbres en touffes et les bosquets. A l'instar des autres jardins d'Alger, la couronne première du jardin se compose d'un bois, qui entoure le verger. Mrs Broughton en fait tout un éloge :

« A droite du mûrier qui se trouvait dans le vaste espace d'une centaine de mètre et qui séparait la maison du maitre de la maison des serviteurs, on apercevait des touffes d'arbres composés de plusieurs grands cyprès, d'un bel acacia dont les grappes de fleurs jaunes exhalait des senteurs balsamiques et d'un jujubier qui exhibait les fruits vernissés et son feuillage vert brillant »[3].

[1] Ibidem.
[2] Mrs Broughton, 1939 : 215.
[3]Ibid : 227, 228.

Selon Mrs Broughton, on avait opté pour des structures paysagères en terrasses, car le jardin était en pente. Seulement, une fois arrivé dans les parties hautes, les plus abruptes, on cultivait la vigne. Ainsi l'auteure témoigne : « [...] Sur toute son étendue, le jardin s'étageait en une succession de terrasses jusqu'à ce que la pente de la montagne devienne presque perpendiculaire et il était alors surplombé par des vignobles[1] ».

Nombreux fruits étaient plantés dans le verger, les figuiers étaient parmi les fruits les plus appréciés par l'auteure :

« De larges bosquets de grenadiers, d'orangers, de citronniers et même de bergamotiers ou citron doux. Ces derniers étaient insipides, à peine plus goûteux qu'une eau très sucrée ; tout le parfum réside dans leur écorce et la pulpe n'en bénéficie pas le moins du monde. Ainsi que je l'ai dit précédemment, nos figuiers étaient renommés. Nous avions aussi quelques cerisiers mais très peu de fruits parvenaient à la maturité, tombant encore verts ; en revanche, la petite quantité qui murissait était très bonne. Quant aux abricots, une quantité inconcevable »[2].

A côté du verger se trouvait le potager, que Mrs Broughton décrit avec beaucoup de précision :

« Dans le potager on trouvait les choux, les choux-fleurs, carottes, navets, oignons, poireaux, haricots, pois chiches et pois, haricots verts, haricots blancs et artichauts, une grande variété de calebasses, de citrouilles, de concombres, de cantaloups et de pastèques qui étaient délicieusement rafraichissantes, des aubergines, des tomates. Diverses sortes de piments, du gros au minuscule piment de Cayenne ou langue d'oiseau, étaient presque abondants. L'un des meilleurs légumes inconnus en France ou en Angleterre, s'appelait *mullochiah* (dans le texte) *mloukhiya* »[3].

Enfin, de très beaux végétaux agrémentent le jardin, conclut Mrs Broughton : « De ce fait, tout ce que je peux dire des productions végétales d'Alger… leur souvenir me laisse l'impression que je n'ai jamais vu d'aussi beaux végétaux, ni d'une aussi grande variété dans aucun autre pays[4] ».

---

[1]Ibid : 227, 228.
[2] Ibid : 229.
[3] Ibid : 232-233.
[4] Ibid : 232

7.2.6. Un Système d'Irrigation Ingénieux

Mrs Broughton est l'une des rares auteurs, de l'époque ottomane qui apporte un témoignage, aussi précieux, sur le système d'irrigation d'un jardin. Elle décrit tout le cheminement de l'eau, du puit à la roue vers le bassin, jusqu'à la plante. Tout d'abord, elle retrace tout le mécanisme, ainsi :

« Juste au-dessous de notre ermitage, il y avait un puits de grande dimension, recouvert d'enduit à l'intérieur et surmonté par un petit parapet en briques entouré lui-même d'un cercle de pierres. A l'intérieur de ce puits ou *saritch* (*al-sahridj*), il y avait une grande roue à laquelle étaient attachées, à distance régulière, de petites cruches de terre et qui était traversée en son centre par un arbre »[1].

L'irrigation est un rude travail qui nécessitait la machine, l'animal et la gestion de l'homme. Le système présenté par Mrs Broughton, rappelle le système dévoilé plus haut, relevé à partir des actes juridiques.

« La partie de la roue qui était dans le puits puisait l'eau et, dans sa révolution, les cruches se vidaient successivement et l'eau était déversait dans un canal qui l'amenait à un grand réservoir, un peu en contrebas de la colline. Une mule tournait autour du saritch et faisait que la roue plongeait dans l'eau[2] », indique-t-elle.

Les mules avaient une double fonction, elles tiraient l'eau du puit et piétinaient le blé et l'orge remarque la fille du Consul d'Angleterre : « Près du *Saritch*[3], il y avait un grand cercle pavé et entouré d'un muret où on faisait le battage du blé et de l'orge (car ce dernier est l'unique aliment des chevaux, etc.) qui étaient piétinés par les sabots des mules[4] ».

La qanat ou la rigole qui traverse le jardin pour l'irriguer suit la pente, pour distribuer l'eau vers d'autres rigoles qui se trouvaient sur chaque terrasse. Le consul préfère irriguer ses plantes, le soir pour économiser l'eau, note Mrs Broughton :

---

[1] Ibidem.

[2] Ibidem.

[3] L'auteure exprime le sahridj qui est un grand bassin rappelons-le.

[4] Mrs Broughton, 1939 : 234.

« Depuis le grand réservoir, un canal creusé dans la terre traversait le jardin de haut en bas et, en passant le long de chaque terrasse, il remplissait des canaux qui correspondaient à chaque pied de fleur ou de légume. Ces derniers étaient à leurs tours coupés par de petites vannes dirigeant l'eau vers les racines des plantes qui recevaient ainsi un arrosement nocturne, car il n'avait jamais lieu tant que le soleil n'était pas couché. Dès que l'eau atteignait une terrasse, elle était entièrement dirigée vers le canal au moyen d'un barrage temporaire et courrait tout au long »[1].

L'homme était indispensable à l'arrosage du verger, car il contrôlait les quantités d'eau pour chaque terrasse, en butant la terre au moment propice, comme le précise Mrs Broughton :

« Le jardinier et ses hommes se tenaient au bout de chaque terrasse et de chaque planche de légumes ou de fleurs munis d'une pelle avec laquelle ils butaient la quantité nécessaire de terre pour permettre à l'eau de couler dans chaque plante. Alors la petite butée était supprimée et l'eau continuait sa course vers un autre canal, et ainsi de suite jusqu'à ce que tout le visage du jardin fût transformé, orangers et citronnier, grenadiers, pommiers et poiriers ayant alors reçu leur part de rafraichissement »[2].

7.2.7. *AL-RAWDHA* LE TAPIS DE VERDURE

Mrs Broughton évoque l'agréable pelouse que Mme Thainville a réalisée. Elle insiste sur le bonheur que cette architecture engendre. Ce lieu qu'elle nomme ermitage et qu'elle qualifie de féérique est un jardin qui a nécessité un travail mentionne la jeune jardinière :

« Un ermitage très pittoresque, construit et décoré avec des coquillages, selon le goût de Mme de Thainville, se trouvait à la gauche de ''ces vignobles si bien récoltés ''. C'était une retraite absolument délicieuse. Une eau cristalline murmurait en passant dans un canal creusé dans un côté de la roche et formait une succession de petites cascades pour se répandre enfin, sur un tapis de verdure auquel elle conservait, même en été, par sa fraicheur rafraichissante, un droit permanent à sa verdoyante appellation »[3].

---

[1] Ibidem.
[2] Ibidem.
[3] Ibid : 229.

Cette toute petite pelouse qui a offert un grand plaisir à ses visiteurs, semblent même pouvoir recevoir les fées, tellement elle est « délicieuse », et ne perd jamais sa verdure, s'exclame Mrs Broughton :

« Et il était encore plus agréable à l'œil de se reposer sur cette verte pelouse quand tout le reste était brûlé, bien qu'elle ne fût qu'une minuscule parcelle à peine plus grande que ce dont le monde féérique a besoin pour ses plaisirs nocturnes. Non pas que je n'aie jamais entendu parler de fées à Alger, mais s'il y en avait eu, elles n'auraient assurément pas choisi une plus délicieuse salle de bal. Elle formait un petit amphithéâtre qui faisait face à la vaste étendue de la mer bleue et qui s'adossait à un superbe rocher surplombé de splendides buissons, ayant d'un côté l'ermitage au toit de chaume, tandis que l'autre se trouvait une cascade que j'ai déjà mentionnée. » [1]

Enfin, c'est par la présentation d'*Al-rawdha*, que Mrs Broughton nomme « Tapis de verdure » que nous finissons la visite de ce remarquable paysage du jardin *Rahat El-Dey*. *Al-rawdha* a été mentionnée dans le Coran en tant que jardin du Paradis apportant un grand bonheur. Cette structure paysagère terrestre naturel inspire et incite constamment l'homme à sa recréation, car elle présente une succession d'images apaisantes : le tapis vert, la cascade douce ainsi que la lumière.

Figure.30. *Terrasse de Djenan Rahat El-Dey*. [Photo]. Ogebc.

[1] Ibid : 229.

Figure 31. Racim, M. *Djenan Lezraq, derrière les palmiers apparait la maison.* [Peinture]. Musée des Beaux-Arts d'Alger.

CONCLUSION DE LA PARTIE III

Dans cette troisième et dernière partie, nous avons montré que le paysage d'Alger de l'époque ottomane est un ensemble de *fohos*. Le *fahs,* en tant que grande structure paysagère écologique est un emprunt aux paysages du Maghreb de l'époque médiévale. Nous avons déterré l'architecture particulière du *fahs* présentée tel un grand enclos végétal, comprenant une succession de couronnes végétales, dont chacune renferme plusieurs jardins. Chaque jardin *Djenan ou al-Jenna,* selon l'appellation des actes juridiques, exhibe une richesse botanique qui, d'un côté, témoigne de l'intérêt porté à la découverte des végétaux, surtout ceux utilitaires ; et de l'autre, prouve la recherche de l'équilibre sanitaire. Le *fahs* d'Alger est le fruit d'une imagination soutenue par les principes suivants : la limite, les portes, les routes, les moments de haltes, les perspectives, l'intimité et la sécurité. Le fahs d'Alger est, par conséquent, une architecture sensorielle agréable, où chaque principe est expressif.

Alger s'est dotée également de systèmes hydrauliques, qui ont connu une évolution tout au long de la période ottomane. Les aqueducs, les bassins et les fontaines sont des structures hydrauliques permanentes, depuis la haute antiquité, telle que nous l'avons bien démontré dans la partie précédente. Le pompage de l'eau se faisait au tout début de l'époque ottomane par la tour à siphon, empruntée au système hydraulique médiévale. Des mécanismes nouveaux ont, par la suite, été intégrés aux fontaines principales, pour que ces dernières puissent pomper l'eau des citernes, et la distribuer aux autres fontaines secondaires. Ces mécanismes ont été découverts par les scientifiques du monde islamique, à l'instar de Taqui al-Din. Aussi, nous avons repéré l'utilisation des norias et des clepsydres, à travers les images des actes juridiques. La mesure de l'eau se fait au moyen de la clepsydre, située dans le jardin du propriétaire, l'eau est alors déversée dans de grands bassins.

Grâce au développement des techniques de cultures transmises des civilisations précédentes, toutes les plantes s'épanouissaient et attiraient tout observateur. De Haedo, Venture De Paradis, Dr Shaw, Desfontaines et Peyssonnel ainsi que Mrs Broughton fascinés par le paysage d'Alger ont, de leur côté, arboré l'architecture du paysage. Plus tard, Adolph Otth, Lessore et Wyld peignent leurs sensations d'Alger, ils dévoilent, à travers l'émotion, ce paysage méditerranéen. A notre tour, nous avons tenu à souligner dans cette dernière partie de notre thèse, les principes imaginés par les concepteurs du paysage, énoncés plus haut, avec des monuments clés, tels les jardins, les cafés, les fours à chaux, les forts, les mausolées, les cimetières et les fontaines qui le composent. Tous ces monuments présentent des formes architecturales très originales. Ils ponctuent les routes et répondent surtout aussi bien au bien-être physique que celui spirituel de l'homme.

Nous avons évoqué enfin, la situation particulière du jardin, nommé *al-Jenna,* perché sur la colline d'Alger, une situation très fréquente depuis la haute antiquité et très appréciée par l'homme, voire sacrée chez les Egyptiens. Ce jardin est composé d'une maison à patio et cour, de structures paysagères du jardin et, enfin, de la couronne en forêt. C'est sur la base d'une géométrie circulaire et en spirale que toute la hiérarchisation spatiale du jardin, est alors, organisée, pour donner un sens spirituel et mystique à cet espace. Cette découverte est en étroite relation avec notre analyse de certaines peintures islamiques présentées dans la partie I de notre thèse et nos articles. Nous affirmons, à présent, que ce jardin qualifié de pittoresque par les historiens, voyageurs et peintres de l'époque moderne, raconte l'amour de l'homme envers son créateur, un lien spirituel que les poètes et les peintres de l'époque islamique médiévale et moderne avaient singulièrement mis en avant. En définitive, le paysage et le jardin d'Alger est une recréation, réalisée à partir des conceptions basées sur l'ensemble des images des paysages des époques précédentes auxquelles on a conjugué la science, la culture et la spiritualité de l'époque.

Figure.32. *Djenan Rais*. [Photo]. Anpsmh.

CONCLUSION FINALE

En nous référant aux travaux d'Ibn Rushd et ceux d'Ih̲wān al-Ṣafā sur l'image et l'imagination, les recherches d'Ibn al-Hayt̲ēm sur l'optique, les œuvres des paysagistes arabes, à l'instar d'Ibn Hawqel, Al-Maqqdassi, Al-Bakri et Al-Idrisi, et les définitions des lexicographes arabes de l'époque médiévale, à l'instar d'Ibn Mandhour, le paysage a été défini, dès notre première partie, comme l'image précise d'un lieu, obtenue grâce à une observation basée sur une méthode scientifique. Cette science, qui permit l'élaboration de l'image mentale, est également appelée paysage.

Le lexique du jardin repéré dans le texte coranique, puis défini, selon les lexicographes et les scientifiques arabes de l'époque médiévale, nous a permis de déduire qu'al-*hadiqa*, *al-rawdha*, et *al-bûstan* sont les composantes du jardin *al-jenna.* Elles peuvent être assimilées à des structures paysagères, telles que le bois, la prairie, le verger et le potager. De plus, nous tenons à le répéter, un jardin n'est considéré en tant qu'*al-jenna* que s'il contient de la vigne et des palmiers. On pourrait appeler son enclos al-*hadiqa* une couronne d'arbres. Sa partie découverte ou prairie est appelé *al-rawdha.* Son verger serait *al-bûstan*,

Grâce à ces trois conditions essentielles : tout d'abord, l'existence d'une image détaillée du jardin, qu'elle soit extraite du Coran, ou d'autres images historiques ; ensuite, l'application du processus de l'imagination, tel que défini par les philosophes Ih̲wān al-Ṣafā et Ibn Rushd, et enfin, l'application avec rigueur de la science et l'art du jardin, l'homme peut procéder à recréer son propre jardin. Par ailleurs, nous avons remarqué à plusieurs reprises que le jardin coranique réveille les sens et la raison de l'homme, grâce à la beauté de ses matériaux naturels et tous les principes qui l'organisent, tels que l'ordre, la verticalité, la symétrie, la perspective et la diversité. Nous avons explicité, du moins, nous le souhaitons, le processus de conception du jardin, en joignant les principes de composition et d'organisation spatiale que le concepteur doit adopter, pour imaginer, enfin, un jardin, beau et agréable qui lui donne de l'espoir et le motive.

Par ailleurs, l'exploration d'images de paysage et du jardin terrestre, particulièrement fruitier, menée par les historiens et géographes arabes dans les territoires islamiques de l'époque médiévale, a conduit à l'évolution de la science et de l'art, du paysage et du jardin. Le paysage est de ce fait une science désirée et indispensable. Cette science exige patience et persévérance outre un ensemble de connaissances acquises. Elle englobe, en réalité, la maîtrise de plusieurs disciplines. Aussi, créer des jardins sollicite la maitrise d'*al-filāha* l'agriculture qui, en évidence englobe plusieurs branches ou sciences : la botanique, la pédologie, l'hydraulique, la science des aromates… comme le souligne Abou *Zakaria Yahia Ibn Mohamed Abou Ahmed Ibn Al-Awam*

Le paysage méditerranéen étant culturel, selon la thèse de Benzi et Berliocchi, nous restituons alors l'image du premier paysage culturel et son évolution, grâce à l'adoption d'une méthode pluridisciplinaire. Nous avons souligné que la route caravanière de l'encens, appelée *Riḥlat al-Šita' wa al-Ṣayf* (voyage d'hiver et d'été) a été une référence aux installations des Phéniciens, des Romains, puis des musulmans. Le jardin est la source de richesse de toutes les civilisations.

Dans ce long processus, qui conjoint l'imagination et la transmissions des sciences, le paysage d'Alger de l'époque ottomane s'est constitué. A travers l'architecture, les réalisations hydrauliques et les cultures, nous avons souligné, dans notre troisième et dernière partie, la transmission des images des époques précédentes. Nous avons dévoilé que le paysage d'Alger de l'époque ottomane est un ensemble de *fohos*. Le *fahs,* en tant que grande structure paysagère écologique, est un emprunt aux paysages du Maghreb de l'époque médiévale, un grand enclos végétal comprenant une succession de couronnes végétales, dont chacune renferme des jardins particuliers et remarquables. Chaque jardin *Djenan,* couronne végétale, exhibe une richesse botanique et une architecture luxueuse qui témoignent de l'intérêt porté à la découverte des végétaux, surtout ceux utilitaires, et de l'importance sanitaire.

Le *fahs* d'Alger est le fruit d'une imagination, soutenue par les principes suivants : la limite, les portes, les routes, les moments de haltes, les perspectives, l'intimité et la sécurité. Le fahs d'Alger est, par conséquent, une architecture sensorielle agréable, où chaque principe est expressif. Nous avons insisté sur le développement des systèmes hydrauliques, à l'époque ottomane. Aussi, nous avons restitué notre propre image du paysage dont l'architecture répond aux principes des concepteurs du paysage, pour assurer aussi bien le bien-être physique que spirituel de l'homme.

Enfin, nous avons superposé tous les résultats que nous avons présentés dans les différents chapitres des trois parties pour décomposer *a posteriori*, le jardin ottoman d'Alger dont l'architecture est, également, basée sur la science et la spiritualité de l'époque. Autrement dit, un jardin qui regroupe d'une part, les structures paysagères définies par les lexicographes au tout début de l'Islam et expérimentées, grâce à la science par l'ensemble des villes islamiques ; et d'autre part, le tracé géométrique développé par les artistes peintres de l'Orient islamique qui expriment la spiritualité mystique. Les concepteurs du jardin s'inspirent des formes géométriques présentes depuis l'avènement d'Adam : le carré et le cercle en mouvement ou la spirale.

En définitive, nos futures recherches seront consacrées au souci de répondre aux questions qui suivent : d'un côté, le jardin ayant grandement participé à la richesse du *fahs* d'Alger et de la ville ; et de l'autre, le paysage du *fahs,* ayant été façonné de façon à répondre à l'utilité et au plaisir de l'homme, comment soutenir, à présent, cette architecture rompue par le développement rapide de la ville ? Comment soutenir l'importance de l'implantation du jardin fruitier dans le paysage ? Comment le jardin redeviendra-t-il utilitaire et esthétique à l'échelle de la ville ? Jusqu'à quelle limite doit-il être aménagé. Le jardin fruitier exige une gestion économique et un financement, comment alors soutenir le propriétaire privé et l'intégrer à la participation de l'économie de la ville et du bien-être de la société ? Le jardin demeure un élément nécessaire à la ville, au quartier, à la maison… En clair, comment se réalisera par conséquent, la hiérarchisation spatiale pour assurer le bien-être de l'homme ?

Figure 33. Racim, M. *Le paysage de Bouzaréah.* [Peinture]. Musée des Beaux-Arts d'Alger.

Figure.34. *Patio de la maison au Djenan Rahat El-Dey*. [Photo]. Ogebc.

BIBLIOGRAPHIE

Al-qur'ān al-karīm. (1983). Dar kitab al-Islami.

Abu-Khalil, C. (2010) *Atlas du Coran, Personnages, Groupes Humains, Lieux*, (Traduit par, M. Tenfour). Sana.

Afet. (1937). Un amiral géographe turc du 16e Siècle, Piri Reis. *Le Globe Revue genevoise de géographie*, *76*, 20-21. https://www.persee.fr/collection/globe.

Al-'azafi al-sabtī, A. A.A. (1999). *Haqiqat al-Dinār wa al-Dirham wa al-sā'wa al-mud.* Al-mujuma' al-thaqāfī.

Al-Bakri, A,U,A.(1040-1094), *Description de l'Afrique septentrionale* (traduit par le Baron De Slane). Libraire d'Amérique et d'orient, Adrien-Maisonneuve.

Albertini, L. (2009). *Agricultures méditerranéennes, Agronomie et paysages des origines à nos jours.* Actes Sud.

Al-Djawhari, A.N.I.I.H. (1956). *Al-sihah tadj al-lougha wa sihah al-arabia.* Dar.

Alexander, C. Ishikawa, S. Silverstein, M. (1977). *A pattern language: towns, buildings, construction*. Oxford University Press.

Al-Fairouz Al-Abadi, M. Al-D. (2005). *Al-qamus al-mohith wa al-qabus al-wassith, al djami` lima dahaba min kalam al-arab shamathith.* Muassaset al-rissala li al-thiba'a wa al-nachr wa al-tawzi`.

Al-Farābī. (1987). *Risālt al-tanbīh 'ala sabīl al-sa'āda* (Révisé par Dr Saḥbān Ḫalifāt, 1e éd.) Manšūrāt al-ǧam'iyya al-ūrdūniyya.

Al-Ghazali, A.H. (1900). *Ihya' 'Ulum Al Din* (Vol.2). Al-Maktaba al-tidjaria al-qubra.

Letturaux, L. (s.d.). Alger, *Vue par les voyageurs, les écrivains et les peintres*. Office algérienne d'action économique et touristique (OFALAC)

Al-Husseini Al-Zubeidi, M.M (1965). *Taj al 'arous min jawahir al-qamus*. Dar al-hydaya.

Al-Idrisi. (1836). *Géographie d'Edrisi* (traduite par A.Jaubert, vol.1), édition Paris

Al-Ispahani. (1983). *Tafsil al-nachâtain wa tahssil al-sa'adatain.* Manchourat dar maktabat al-hayat li al-thiba'a wa al-nachr.

Allaoua, A. (2009). Communautés rurales et pouvoirs urbains au Maghreb central (VIIe-XIVe siècle). https://journals.openedition.org/remmm/6435

Al-Mas'udi, A.Al-H.A.I.Al-H.I.A. (s.d). *Mûrûdj al-dahab wa ma'adin al-djawhar. https://data.bnf.fr/ark:/12148/cb146024548*

Al Maqdisi. (1991). *Ahsan al-taqasim fi ma'rifat al-aqalim*. Dar Sadir.
Al-Omari, I. F. A. (1927). *Mâsalik El-Absar Fi Mamalik El-Amsar*. Librairie orientaliste Paul Geuthner.
Al-Qazwini, El-I. Z B.M B.M. (682Hg). *Äjaib El Makhloukat Wa Gharaib El Mawdjoudat.* (Révisé par M. El-Illah Saad). Dar Al-Kitab Al-'Ilmiyâ.
Arthus-Bertrand, Y. (2005). *Algérie, vue du ciel* (textes Benjamin Stora, légendes Djamel Souidi). Editions de La Martinière.
Al-Sanawbari. (1998). *El-diwan.* (Révisé par I. Abbas) Dar Sader.
Al-Ṭabarī, A.Ğ. M. I Ğ. (1967). *Tārīḫ al-Ṭabarī. Tārīḫ al-rūsūl wa al-mūlūk.* (2e éd). Dar al-maʿarif.
Al-Tagnari.M.B.M.(2006). *Kitab zahrat al bustan wa nuzhat al-ad'han*. Expiración Garcia Sanchez.
Al-Talbi A. (1993). Al-Fârâbî (259-339 H/872 – 339 H/950), *Perspective, revue trimestrielle d'éducation comparée*. Unesco : Bureau international d'éducation, vol. 20III, (1-2), 387-377.
Al-Tilimsânî, M. I M. (1841). *El Zohrat El-Nayerat* (traduit par A. Rousseau). Imprimerie du Gouvernement.
Annajar, Z. (2010). *Les plantes dans le Coran*. Zaghloul Al-Nagar. www.alnnagarz.com.
Annajar, Z. (2010). *Les Prophètes.* Zaghloul Al-Nagar. www.alnnagarz.com.
'Attâr, F. Al-D. (2012). *Le langage des oiseaux* (*Mantiq ut-Tayr*). Editions du Cerf.
Averroès (2000). *L'Islam et raison.* Flammarion
Avocat, C. (1982). Approche du paysage. *Géocarrefour,* 57(4), 333-342.
https://www.persee.fr/collection/geoca.
Bachelard, G. (1957) *La poétique de l'espace*. Quadrige, Presses Universitaires de France.
Bachrou de Penhoen, (Baron de). (1835). *Mémoire d'un officier d'Etat-Major, Expédition d'Afrique*. Charpentier.
Bavoux, E. (1841). *Alger, voyage politique et descriptif dans le nord de l'Afrique*. Chez Brockhaus et Avenarius.
Bazin, G. (1988). *Paradeisos ou l'art des jardins*. Edition Chêne.
Belting, H. (2004). *Pour une anthropologie des images*. Gallimard.
Bekli, M. R., Aissani, D., Chadou, I, *Mesure du temps Au Maghreb À l'époque Médiévale.* Association Gehimab – Université de Constantine
Benbabaali, S. (2009). La poésie de la nature : d'al-Sanawbarî à Ibn Khafâdja. https://www.blogger.com/profile/00185213797216517238

Benetière. M-H, (2000). *Jardin vocabulaire typologique et technique*. Editions du patrimoine.
Bencheikh, J-E. (2006). *Les milles et une nuit*. Gallimard.
Benkheira, M.H. (2010). Brown, Jonathan, The Canonization of al-Bukhârî and Muslim. The Formation and Function of the Sunnî Hadîth Canon. *Revue de l'histoire des religions, 2,* 255-259. https://doi.org/10.4000/rhr.7590.
Benmakhlouf, A. et Yahiya, M. (2010). La pensée classique arabe, Le kalâm et les philosophes arabes médiévaux. http://openaccess.uoc.edu/webapps/o2/bitstream/10609/54442/1/La%20pens%C3%A9e%20classique%20arabe_Portada.pdf.
Benyoucef, B. (1990). *Le m'zab espace et société*. Imprimerie Aboudaoud.
Benzi, F et Berliocchi, L. (1999). *L'histoire des plantes en Méditerranée, art botanique*. Actes Sud/Motta.
Berbrugger, A. (1834). *Algérie, Historique, Pittoresque et Monumentale, Recueil, Vues, Monuments, Cérémonies, Costumes, Armes et Portraits*. (Dessinés d'après nature avec texte décrit de l'Algérie, par le correspondant de l'institut et conservateur de la bibliothèque et du musée d'Alger). J. Delahaye éditeur.
Berbrugger, A. (1861). Archéologie des environs d'Icosium. *Revue Africaine, Archéologie*, (5). A. Jourdan. Librairie-éditeur.
Berbrugger, M. (1854, 1er juin). Alger. *Akhbar.*
Berque, A. (2010). *Histoire de l'habitat idéal de l'orient vers l'occident*. Editions du félin.
Bertherand (Dr), A. (1855). *Médecine et hygiène des Arabes*. Baillière.
Bertherand (Dr), A. (1856). *Oiun Skhakhna, eaux minérales de l'Algérie*. Baillière.
Bencheikh, J E. (s.d). Les Mille et une nuits. Dans *Encyclopædia Universalis*. https://www.universalis.fr/encyclopedie/les-mille-et-une-nuits/
Binswanger, L. (2002), *Trois formes manquées de la présence humaine. La présomption, la distorsion, le maniérisme*, (traduit par. J.-M. Froissart). Le Cercle Herméneutique.
Bled, G. (2017). Espace, Perspective et Fragmentation. Se jouer de l'œil ou pas. Entre modèle et imaginaire. *Entrelacs, 13*. https://doi.org/10.4000/entrelacs.2049.
BN Madrid, section Manuscrits, Ms, n° 3227, chap.2, lignes 205-210

Bodicce, R. (2017). The history of emotions: Past, Present, Future. *Revista de Estudios Sociales, 62*, 10-15. https://dx.doi.org/10.7440/res62.2017.02

Bolle, J.-A. (1939). *Souvenirs de l'Algérie, ou relation d'un voyage en Afrique pendant les mois de Septembre et Octobre*. Angoulème.

Bonnafont, (Dr). (1839). *Géographie médicale d'Alger et ses environs*. Brachat et Bastide.

Bouayed, A. (2012). Histoire de la peinture en Algérie : Continum et Ruptures. *L'Harmattan. « Confluences Méditerranée », 2* (81), 163-179.

Bouchenaki, M. (1988). *Tipasa, Site du patrimoine mondial*. Enag.

Bouffier, S. (2017). Du puits à la citerne l'évolution des choix hydrauliques dans l'habitat des villes grecques de Sicile du Ve au IIIe s. Av.J.-C, 181-190.
https://hal.archives-ouvertes.fr/hal-01472632

Boutaud, J-J. (2012). L'esthétique et l'esthétique, la figuration de la saveur comme artification du culinaire. *Editions de La Sorbonne/ Sociétés et représentations*, *2*(34), 85-97. Doi 10.3917/sr.034.0085

Botte, R. (2011). Les réseaux transsahariens de la traite de l'or et des esclaves au haut Moyen Âge : VIIIe-XIe siècle. *L'Année du Maghreb*, *7* , 27-59.
https://doi.org/10.4000/anneemaghreb.1106

Braga, C, Chronotopes et paysages utopiques (2014). *Caietele Echinox*, *27* , 221-233.
https://www.academia.edu/37087246/Chronotopes_et_paysages_utopiques

Brahimi D. et Benchikou, K. (1998). *La vie et l'œuvre de Etienne Dinet.* ACR Edition.

Braudel, F. (1963). *Grammaire des civilisations*. Flammarion.

Braudel, F. (1985). *La méditérrané. L'espace et l'histoire*. Flammarion.

Brenet, J-B. (2013). Acquisition de la pensée et acquisition de l'acte chez Avverroès. Lecture croisée du *Grand Commentaire* du *De Anima* et du *Kitab al-Kasf An Manahig al-Adilla* dans A De Libera (dir). *Philosophical Psychology in Arabic Thought and the latin aristotelianism of the 13th century*, p.110-139. Librairie philosophique J. Vrin.

Brenet, J-B. (2017). *Je fantasme, Averroès et l'espace potentiel.* Lagrasse : Editions Verdier.

Brenet, J-B. (2017). *Je fantasme, Averroès et l'espace potentiel.* [vidéo]. YouTube. https://www.lescahiersdelIslam.fr/Je-fantasme-Averroes-et-l-espace-potentiel-de-Jean-Baptiste-Brenet_a1405.html
Brenet, J-B. (2020). Du corporel au spirituel Averroès et la question d'un sens « agent ». 19-42. https://halshs.archives-ouvertes.fr/halshs-01509162.
Brenet, J-B. (2017).
Falsafa et interprétation coranique Averroès et Avicenne sur la vie future.
https://www.academia.edu/10207075/Falsafa_et_interpr%C3%A9tation_coranique_Averro%C3%A8s_et_Avicenne_sur_la_vie_future.
Bulletin municipal officiel de la ville d'Alger, 1897
Brunon, H. (2001) *Pratolino : Arts des jardins et imaginaire de la nature dans l'Italie de la moitié du 16e siècle.* [Thèse de doctorat inédite] Université Sorbonne, Paris1.
Brunon, H et Mosser, M. (2014). *L'imaginaire des grottes dans les jardins européens.* Editions Hazan.
Broughton (Mrs). Extrait du livre « Six ans de résidence à Alger -1806-1812 ». (traduit par T.J. Philibert) dans dossier Djenan Rahat Al-Dey (Consulté en 2009 à l'OGEBC).
Broughton (Mrs). (1839). *Six ans de résidence à Alger -1806-1812.* (traduit par Alain Blondy). Editions Bouchène.
Brune, J. (1999). *Alger-Bab-el-Oued Essai 1956.* Editions Atlantis Friedberg-Bayern.
Brubaker, R. (2001). Au-delà de l'« identité ». *Le Seuil, Actes de la recherche en sciences sociales, 4* (139), 66-85.
https://www.cairn.info/revue-actes-de-la-recherche-en-sciencessociales
Burks, J. (Juin 2021).
Hidden Landscapes of the Past: Uncovering the Ancient World through Lidar.
https://doaksorg.zoom.us/webinar/register/WN_NiwFLi0EQBGHmJW4n_csIg.
Calder, I., Hofer, Th., Vermont, S., Warren, P. (2007). Vers une nouvelle compréhension des arbres et des forêts. *Unasylva* 229, *58.* https://www.fao.org/3/a1598f/a1598f02.pdf.
Camps, G., Chamla, M-C., Dastugue, J. (1991). Beni Messous. Dans encyclopedie Berbère.
https://doi.org/10.4000/encyclopedieberbere.1678

Carrabaza Bravo, J-M. (1995). Le figuier dans la littérature agronomique gréco-latine et arabo-andalouse. *Journal d'agriculture traditionnelle et de botanique appliquée*, *37*(2), 79-92. https://doi.org/10.3406/jatba.1995.3579
Carette, E. (1844). *Etudes des routes suivies par les arabes*. Imprimerie royale.
Carlier, O. (1990). Sociabilité masculine et effervescence citoyenne. Algérie 16I[e]-20e siècle. *Annales, économies, sociétés, Civilisation, 4,* 975-1003.
Caroyon, N. (2011). Note sur l'organisation spatiale des agglomérations insulaires phéniciennes et puniques. *Méditerranée*, *117*, 111-114. https://doi.org/10.4000/mediterranee.6020
Carozza, L et Burens, A. (Nov 2020). Le déluge, les savants et la mer noire : une nouvelle mythologie scientifique. HAL Id : halshs-01795173 https://halshs.archives-ouvertes.fr/halshs-01795173
Chadefaud, C. (2007). Anthropisation et transformation du paysage dans l'Égypte ancienne, *IRD éditions*, 365-376. https://books.openedition.org/irdeditions/4620
Charbonnier, J. (2008) Agriculture en Arabie du Sud avant l'Islam. Une reconstitution des paysages et des systèmes de culture antique. *Chroniques yéménites*, *15*, 1-28. https://doi.org/10.4000/cy.1627.
Charpentier, M-C. (2012, 26-28 novembre). *L'animal dans les fables d'Ésope : modèle, anti-modèle ou contre-modèle* [communication orale]. L'idéalisation de l'autre. Faire un modèle d'un anti-modèle. Besançon. Institut des Sciences et Techniques de l'Antiquité
https://www.persee.fr/doc/ista_0000-0000_2014_act_1308_1_3234
Charvet, J-P. (1996). *Le blé.* Economica.
Cherpion, N. (1995). Survivances amarniennes dans la tombe d'Ipouy (TT 217*). BIFAO 95,* 125-139. www.ifao.egnet.net.
Chodkiewicz, M. (2005). Le paradoxe de la Ka'ba. *Revue de l'histoire des religions, 4*, 435-461. https://doi.org/10.4000/rhr.4223.
Citot, V. (1999). Essence, existence et histoire du beau. *Dans le Philosophoire*, *1* (7), 55-128. https://doi.org/10.3917/phoir.007.0055
Colonna, F. (1926). *Hypnerotomachie, ou Discours du songe de Poliphile*. (Révisé par Bertrand Guégan). Edition Kerver.
Collin, G. (1901). *Corpus des inscriptions arabes et turques de l'Algérie* (vol.1). Ernest Leroux.
Corbin, A. Courtine, J.-J. Vigarello, G. (2016). *Histoire des Émotions*, *De l'Antiquité aux Lumières* (vol. 1). Seuil.
Collot, M. *Pour une géographie littéraire.*

https://www.fabula.org/lht/8/collot.html
Côte, M. (2006). *Guide d'Algérie, paysage et patrimoine*. Said Hanachi. Media Plus.
Cousin, J. (1980). *Espace vivant, introduction à l'espace architectural premier*. Éditions du moniteur.
Cresti, F. (1994). Giardini e ville nella campagna di Algeri in éta ottomana. Dans A. Petruccioli. *Il giardino Islamico : architettura, natura, paesaggio*, (p.169-183). Electa.
Cresti, F. (1992). Le système de l'eau à Alger pendant la période ottomane (16e-19e siècle) Environmental *Design Research Centre 1*(2), 42-53. Rome Dell'oca Editore.
Cresti, F. (1982). Description et iconographie de la ville d'Alger au 16e siècle, *Revue de l'Occident Musulman et de la Méditerranée*, *34*(2), 1-22.
doi : https://doi.org/10.3406/remmm.1982.1956
Darles, C., Robin,C, J., Schiettecatte, J.,El Masri, Gh.(2013). Contribution à une meilleure compréhension de l'histoire de la digue de Ma'rib. *Orient et méditerranée, archéologie, 34,* 9-20.
https://independent.academia.edu/ChristianJulienROBIN.
Dan, R.P.F.P. (1649). *Histoire de Barbarie et de ses corsaires, des royaumes et des villes d'Alger, de Tunis, de Salé et de Tripoly*. Pierre Ricolet (2éd).
Dalloni, M. (1928). Problème de l'alimentation en eau potable de la ville d'Alger. *Bulletin de la Société de Géographie d'Alger. 29*, 7-8.
Deconynck, A. (2019). La Félicité Ambigue de L'Arabie Heureuse. 1-8. https://paris-sorbonne.academia.edu/ArthurDeconynck
Decramer, L.R, Elhaj, R., Hilton, R., Plas, A. (2002). Approche géométrique des centuriations romaines. Les nouvelles bornes du Bled Segui. *Histoire & mesure*, 16I , *1* (2), 109-162.
https://doi.org/10.4000/histoiremesure.903
De. Haedo, D.D. (1612). *Topographie et histoire générale d'Alger*. (Traduit par Monnereau, M.M et Berbrugger.A). http://algerie-ancienne.com.
De Maigret, A. (2003). La route caravanière de l'encens dans l'Arabie préislamique /Éléments d'information sur son itinéraire et sa chronologie. *Chroniques yéménites*, *11,* 1-8. https://doi.org/10.4000/cy.160
Dentzer, J-M (2008), Les Nabatéens et l'eau : technologie et culture. La conduite d'eau de Jebel Ithlib à Medain Saleh. (Arabie Saoudite). *Syria*, *85*, 5-17. https://doi.org/10.4000/syria.442

Devoulx, A. (1870). Edifices religieux. *Revue Africaine, 5*, 121-225.
Devoulx (1876). Attaque d'Alger par la flotte espagnole commandé par Don Antonio Barcelo en Aout 1783. *Revue Africaine, 20*, 303-314.
Devoulx, A. (1875). Alger, étude archéologique et topologique de cette ville, aux époques romaines, arabe et turque. *Revue Africaine.19*, 410-420.
Tachrifat, recueil de notes historiques, sur l'administration de l'ancienne régence d'Alger (s.d). (traduit par A. Devoulx.(1852). Imprimerie du gouvernement.
Durand, G. ([1979] 1992) *Figures mythiques et visages de l'œuvre.* Dunod.
Djebbar, A. (2012). Les grandes orientations de la mécanique arabe (VIIIe-16e). *J.Mater.Environ. Sci.* *3*(1), 1-16. http://www.jmaterenvironsci.com/
Ducène, J-C. (2013) Mesure de distances et arpentage dans le monde musulman médiéval : entre théorie et pratique. Dans société des historiens médiévistes de l'Enseignement supérieur public (dir.) *Mesure et histoire médiévale* (p.281-291). https://books.openedition.org/psorbonne/28520
Du Chastelet Des Boys, P. (1868). Esclave à Alger : l'Odyssée. *Revue Africaine.* 12(67). 14-32.
El-Faiz, M. (1995). *L'agronomie de la Mésopotamie antique : analyse du livre de l'agriculture nabatéenne de Qûtâmâ*. E. J.Brill, 1995.
El-Faiz, M. (2000). *Jardins de Marrakech.* Actes Sud.
El-Faiz, M. (2000). *L'hydraulique arabe*. [notes de séminaires]. Ecole d'architecture de Versailles.
El-Faiz, M. (2005). *Les maitres de l'eau. Histoires de l'hydraulique arabe*. Actes Sud.
Esquer, G. (1929). *Iconographie historique de l'Algérie depuis le 16e jusqu'à 1871*. Plon.
Fromentin, E. (1859). *Une année dans le Sahel.* Michel Levy Frères, Librairies Editeurs,
Ferdi, S. (2005). *Corpus des mosaïques de Cherchell.* Éditions Recherche sur les civilisations.
Gaillad, M. (1837). *Sur Alger, observations physiques*. De Boniez Lambert.
Guiauchain, G. (1905). *Alger*. Edition de l'imprimerie algérienne.
Gramaye, J.B. (1998). Alger 16e-16I^e^ siècle, Journal de baptiste Gramaye, « évêque d'Afrique » (traduit par Abd El-Hadi Ben Mansour). Les éditions du cerf.

Gautier, E.F. (1964). *Le passé de l'Afrique du nord : les siècles obscurs.* Payot Saint-Amand.
Gsell, S. (1920). *Histoire ancienne de l'Afrique du Nord* (vol.I). Librairie Hachette.
Gsell, S. (1920). *Histoire ancienne de l'Afrique du Nord* (vol.II). Librairie Hachette
Gsell, S. (1920). *Histoire ancienne de l'Afrique du Nord,* (vol.IV). Librairie Hachette.
Gsell, S. (1920). *Histoire ancienne de l'Afrique du Nord* (vol.V). Librairie Hachette.
Gsell, S. (1920). *Histoire ancienne de l'Afrique du nord* (vol.IV). Librairie Hachette.
Golvin, L. (1957). *Le Magrib central à l'époque des Zirides.* Arts et métiers graphiques.
Golvin, L. (1988). *Palais et demeures d'Alger à la période ottomane.* Edisud.
Gonzales, V. (2000). Le beau et l'expérience esthétique dans la pensée musulmane du moyen âge. p.141-152.
http://www.openedition.org/6540
Grabar, O. (2009). *Les images en terres d'Islam.* rmn (réunion des musées nationaux).
Gramaye, (1622). *Africae illustratae libri decem, in quibus barbaria, gentesque eius ut olim et nunc describuntur,* (vol.4). Tornati Nerviorum.
Hadjadji, H. (2006). *L'amateur des jardins de l'Andalousie-le poète vizir, Ibn Khafadja.* Albouraq.
Halimi, A. (1972). *La ville d'Alger, origine et évolution avant 1830.* Imp. Arabe.
Hall, S.(2019). *Identités et cultures2. Politiques et Différences.* Editions Amsterdam.
Hitzel, F. (2012). De la clepsydre à l'horloge. L'art de mesurer le temps dans l'empire ottoman. Dans François Georgeon (Dir) et Frédéric Hitzel (Dir), *Les ottomans et le temps* (p.13-39). Koninklijke Brill NV.
Hugonot J.-C. (1989) Le jardin dans l'Égypte ancienne
Hunt. J.D. (2014) Jardins, réflexion sur la condition humaine. [vidéo]. YouTube. https://youtu.be/DtXI-1UFRQ8.
Ibn Al-Awam. (1864). Kitab al-filāha (vol.1) (Traduit de l'arabe par Clement-Mullet, J.J.). Librairie A. Franck. Albert L. Herold.
Ibn Al-Awam. (1864). Kitab al-filāha. (Traduit de l'arabe par Clement-Mullet, J.J.), tome deuxième. Librairie A. Franck, Albert L. Herold.

Ibn Fadl Allah al-Omari. (s.d). *Masalik El Absar Fi Mamalik El Amsar, L'Afrique, moins l'Egypte*. (Traduit et annoté avec une introduction de 5 cartes par G, Demombynes.[1927]). Librairie orientaliste Paul Geuthner.
Ibn Battuta, M.B.A.B.M.B.I. (2014) *Rihlat Ibn Battuta Tuhfat al-nadhar fi gharaib al-amthar wa `ajaib al-asfar*Dar Ihya'e al-`ulum.
Ibn al-Beithar. (1877). *Traité des simples* (vol.1). Strauss Offsetdruck.
Ibn Hamadouch Al-Djazair. A. Rihlat ibn hamadouch El-Djazairi, : Lissan el-makal fi el naba', al- nassab wa al-hassab wa al-hal, (présenté et revu par Dr A.E.K. Saadallah). Edition societé national des arts d'imprimerie.
Ibn Hamadouch Al-Djazair.A. (1874). *Kachef Al-Roumouz* (traduit par Lucien Leclerc), Editeur Ernest Leroux.
Ibn al-Hayṯēm, al-Ḥasen. (476 Hg). *Kitāb* Al-Hasen Ibn Al-Hasen fi al-*Manāẓir.* écrit par Ahmed Ibn Mohamed Al-Djaafar. http://www.al-eman.com
Ibn al-Hayṯēm, al-Ḥasen. (1982). *Kitāb al-Manāẓir.* (Traduit par ʿabd āl-Ḥamīd Ṣabrā). Koweit, al-silsila al-ṯūrātiyya.
Ibn Haukal. (1842). *Description de l'Afrique*, (traduit de l'arabe par M. Le Baron M.G. de Slane). Imprimerie royale.
Ibn Hawqel al-Nassabi. A.A-Q. (1938). *Kitab sourate al-ardh.* (éd.2, t.1, Islamic gegraphy. Brill.
Ibn Hazm Al-andalousi, A. (2016). *Tawq al hamam fi al-ulfati wa al-ulaf.* Éd.01. Hindawi.
Ibn Al-Iman. *Al-qadha' bi-el-marfak fi al-mabani wa-nafy al-dir.*
Ibn Kathir, A.F.I. (2013). *L'interprétation du Coran*, (traduit par, A.Harakat).
http://www.bibliothèque-islamique-sunna.over-blog.com/article-le-commentaire-tafsir-com.
Ibn Kathir, I. (2009). *Tafsir al-quran al-qarim.* Dar al-Kotob al-'Ilmiyah.
Icomos-ifla (1982). *Charte de Florence. Jardins historiques.*
Ibn Luyun (1348), *Kitâb ibdâ' al-malaha wa inha al-rayaha fi usul sina'at al filaha'.*
http://simurg.bibliotecas.csic.es/viewer/image/CSIC001349506/10/
Ibn Mandhour. (2007). *Lissan Al-Arab*. Dar Al-maarif.
Ibn Mandhour. (1968). *Lissan al-arab*. Dar Sadir.
Ibn Al-Qaîm Al-Djawziya, A.A.A.M.B.A.B.B.A. (2008). *Hady al-arwah ila bilad al-afrah*. Dar alem al-fawaid.

Ibn Al-Qaîm Al Djawsiyâ, (2003). *Al-thib al-nabawi*. Dar al-kitab al-hadith.
Ibn Rushd, A.A.W. (1994) *Talkhis kitab al-nafs*. (Revisé par Mahdi Muhsin, Préface par Ibrahim Madkour, conseil supérieur de la culture sous les auspices des U.A.I). Alfed L.Ivry.
Ibn Rushd, *Talkhîs Kitâb al-hass wa-l-mahsûs,* in *Arislûtâlîs fil-nafs.* Édition A. Badawi.
Ibn Sina, A.A. *El mabda' wa al-ma'ād.* Silsilat Danish Irani.
Inra. Le blé. https://www6.clermont.inra.fr/umr1095/Organisation/Infrastructures-experimentales/Centre-de-Ressources-Biologiques
Ismaili, A. (2003). Rhétorique arabe : Aristote, le Coran et la balagha. *Babel*, 7 , 81-93. https://doi.org/10.4000/babel.1408
Issa, Ahmed. (1933). Abou Hanifa el Dinawari et son "Livre des plantes". *Bulletin de l'Institut d'Egypte*, *16*(1), 1-7. Doi : https://doi.org/10.3406/bie.1933.3290
Jarray, F. (2010). De l'horologium solarium antique à la mizwala islamique : de l'adoption à l'adaptation. Dans Maria Bastiana Cocco, Alberto Gavini, Antonio Ibba (dir). *L'Africa romana: trasformazione dei paesaggi del potere nell'Africa settentrionale fino alla fine del mondo antico : atti del 19 Convegno di studio*, (vol.1, p.2365-2380). Carocci editore.
Johann, M. (2020). L'interprétation et le problème de l'espace. Methodos, *20*. https://doi.org/10.4000/methodos.6651
Kaddache, M. (2003). *L'Algérie des algériens, de la préhistoire à 1954*. Paris méditerranée. Edif 2000.
Klein, H. (1910) *Feuillets d'El Djezair*. Fontana frères.
Klein, H. (1912). *Le vieil Alger, et sa banlieue, Feuillets d'El Djezair*. Fontana frères.
Lacroutes J.F. (1848). *Notes statistiques sur l'Algérie et considérations sur l'origine et les effets de la crise actuelle sur la richesse du pays sur la colonisation*. Bastide
La Fay, H. (1978). Ebla Splendor of an Unknown Empire. *National Géographic*, *154* (06), 730-759.
Lancel, S. (2008). *L'Algérie antique, De Massinissa à Saint Augustin*. Place des victoires.
Laronde, A Golvin, J.C. (2001). *L'Afrique antique, Histoire des monuments, Lybie, Tunisie, Algérie, Maroc*, (dessins Golvin, J.C.). Tallandier.

L'Africain, J-L. (1556). *Description de l'Afrique tierce partie du monde.* (Vol.1.2). Ernest Leroux Editeur.
Lessore, E. et Wyld, W. (1835). *Voyage Pittoresque dans la Régence d'Alger*. (Exécuté en 1833). Charles Motte.
Lespes, R. (1930). *Alger, étude de géographie et d'histoire urbaine*. Librairie Félix Alcan.
Lévi-Strauss, C. (1977). *L'identité*. Grasset et Fasquelle.
Le Glay, M. (1968). A la recherche d'Icosium. *Antiquités Africaines*, *2*, 7-64.
https://www.persee.fr/issue/antaf_00664871_1968_num_2_1?sectionId=antaf_0066-4871_1968_num_2_1_888
Le Goff, J P.(2002). De la représentation perspective à une idée certaine de l'infini actuel. *Journal français de psychiatrie, 2* (16), 11-14.
Le Maguer, S. (2013) De l'autel à l'encens au brûle parfum : héritage des formes, évolution des usages. *Archéo.doct*, *5*, 183-200. Publications de la Sorbonne.
Le Maguer, S. (2015). Une archéologie des odeurs : identifier les encens et leurs usages au Proche et Moyen-Orient (VIIIe-XIIe siècles). in Bonnéric J., *Histoire et anthropologie des odeurs en islam médiéval*, *Bulletin d'études orientales* (64, p.135-158). Presses de l'IFPO
https://doi.org/10.4000/beo.4698
Liniger, H et Weingartner, R. (2007). Montagnes et approvisionnement en eau douce.
https://www.fao.org/3/w9300f/w9300f08.htm.
Liautaud (Dr) (1872). *Notice topographique sur Bouzaréa*. Juillet Saint léger.
Lombard, J. (2015). *Voyage et philosophie : la nostalgie de vérité*. Editions harmattan.
Lynch, K. (1969). *L'image de la Cité*. Dunod.
Mahfoudh, F. (2003). Qasr al-Mâ, al-Abbâsiya et al-Qasr al-Qadîm : à propos de quelques agglomérations près de Kairouan. *Comptes rendus des séances de l'académie des inscriptions et belles lettres*, *147*(1), 211-226. https ://doi.org/10.3406/crai.2003.22553.
Marcais, G. (2005). *Villes et campagnes d'Algérie*. Editions du Tell.
Marcais, G, (1957). *Mélanges d'histoire et d'archéologie de l'occident musulman* (Articles et conférences de G. Marcais) (vol.1). Imprimerie officielle du gouvernement général de l'Algérie.
Marquet, Y. (1975). *La philosophie des Iẖwān al-Ṣafā*. Etudes et documents.

Mashinek, K. (2009). L'eau dans les fortifications. Dans I. Hariy (dir). *Du Nil à Alexandrie Histoires des eaux* (p.586-605). Editions Harpocraties.
Mas`ud Djubran. (1992). *Al-`raid Mu'jam lughaoui `asri*. Dar al-`ilm lil malayyin.
Masqueray, E. (1894). *Souvenirs et visions d'Afrique*. Hachette.
Meiss, P.V. (2007). *De la forme au lieu. Une introduction à l'étude de l'architecture*.
Presses polytechniques et universitaires romandes.
Merle, J.T. (1841). *Anecdotes Historiques et Politiques pour servir l'histoire de la conquête d'Alger*. Dentu.
Messaoudi, A. (2018). Au croisement des cultures savantes et des cultures populaires : Baya et l'art des autodidactes dans le Maghreb des années 1945-1960. Dans M. Corriou, M, Oualdi (dir). *Une histoire sociale et culturelle du politique en Algérie* (p.277-294). Editions de la Sorbonne.
Meunissier, A. (1932). Les ancêtres sauvages des arbres fruitiers du Turkestan et du Caucase et le problème de l'origine des arbres fruitiers. *Journal d'agriculture traditionnelle et de botanique appliquée, 126*, 104-111. Journal d'agriculture traditionnelle et de botanique appliquée
Miquel, A (1967, 1975) *La géographie humaine du monde musulman, jusqu'au milieu du 11e siècle*. Mouton.
Miquel, A. (1990). *L'Islam et sa civilisation (VII-20).* Armand Colin.
Miquel, A. (s.d). Ibn Khrurrādadhbeh (IXe s). Dans *Encyclopædia Universalis*.
https://www.universalis.fr/encyclopedie/ibn-khurradadhbeh/
Miquel, A. (s.d). Iṣṭakhri Al (déb.Xes). Dans *EncyclopædiaUniversalis*.
https://www.universalis.fr/encyclopedie/istakhri-al/
Miquel, A. (s.d). Balkhī Al-(850-934). Dans *Encyclopædia Universalis*.
https://www.universalis.fr/encyclopedie/al-balkhi/
Missoum, S. (2003). *Alger à l'époque ottomane, La médina et la maison traditionnelle*. Edition INAS.
Mozzati, L. (2003). *L'art de l'Islam.* Edition mengès.
Montoro Araque M. (2018) *Gautier, au carrefour de l'âme romantique et décadente*. New York : Peter Lang.
Muslim, I.H.Q.N.H. (2010). *Sahih muslim*. Dar Al Kitab Al 'Ilmyya.
Mujama` al Lugha Al 'Arabia. (2005). *Al Mu'jam al-wassith*. Maktabt al-Shuruq al-Duwalyya.
Mu`jam-al-ma`any. (2010) (dictionnaire arabe numérique).
www.almaaany.com.

Nehmé, L. (2015, 15 avril). Le royaume oublié des Nabatéens. [Interview]. *C.N.R.S Journal*. https://lejournal.cnrs.fr/auteurs/meryem-tizniti

Nehmé, L. (2018, 14 mai). Hégra livre ses splendeurs. [Interview]. *C.N.R.S Journal*. https://www.orientmediterranee.com/ecrire/?exec=article&id_article=181.

Nordman, D. (1990). André Miquel, *La géographie humaine du monde musulman jusqu'au milieu du XIe siècle. Les travaux et les jours*, 45(2), 458-459. Annales.

Nicolaÿ (De), N. (1989). *Dans l'empire de Soliman, le Magnifique*. Paris.

Nicolaÿ (De), N. (1568). Les quatre livres des navigations et pérégrinations orientales. G.Roville 1568.

Mustapha, N. (2014). Farid Ud-Din `Attâr, Le langage des oiseaux (Manteq ut-Tayr). *Archives de sciences sociales des religions*, 168-312. https://doi.org/10.4000/assr.26591

Otth, A. (1839). *Esquisses Africaines, dessinées pendant un voyage à Alger et lithographiées,* Berne, Chez J F Wagner Lithographe.

Orif, M. (1988). De l'"art indigène" à l'art algérien. *Actes de la Recherche en Sciences Sociales*., 75, 35-49.

Pallasmaa, J. (2010). *Le regard des sens. The eyes of the skin: architecture and the senses.* Du Linteau.

Parpia, S. (2019). The imparial Mughal hunt : A pursuit of knowledge. Dans S. Akkach. *`Ilm : Science, Religion and Art in Islam*, (p. 39-58).University of Adelaide. Press Barr Smith Library.

Pellissier De Reynaud, E. (1854). *Annales algériennes*. Librairie Bastide.

Pettruccioli, A. (1994). *Il giardino Islamico, architettura, natura, paesaggio*, Editions Electa.

Peyssonnel, J.A et Desfontaines, J.L. (1838). *Voyages dans les régences de Tunis et d'Alger II*. M.Durrau de la Malle, éditeurs des annales des voyages.

Pline L'ancien. (1848-1850). *Histoire naturelle*. Livre 4. J.J. Dubochet, Le Chevalier et Cie.

Pline L'ancien. (1848-1850). *Histoire naturelle*. Livre 6. Edition d'Émile littré

Pouget (Dr) (1998, septembre). Découvertes préhistoriques dans le département d'Alger. *Aux échos d'Alger*, 61, site web. http://www.aux-echos-dalger.com.

Puech, A. (1927). K. Svoboda, L'esthétique d'Aristote, (fasicule 21des Opera facultatis philosophocae Universitalis Mazarikianae Brunensis, I vol. in-8, 212p). *Revue des études anciennes*. 29(4), 411-412.
Raverau, A. (1981). *Le M'zab, une leçon d'architecture*.(éd.2). Edition Sindbad. Coll. « Hommes et sociétés »
Raverau, A. (1989). *La Casbah d'Alger et le site créa la ville*. Edition Sindbad. Coll. « Hommes et sociétés ».
Raymond, A. (1985). *Grandes villes arabes à l'époque ottomane*. Sindbad.
Reynaud, A. (1970). Les sens du mot "géographie". *Travaux de l'Institut de Géographie de Reims*, 3, 3-9.
Robin, C.J et Dridi,H. (2004). Deux barrages du Yémen antique. 67-121. (note d'information). *Comptes rendus des séances de l'Académie des inscriptions des Belles Lettres, 148* (1), 67-121.
Roffo (Dr), P. (1935). Découvertes préhistoriques dans le département d'Alger. *Bulletin de la société préhistorique de France, 32*(6), 346-348.
Roger, A. (2017). *Court traité du paysage*. Gallimard
Roger, H.I. (1962). *La Berbèrie orientale sous les zirides X^e-XIIe siècles*. Librairie d'Amérique et d'orient, Adrien-Maisonneuve.
Rollinat Levasseur, E.M. (2020). L'opsis dans la poétique d'Aristote. 1-22.
https://halshs.archives-ouvertes.fr/halshs-01233425.
Roshdi, R. (1968). Le Discours de la lumière d'Ibn al-Haytham (Alhazen). Traduction française critique. *Revue d'histoire des sciences et de leurs applications*, 21(3), 197-224. Doi : https://doi.org/10.3406/rhs.1968.2560
Rozet, C.A. (1833). *Voyage dans la régence d'Alger, ou description du pays occupé par l'armée française en Afrique*. Bertrand Arthur.
Rozey, A.G. (1840). *Cris de conscience de l'Algérie*. Amédée Gratiot et Ce.
https://gallica.bnf.fr/ark:/12148/bpt6k56919893.texteImage
Saadallah, A.K. (1970). *Histoire culturelle de L'Algérie, 1500-1830*. Université d'Alger.
Shaler, W. (1830). *Esquisse de l'état d'Alger*. Librairie Ladvocat.
Shaw (Dr). (1830). *Voyage dans la régence d'Alger ou description géographique, physique, philologique, etc*. (Traduit par J.Mac Carthy). Marlin l'éditeur.
Saidouni, N. (2001) *L'algérois rural, à la fin de l'époque ottomane (1791-1830)*. Dar el-Gharb al-Islami.

Saidouni, N. *Le waqf en Algérie à l'époque ottomane, XIe – XIIIe siècles d'hégire* (vol.4). La fondation publique des awqaf du Koweit.
Seguin, M.S. (2005). L'imaginaire diluvien dans les sciences de la terre au 18e siècle. *Dix-Huitième Siècle*, *37*, 383-404.
Sève, B. (2016). « Artialisation » : ce qu'Alain Roger doit à un *hapax* de Montaigne. *Essais* 3, 112-125 https://doi.org/10.4000/essais.6938
Tabari. (1980). *Les prophètes et les rois, De la création à David.* (Chronique traditionnelle traduite par Hermann Zotenberg) (Vol.1). Sindbad.
Tabari, S. (1994). *Le musée du temps dans le musée de l'espace M'Zab.* [Mémoire de diplôme d'architecte inédit]. Epau.
Tabari, S. (2001). *Les jardins de la citadelle d'Alger*. [Mémoire de master inédit]. Université Paris 1. Sorbonne et L'école d'Architecture de Versailles.
Tabari, S. (2008). Les jardins et les paysages d'Alger à l'époque ottomane. *Vies de villes* (n°10), Novembre, p.104-106.
Tabari, S. (2008). L'histoire des jardins d'Alger à l'époque ottomane, pour une renaissance. [Problématique et Bibliographie inédites]. Laboratoire Art-Dev Cnrs, Université Montpellier 3.
Tabari, S. (Janvier 2010). Les jardins d'Algérie, de l'antiquité à nos jours. [Chapitre de thèse de doctorat en préparation inédit]. Laboratoire Art-Dev CNRS, Montpellier 3.
Tabari, S. (2011). Les jardins et les paysages du Coran. [Chapitre de thèse de doctorat en préparation inédit]. Laboratoire Art-Dev CNRS, Montpellier 3
Tabari, S. (2021). *L'histoire de l'évolution du paysage antique, entre nature et culture ; sciences et images. Etudes croisées entre texte coranique, histoire et archéologie*. [Communication orale]. Conférence I Jornadas Doctorales en Lenguas, Textos y Contextos, celebradas en la Facultad de Filosofía y Letras de la Universidad de Granada.
Tabari, S. (2022). El-Jenna, Home et l'imagination de l'homme dans la pensée islamique. Le paysage du bonheur entre nature, art et science ». *JPIC.* Vol. VI February. p. 112-124. Military Technical Academy "Ferdinand I" Publishing House.
Tabari, S. (2022). *Le paysage de l'eau d'Alger du 19e siècle et l'éternelle nature visitée par l'art.* [Communication orale]. Journée inter doctorale : Paysages et imaginaire de l'eau. Université de Cadix.

Tabari, S. (2022). *Le paysage de soi au croisement de la nature et de l'art*. [Communication orale]. 30th Congrès Corps, Identité et Société en Islam. Utrecht Pays Bas. https:// sensis.sites.uu.nl/ueai30/

Tabari, S. (2022). Architecture sensorielle du jardin éternel et des images d'espoir du paysage naturel du futur, dans la pensée islamique. *JPIC.* Vol. VII. Sept. p. 112-124. Military Technical Academy "Ferdinand I" Publishing House.

Tabari, S. (2022). De la géométrie du jardin vers l'amour du Divin. La spirale al-halazun et la glorification de la nature pour l'amour divin. [Communication orale]. *Love in times of pandemic, war and economic crisis.* [Section]. The 10th International Conference Synergies in Communication (SiC 2022). https://sic.ase.ro/. Bucarest, Roumanie.

Tabari, S. (2022). Les paysages fruitiers pour des contrées civilisées. *Revue de géographie historique.* https://doi.org/10.4000/geohist.5943

Tabari, S. (2023). De la géométrie, la spirale al-halazun et la glorification de la nature pour l'amour divin. Dans Proceedings of the 10th International Conference Synergies in Communication *Love in times of pandemic, war and economic crisis.* [Section]. (SiC 2022). https://sic.ase.ro/. Bucarest, Roumanie.

Teyssier, P. (1993). *Esclave à Alger, récit de captivité de Joao Mascarentas 1621-1626.* Editions Chandeigne.

Teyssot, G et Mosser, M (dir) (1991) *Histoire des Jardins, de la Renaissance à nos jours*. Flammarion.

Teyssot, G. (2005). A topology of threshold. *Home cultures*, 2(1), 89-116. https://doi.org/10.4000/entrelacs.

Tito, J.R. (2010). El Paraiso es un jardín. Dans J. Calatrava et R.Tito (dir). *Jardín y paisaje, miradas cruzadas*. Abada Editores.

Tito, J.R. (2018). La transformación paisaje periurbano histórico: los Carmenes de aynadamar y la Cartuja de Granada. dans Andrea Berenice Rodriguez Figueroa. (Dir). *Jardínes Historicos en el paisaje urbano* (p.110-133). Priméra Edicion.

Tito, J.R. (2021). Il felice imaginario. Fantazie nei giardini dell'Alhambra. Dans M. Mosser, J.R. Tito, S. Zanon (Dir). *Giardini storici, verita et finzione*. *Lettura critiche* dei modelli storici nel paessagio dei secoli 20e-20Ie (p.217-241). Fondazione Benetton Studi Ricerche Antiga.

Tixier de Mesnil.E. (2011). Bakri et le Maghreb. 369-384. https://www.openedition.org/19362 2011

Tixier du Mesnil, E. Gé de langue arabe au Moyen Âge comme source historique. Encyclopédie des historiographies : Afriques, Amériques, Asies, 1, 665-672.
http://www.openedition.org/6540
Triollet, L.F. (1844). *Statistiques médicales mêlée d'observations agricoles*. L.Boitel.
Thomas, F. (2014). Hortus Conclusus. *Sigila*. 2 (34), 49-59.
https://www.cairn.info/revue-sigila-2014-2-page-49.htm.
Unesco, (1992), Convention du patrimoine mondial.
Van Damme, P. (2010). Ludwing Binswanger un fondateur méconnu. *Société française de Gestalt*. 1*(37)*, 175-188. DOI 10.3917/gest.037.0175
Venture de Paradis, J-M. (1898) *Alger au 16II^e siècle*. Fagnan, E.
Vidal-Bue, M. *Alger et ses peintres, 1830-1960*. Paris méditerranée EDIF 2000.
Versteegh, C.H.M. (1980). Logique et grammaire au Xe siècle. *Histoire Épistémologie Langage*, 2(1) 39-52.
Watteaux, M. (2005). *Sous le bocage, le parcellaire. Études rurales* 175(176), 53-80.
http://doi.org/10;4000/etudesrurales.8169
Weilacher, U. (2018) The larger world, which we usually call a landscape, Historian John Dixon Hunt. [Vidéo]. YouTube
https://www.researchgate.net/publication/324163710_The_larger_world_which_we_usually_call_a_landscape_Udo_Weilacher_interviews_landscape_historian_John_Dixon_Hunt/citation/download.
Wunenburger, J.J. (2005). Image et image primordiale. Dans Chauvin, D., Siganos, A., Walter, P. (dir.), *Questions de mythocritique, Dictionnaire*. (p.193-204). Imago.
Wunenburger, J.J. (2014). Gilbert Durand : Science et expérience de l'imagination symbolique. *La chaîne d'union*. 4/70, 28-37. DOI 10.3917/cdu.070.0028.
Wunenburger, J.J. (1999). La géopoétique ou la question des frontières de l'art », *Philosophique*, 2, 3-13.

ABRÉVIATIONS.
ANA
ANRH : Agence nationale des ressources hydrauliques
ANPSMH : Agence nationale du patrimoine, des sites et des monuments historiques.
OGEBC : Office de gestion et d'exploitation de biens culturels.
AMG : Archives du Ministère de Guerre de Vincennes
ANA : archives nationales d'Algérie
DF : Direction des forêts
ACFA : Archives de la Conservation des forêts d'Alger
DCW : Direction du cadastre de la wilaya d'Alger
BNF : Bibliothèque nationale de France

ARCHIVES
ANA. Mahakim al-Shar`iya. Carton n°45 / Microfiches n°1, n°10, n°19.
ANA. Mahakim al-Shar`iya. Carton n° 19/ Microfiches n°2, n°14, n°44, n° 61, n°9, n°55, n°41, n°12, n°13, n°16, n°18, n°19.
ANA. Mahakim al-Shar`iya. Boite n°44/Microfiche n°1.
ANA. Mahakim al-Shar`iya. Boite n°27-1/Microfiches n°36, n°37, n°38, n°39, n°41, n° 43, n°47, n°48, n° 49, n°50, n°61
ANA. Mahakim al-Shar`iya. Boite 41/ Microfiche n°14
ANA. Beylik /Boite17/ Registre 82.
ANRH/ SOCREAH. (2009, Avril). Etude de vulnérabilité de la nappe de la Mittidja, rapport de sous mission pour l'ANRH.
ANRH/ Sol Expert International. Mouvement de terrain du quartier St-Raphaël- Telemly à Alger, mission I, Bilan des phénomènes intervenus depuis 1973.
ACFA. Dossier N°06. El-Mouradia Bois De Boulogne.
ACFA. Dossier N°10 Bouzaréah.
ACFA. Dossier N°16 Bouzaréah Beni Messous Bois de Ben Haddad.
ACFA. Dossier N°02 Sidi M'Hamed/ El-Madania/ Massif : Md Gacem.
ACFA. Dossier N°01 Sidi M'Hamed/ El-Madania / Forêt ministère de la santé.
ACFA. Dossier N°14 Bouzaréah Beni Messous Bouarioua.
ACFA. Dossier N°25 Bouzaréah Forêt Village Céleste.
ACFA. Dossier N°17 Bouzaréah /Al-Biar Balcon St- Raphael, Forêt Boulevard Bougara, Forêt de Tunis.
ACFA. Dossier N°09 Bouzaréah/Ben Aknoun/ Forêt 05 Juillet.
ACFA. Dossier N°03 Sidi M'Hamed/El-Madania/ Forêt Mahieddine.

ACFA. Dossier N°27 Bouzaréah /Hammamet Forêt Bainem.
ACFA. Dossier N°09 Bir Mourad Rais /Hydra Forêt.
ACFA. Dossier N°31 Bab El-Oued/Oued Koreich /Ancienne Forêt.
ACFA. Dossier N°14 El- Harrach/Bourouba Forêt.
(ANPSMH/ 2000) / Rapport d'activité de la commission de restauration du palais du Dey, 1980.
(ANPSMH/ 2000) / Rapport d'expertise des travaux de protection provisoire et des travaux de restauration de la citadelle ; Unesco, mission Icomos du 28 février 1985 au 09 mars 1985 à Alger.
(ANPSMH/ 2000) /Rapport de la commission artistique et historique pour un plan de restauration du palais du dey, 1945.
(ANPSMH/ 2000) /Rapport du sondage archéologique effectué par l'agence d'archéologie et de protection des sites et monuments historiques, 2000.
(ANPSMH/ 2000) /Rapport établi par l'Atelier citadelle casbah d'Alger, l'Atelier de restauration des monuments historiques Pologne et l'entreprise de réalisation d'Etat. (s.d.)
(OGEBC en 2008-2010) / Boite comportant les dossiers de : Djenan hassan, djenan lakhdar, djenan ali rais, djenan damerdji, djenan el muphti, djenan el koursi, djenan rahat eddey
(OGEBC en 2008-2010) Boite comportant les dossiers de : la villa Rais ou villa du traité, villa second weber (el biar), villa Laperlier, villa les oliviers, villa des pins, villa mouhoub, villa madani, villa El-Afia, villa Levy-Valensi, villa Brissonet, villa Mouloud.
(OGEBC en 2008-2010) Boite comportant les dossiers de : Villa Mustapha Rais, Palais du Peuple, Palais d'été, Villa Yusuf, Villa Miramar, Villa Magnan, villa saint vincent paul ex eglise Sainte Marie, Villa du Bardo.
(OGEBC en 2008-2010) Boite comportant les dossiers de : Villa du Dey Baba Hassen, Villa Mahieddine, villa abdelatif, villa mustapha pacha, villa de l'agha, villa des arcades, villa Hussein dey
DCW. Cadastres Hamma, Bir Khadem, Ben Aknoun, Beni Messous, Hussein Dey, Djisr Qassatina, Hammamet, Ain Benian, Hydra.
SEAAL Société des eaux et de l'assainissement d'Alger.

ILLUSTRATIONS

Fig.24. Otth, A. (1839). *Marabout Sidi Yakoub, près des jardins du Dey d'Alger.*[Lithographie du livre Esquisses africaines].
Fig.25. Otth, A. (1839). *Un vallon à Bouzaréah.* [Lithographie du livre Esquisses africaines].
Fig.26. *Djenan al-Ghazi*. [Photo]. Anpsmh.
Fig.27. Otth, A. (1939). *Maison de campagne Maure à Mustapha près d'Alger.* [Lithographie du livre Esquisses africaines].
Fig.28. Tabari.S. (2009). *Une rigole d'irrigation au Djenan Khodjet El-Kheil.*
Fig.29. *Djenan Rahat El-Dey. [Photo du livre Mr Broughton (1838). Six years in Algiers].*[Photo].
Fig.30. *Terrasse de Djenan Rahat El-Dey*. [Photo]. Ogebc.
Fig 31. Racim, M. *Djenan Lezraq, derrière les palmiers apparait la maison.* [Peinture]. Musée des Beaux-Arts d'Alger.
Fig.32. *Djenan Rais*. [Photo]. Anpsmh.
Fig 33. Racim, M. *Le paysage de Bouzaréah.* [Peinture]. Musée des Beaux-Arts d'Alger.
Fig.34. *Patio de la maison au Djenan Rahat El-Dey*. [Photo]. Ogebc.

Table des matières

Structures éditoriales du groupe L'Harmattan

L'Harmattan Italie
Via degli Artisti, 15
10124 Torino
harmattan.italia@gmail.com

L'Harmattan Hongrie
Kossuth l. u. 14-16.
1053 Budapest
harmattan@harmattan.hu

L'Harmattan Sénégal
10 VDN en face Mermoz
BP 45034 Dakar-Fann
senharmattan@gmail.com

L'Harmattan Cameroun
TSINGA/FECAFOOT
BP 11486 Yaoundé
inkoukam@gmail.com

L'Harmattan Burkina Faso
Achille Somé – tengnule@hotmail.fr

L'Harmattan Guinée
Almamya, rue KA 028 OKB Agency
BP 3470 Conakry
harmattanguinee@yahoo.fr

L'Harmattan RDC
185, avenue Nyangwe
Commune de Lingwala – Kinshasa
matangilamusadila@yahoo.fr

L'Harmattan Congo
219, avenue Nelson Mandela
BP 2874 Brazzaville
harmattan.congo@yahoo.fr

L'Harmattan Mali
ACI 2000 - Immeuble Mgr Jean Marie Cisse
Bureau 10
BP 145 Bamako-Mali
mali@harmattan.fr

L'Harmattan Togo
Djidjole – Lomé
Maison Amela
face EPP BATOME
ddamela@aol.com

L'Harmattan Côte d'Ivoire
Résidence Karl – Cité des Arts
Abidjan-Cocody
03 BP 1588 Abidjan
espace_harmattan.ci@hotmail.fr

Nos librairies en France

Librairie internationale
16, rue des Écoles
75005 Paris
librairie.internationale@harmattan.fr
01 40 46 79 11
www.librairieharmattan.com

Librairie des savoirs
21, rue des Écoles
75005 Paris
librairie.sh@harmattan.fr
01 46 34 13 71
www.librairieharmattansh.com

Librairie Le Lucernaire
53, rue Notre-Dame-des-Champs
75006 Paris
librairie@lucernaire.fr
01 42 22 67 13

www.ingramcontent.com/pod-product-compliance
Lightning Source LLC
LaVergne TN
LVHW080930071026
849535LV00013B/4154
* 9 7 8 2 3 3 6 4 5 6 3 0 0 *